Web 应用软件测试 "1+X" 职业技能等级证书系列丛书

Web
应用软件测试（中级）

北京四合天地科技有限公司 ◎ 主编

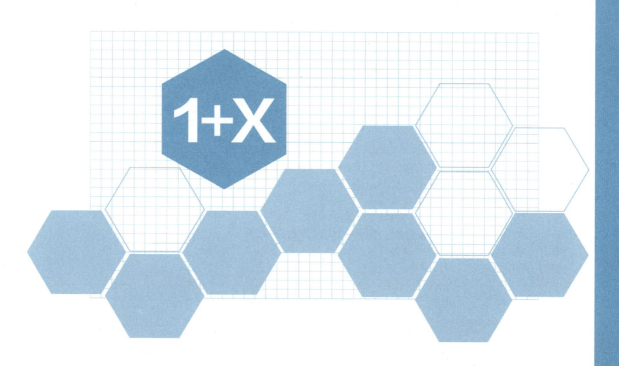

中国铁道出版社有限公司
CHINA RAILWAY PUBLISHING HOUSE CO., LTD.

内 容 简 介

本书参照"Web应用软件测试职业技能等级标准（中级）"部分，根据互联网企业、软件企业、向数字化转型的企事业单位的研发及软件测试等部门，面向功能测试、自动化测试、性能测试等工作岗位涉及的工作领域和工作任务所需的职业技能要求，介绍Web应用软件功能验证及确认，自动化测试脚本设计、执行及维护，性能测试需求分析、执行及结果分析等工作内容。

本书是"Web应用软件测试职业技能等级标准（中级）"的培训认证配套用书，也可作为对Web应用软件测试感兴趣的读者的指导用书。

本书主要适用于高职院校、本科层次职业教育试点学校的学生及社会人员。

图书在版编目（CIP）数据

Web应用软件测试：中级 / 北京四合天地科技有限公司主编. —北京：中国铁道出版社有限公司，2021.11（2024.8重印）
（Web应用软件测试"1+X"职业技能等级证书系列丛书）
ISBN 978-7-113-28476-3

Ⅰ.①W… Ⅱ.①北… Ⅲ.①软件-测试-教材 Ⅳ.① TP311.55

中国版本图书馆CIP数据核字（2021）第217780号

书　　　名：	Web应用软件测试（中级）
作　　　者：	北京四合天地科技有限公司

策　　　划：	翟玉峰	编辑部电话：	（010）51873135
责任编辑：	翟玉峰　徐盼欣		
封面设计：	刘　莎		
责任校对：	孙　玫		
责任印制：	樊启鹏		

出版发行：中国铁道出版社有限公司（100054，北京市西城区右安门西街8号）
网　　址：https://www.tdpress.com/51eds/
印　　刷：河北宝昌佳彩印刷有限公司
版　　次：2021年11月第1版　2024年8月第6次印刷
开　　本：850 mm×1 168 mm 1/16　印张：19.5　字数：532千
书　　号：ISBN 978-7-113-28476-3
定　　价：58.00元

版权所有　侵权必究

凡购买铁道版图书，如有印制质量问题，请与本社教材图书营销部联系调换。电话：（010）63550836
打击盗版举报电话：（010）63549461

前　言

新一代信息技术已经成为推动全球产业变革的核心力量，并且不断集聚创新资源与要素，与新业务形态、新商业模式互动融合，快速推动农业、工业和服务业的转型升级和变革。互联网已经为全球产业发展构建起全新的发展和运行模式，推动产业组织模式、服务模式和商业模式全面创新。"新基建"的部署将激发更多新增需求，产生更深层次的影响，加速产业互联网的繁荣发展。与 App 应用主要集中在生活领域不同，Web 应用更广泛分布于生产、工作和生活领域，Web 应用软件的质量受到新的考验。产业互联网的规模不断扩大，到 2021 年，Web 应用软件测试专业人才需求量为 77.92 万人，预计到 2024 年，Web 应用软件测试专业人才需求量为 139.18 万人，人才需求激增。

为帮助读者学习和掌握"Web 应用软件测试职业技能等级标准"中涵盖的实践技术技能，北京四合天地科技有限公司组织企业工程技术人员编写了本书。

Web 应用软件测试"1+X"职业技能等级证书系列丛书编写过程中分析行业企业的 Web 应用软件测试相关岗位人才需求，并委托咨询公司调研国内 1 000 余家行业内的龙头企业、中小微型企业 Web 应用软件测试相关岗位设置、技术技能需求、从业者学历及专业情况，充分考虑企业人才需求梯队情况，将教材划分为初级、中级、高级三个等级。每个等级技能要求与 Web 应用软件测试相关岗位的层级相对应，与 Web 应用软件测试的技能要求、复杂程度和熟练度相适应，三个级别对应的职业技能要求、应具备的能力依次递进。

《Web 应用软件测试（中级）》主要面向互联网企业、软件企业、向数字化转型的企事业单位的研发及软件测试等部门，针对功能测试、自动化测试、性能测试、接口测试等工作岗位，主要介绍完成 Web 应用软件功能验证及确认，自动化测试脚本设计、执行及维护，性能测试需求分析、执行及结果分析等内容。

掌握本书相关技术技能后，能根据业务需求，完成测试环境搭建、自动化测试环境搭建、抓包工具环境搭建、性能测试环境搭建，进行自动化需求分析、自动化测试用例设计、自动化测试脚本设计、自动化测试脚本执行、性能需求分析、性能测试执行、性能测试结果分析等相关工作。

本书包括五个单元，各单元主要内容如下：

单元 1 为环境搭建与配置，包括测试环境搭建与配置、自动化测试环境搭建与配置、抓包工具环境搭建与配置、性能测试环境搭建与配置四个模块。

单元 2 为工具使用与配置，包括思维导图工具使用与配置、原型图设计工具使用与配置、测试用例设计工具使用与配置、缺陷管理工具使用与配置四个模块。

单元 3 为功能测试，包括功能需求分析、功能测试用例设计、功能测试用例执行、测试文档设计四个模块。

单元 4 为自动化测试，包括自动化测试需求分析、自动化测试用例设计、自动化测试脚本设计、自动化测试脚本执行四个模块。

单元 5 为性能测试，包括性能测试需求分析、性能测试执行、性能测试结果分析三个模块。

各单元的模块由若干任务组成，以任务介绍、任务目标、知识储备、任务实施为主线进行技术技能的学习与实训，部分单元配有单元项目实战，部分模块配有模块综合练习。

参与本书编写工作的有北京四合天地科技有限公司黄嘉琦、雷雨、蒋佳骏、余艳、曹桂英，广州番禺职业技术学院杨鹏，福建船政交通职业学院吴金，湖南机电职业技术学院丁文，金华职业技术学院陈晓龙，山东劳动职业技术学院綦宝声，常州信息职业技术学院凌明胜，广东科学技术职业学院吴胜兵等。

由于编者水平有限，书中难免有不妥和疏漏之处，恳请广大读者批评指正。

编　者

2021 年 5 月

目 录

单元 1　环境搭建与配置　/ 1

模块 1　测试环境搭建与配置　/ 2
- 任务 1.1　Linux 搭建与配置　/ 2
- 任务 1.2　JDK 搭建与配置　/ 12
- 任务 1.3　MySQL 搭建与配置　/ 14
- 任务 1.4　Tomcat 搭建与配置　/ 18
- 任务 1.5　Apache 搭建与配置　/ 20

模块 2　自动化测试环境搭建与配置　/ 21
- 任务 2.1　Python 搭建与配置　/ 22
- 任务 2.2　Selenium 搭建与配置　/ 23
- 任务 2.3　PyCharm 搭建与配置　/ 24
- 任务 2.4　浏览器及驱动搭建与配置　/ 27

模块 3　抓包工具环境搭建与配置　/ 28
- 任务 3.1　Fiddler 搭建与配置　/ 28
- 任务 3.2　Charles 搭建与配置　/ 29

模块 4　性能测试环境搭建与配置　/ 32
- 任务 4.1　JDK 搭建与配置　/ 32
- 任务 4.2　JMeter 搭建与配置　/ 35
- 任务 4.3　LoadRunner 搭建与配置　/ 36

单元项目实战　人力资源综合服务系统应用部署　/ 39

单元 2　工具使用与配置　/ 40

模块 1　思维导图工具使用与配置　/ 41
- 任务 1.1　XMind 使用与配置　/ 41
- 任务 1.2　MindMapper 使用与配置　/ 47

模块 2　原型图设计工具使用与配置　/ 50
- 任务 2.1　Axure 使用与配置　/ 50
- 任务 2.2　Mockplus 使用与配置　/ 52

模块 3　测试用例设计工具使用与配置　/ 54
　　任务 3.1　TestLink 使用与配置　/ 54
　　任务 3.2　禅道使用与配置　/ 58
模块 4　缺陷管理工具使用与配置　/ 66
　　任务 4.1　Mantis 使用与配置　/ 66
　　任务 4.2　禅道使用与配置　/ 71

单元 3　功能测试　/ 74

模块 1　功能需求分析　/ 75
　　任务 1.1　了解需求说明书 / 原型图　/ 75
　　任务 1.2　用户界面分析　/ 77
　　任务 1.3　逻辑规则分析　/ 79
　　任务 1.4　数据状态分析　/ 80
　　任务 1.5　模块关联分析　/ 81
　　任务 1.6　权限差别分析　/ 82
　　任务 1.7　思维导图分析　/ 82
　　模块综合练习　功能需求分析　/ 83
模块 2　功能测试用例设计　/ 85
　　任务 2.1　了解测试用例元素　/ 85
　　任务 2.2　了解测试用例设计原则　/ 89
　　任务 2.3　等价类划分法运用　/ 91
　　任务 2.4　边界值法运用　/ 92
　　任务 2.5　等价类划分法与边界值法运用　/ 93
　　任务 2.6　因果图 / 决策表法运用　/ 94
　　任务 2.7　场景设计法运用　/ 98
　　任务 2.8　错误推测法运用　/ 100
　　任务 2.9　正交试验设计法运用　/ 100
　　任务 2.10　测试用例编写运用　/ 102
　　任务 2.11　测试用例评审　/ 108
　　模块综合练习　功能测试用例设计　/ 109
模块 3　功能测试用例执行　/ 111
　　任务 3.1　了解缺陷定义　/ 111

任务 3.2　了解缺陷产生原因　　　　　　　　　　　　　　　　　　　／　112

　　任务 3.3　了解缺陷元素　　　　　　　　　　　　　　　　　　　　　／　114

　　任务 3.4　缺陷编写　　　　　　　　　　　　　　　　　　　　　　　／　116

模块 4　测试文档设计　　　　　　　　　　　　　　　　　　　　　　　　／　117

　　任务 4.1　测试计划设计　　　　　　　　　　　　　　　　　　　　　／　117

　　任务 4.2　测试总结报告设计　　　　　　　　　　　　　　　　　　　／　124

单元项目实战 1　人力资源综合服务系统（薪酬管理模块）功能测试　　　　／　129

单元项目实战 2　人力资源综合服务系统（履行中合同管理模块）功能测试　／　130

单元 4　自动化测试　　　　　　　　　　　　　　　　　　　　　　／　131

模块 1　自动化测试需求分析　　　　　　　　　　　　　　　　　　　　　／　132

　　任务 1.1　了解自动化测试　　　　　　　　　　　　　　　　　　　　／　132

　　任务 1.2　自动化测试分类说明　　　　　　　　　　　　　　　　　　／　134

　　任务 1.3　自动化测试模型说明　　　　　　　　　　　　　　　　　　／　135

　　模块综合练习　自动化需求分析　　　　　　　　　　　　　　　　　　／　136

模块 2　自动化测试用例设计　　　　　　　　　　　　　　　　　　　　　／　137

　　任务 2.1　了解自动化测试用例设计原则　　　　　　　　　　　　　　／　137

　　任务 2.2　自动化测试用例编写　　　　　　　　　　　　　　　　　　／　138

　　模块综合练习　自动化测试用例编写　　　　　　　　　　　　　　　　／　144

模块 3　自动化测试脚本设计　　　　　　　　　　　　　　　　　　　　　／　144

　　任务 3.1　浏览器基本操作方法使用　　　　　　　　　　　　　　　　／　144

　　任务 3.2　八种基本元素定位方式方法使用　　　　　　　　　　　　　／　147

　　任务 3.3　复数定位方式方法使用　　　　　　　　　　　　　　　　　／　158

　　任务 3.4　鼠标模拟操作方法使用　　　　　　　　　　　　　　　　　／　159

　　任务 3.5　键盘模拟操作方法使用　　　　　　　　　　　　　　　　　／　161

　　任务 3.6　时间等待处理方法使用　　　　　　　　　　　　　　　　　／　164

　　任务 3.7　窗口切换方法使用　　　　　　　　　　　　　　　　　　　／　166

　　任务 3.8　页面元素属性删除方法使用　　　　　　　　　　　　　　　／　169

　　任务 3.9　submit() 方法使用　　　　　　　　　　　　　　　　　　　／　171

　　任务 3.10　操作下拉滚动条方法使用　　　　　　　　　　　　　　　 ／　172

　　任务 3.11　页面中下拉框的处理方法使用　　　　　　　　　　　　　 ／　175

　　任务 3.12　文件上传处理方法使用　　　　　　　　　　　　　　　　 ／　180

任务 3.13　页面截图操作方法使用　　　　　　　　　　　　　　　/ 182

　　　任务 3.14　alert 对话框处理方法使用　　　　　　　　　　　　　/ 183

　　　模块综合练习　自动化测试脚本设计　　　　　　　　　　　　　/ 185

　模块 4　自动化测试脚本执行　　　　　　　　　　　　　　　　　　/ 186

　　　任务　自动化测试脚本执行　　　　　　　　　　　　　　　　　/ 186

　单元项目实战 1　人力资源综合服务系统（岗位查询）自动化测试　　/ 189

　单元项目实战 2　人力资源综合服务系统（政治面貌类别）自动化测试　/ 191

　单元项目实战 3　人力资源综合服务系统（组织机构管理模块）自动化测试　/ 192

单元 5　性能测试　　　　　　　　　　　　　　　　　　　　　　　/ 194

　模块 1　性能测试需求分析　　　　　　　　　　　　　　　　　　　/ 195

　　　任务 1.1　性能需求分析　　　　　　　　　　　　　　　　　　/ 195

　　　任务 1.2　性能测试准备　　　　　　　　　　　　　　　　　　/ 205

　　　任务 1.3　性能测试计划设计　　　　　　　　　　　　　　　　/ 208

　模块 2　性能测试执行　　　　　　　　　　　　　　　　　　　　　/ 209

　　　任务 2.1　性能测试设计与开发　　　　　　　　　　　　　　　/ 210

　　　任务 2.2　性能测试执行与管理　　　　　　　　　　　　　　　/ 211

　　　任务 2.3　基于 JMeter 执行　　　　　　　　　　　　　　　　/ 212

　　　任务 2.4　基于 LoadRunner 执行　　　　　　　　　　　　　　/ 241

　　　模块综合练习 1　性能测试执行（基于 JMeter 实战）　　　　　　/ 279

　　　模块综合练习 2　性能测试执行（基于 LoadRunner 实战）　　　　/ 279

　模块 3　性能测试结果分析　　　　　　　　　　　　　　　　　　　/ 280

　　　任务 3.1　基于 JMeter 结果分析　　　　　　　　　　　　　　/ 280

　　　任务 3.2　基于 LoadRunner 结果分析　　　　　　　　　　　　/ 286

　　　模块综合练习 1　性能测试结果分析（基于 JMeter 实战）　　　　/ 298

　　　模块综合练习 2　性能测试结果分析（基于 LoadRunner 实战）　　/ 298

　单元项目实战 1　基于 JMeter 的性能测试　　　　　　　　　　　　/ 298

　单元项目实战 2　基于 LoadRunner 的性能测试　　　　　　　　　　/ 299

　单元项目实战 3　人力资源综合服务系统业务并发测试　　　　　　　/ 301

　单元项目实战 4　人力资源综合服务系统响应时间测试　　　　　　　/ 302

单元 1　环境搭建与配置

测试环境包括硬件环境和软件环境。硬件环境指测试必需的服务器、客户端、网络连接设备,以及辅助硬件设备所构成的环境;软件环境指被测软件运行时的操作系统、数据库,以及其他应用软件构成的环境。

在针对软件环境进行详细搭建之前,需先熟悉搭建测试环境的原则:
- 一致:开发环境、测试环境和生产环境要保持一致;
- 真实:尽量模拟用户的真实使用环境;
- 独立:测试环境与开发环境相互独立,避免造成相互干扰。

在大部分公司,往往由开发人员进行测试环境的搭建,测试人员直接使用,这可能会导致测试人员因不了解测试环境而无法发现因为环境而产生的 Bug。测试人员应该具备测试环境的搭建及配置、测试工具的安装及使用能力,以便更好地从底层发现问题。

本单元将针对测试环境搭建与配置、自动化测试环境搭建与配置、抓包工具环境搭建与配置、性能测试环境搭建与配置等方面进行环境搭建的讲解,使读者掌握自主搭建和配置测试环境,支撑后续测试。

学习目标

- 搭建并配置 Linux 系统;
- 搭建并配置 Linux 环境下的 JDK、MySQL、Tomcat、Apache;
- 搭建并配置 Python 环境;
- 搭建并配置 Selenium;
- 搭建并配置 PyCharm;
- 搭建并配置浏览器和对应驱动;
- 搭建并配置 Fiddler、Charles;
- 搭建并配置 JDK、JMeter、LoadRunner。

模块 1　测试环境搭建与配置

　　软件测试实施环境是对软件系统进行各级测试所基于的软件/硬件设备和支持。测试实施环境包括被测软件的运行平台和用于各级测试的工具。实施环境必须尽可能地模拟真实环境，以期能够测试出真实环境中的所有问题，同时，也需要理想的环境以便找出问题的真正原因。本模块主要针对 Linux 下的 JDK、MySQL、Tomcat、Apache 等环境的搭建与配置进行介绍。

任务 1.1　Linux 搭建与配置

任务介绍

　　Linux，全称GNU/Linux，是一套免费使用和自由传播的类UNIX操作系统，是一个基于POSIX和UNIX的多用户、多任务、支持多线程和多CPU的操作系统。本任务针对Linux CentOS的搭建与配置进行介绍。

视频
Linux搭建

任务目标

搭建Linux CentOS环境，并配置系统环境变量。

任务实施

（1）以CentOS安装为例。CentOS下载地址：isoredirect.centos.org/centos/，如图1-1-1-1所示。

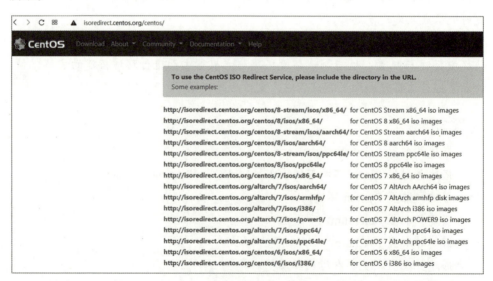

图　1-1-1-1

选择要下载的版本，下载完成的CentOS 7光盘映像文件使用VMware Workstation软件进行安装。

（2）新建虚拟机在"新建虚拟机自导"对话框中选择"自定义"单选按钮，如图1-1-1-2所示。在"选择虚拟机硬件兼容性"界面，使用默认设置即可，如图1-1-1-3所示。

图　1-1-1-2

图　1-1-1-3

在"安装客户机操作系统"界面，选择"稍后安装操作系统"单选按钮，如图1-1-1-4所示。

在"选择客户机操作系统"界面，选择Linux和"CentOS 7 64位"选项，如图1-1-1-5所示。

图　1-1-1-4

图　1-1-1-5

在"命名虚拟机"界面，设置虚拟机名称及位置，如图1-1-1-6所示。

在"处理器配置"界面，配置处理器数量及每个处理器的内核数量，如图1-1-1-7所示。

在"此虚拟机的内存"界面，配置内存大小，如图1-1-1-8所示。

在"网络类型"界面，配置网络连接，如图1-1-1-9所示。

在"选择I/O控制器类型"界面，选择默认设置即可，如图1-1-1-10所示。

在"选择磁盘类型"界面，选择默认设置即可，如图1-1-1-11所示。

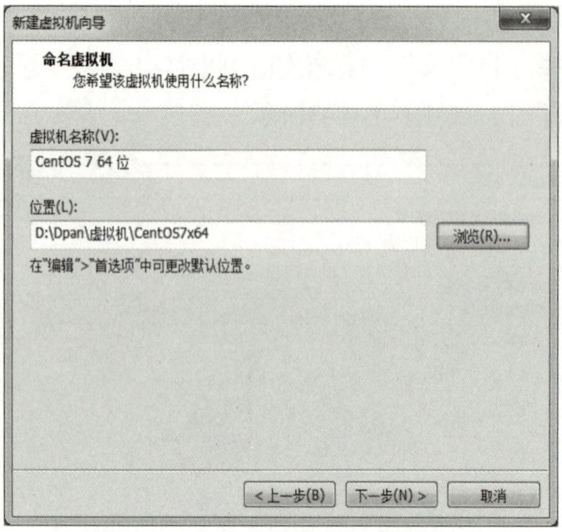

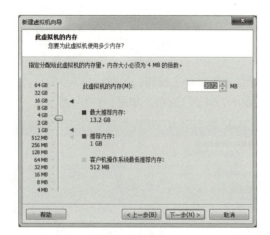

图　1-1-1-6

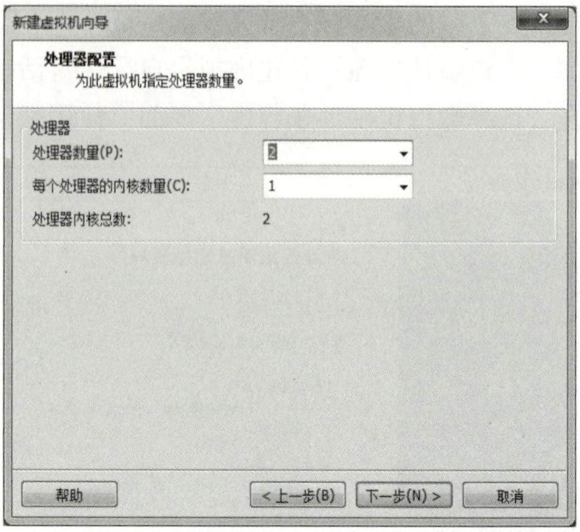

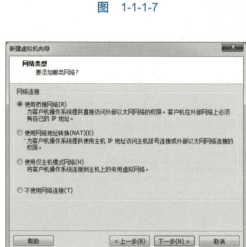

图　1-1-1-7

图　1-1-1-8

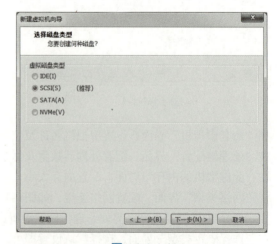

图　1-1-1-9

图　1-1-1-10

图　1-1-1-11

在"选择磁盘"界面，选择"创建新虚拟磁盘"单选按钮，如图1-1-1-12所示。
在"指定磁盘容量"界面，设置磁盘大小，如图1-1-1-13所示。

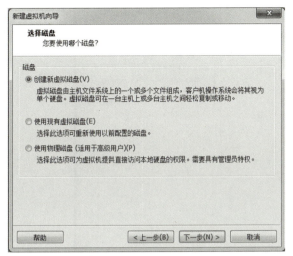
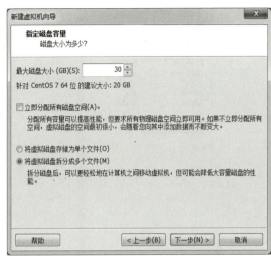

图 1-1-1-12　　　　　　　　　　　　　　图 1-1-1-13

在"指定磁盘文件"界面，选择默认设置即可，如图1-1-1-14所示。
在"虚拟机设置完成"界面，单击"完成"按钮开始创建虚拟机，如图1-1-1-15所示。

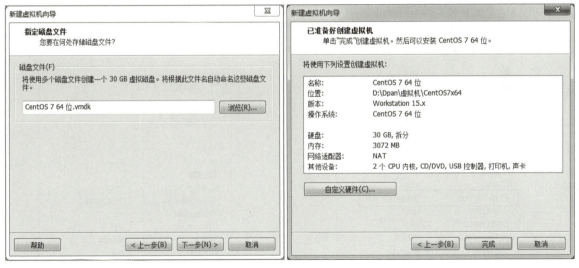

图 1-1-1-14　　　　　　　　　　　　　　图 1-1-1-15

（3）虚拟机创建完成后，双击虚拟机设备中的CD/DVD（IDE），弹出"虚拟机设置"对话框，CD/DVD（IDE）设备"连接"设置中，选择"使用ISO映像文件"单选按钮，选择CentOS 7光盘映像文件，单击"确定"按钮，如图1-1-1-16所示。

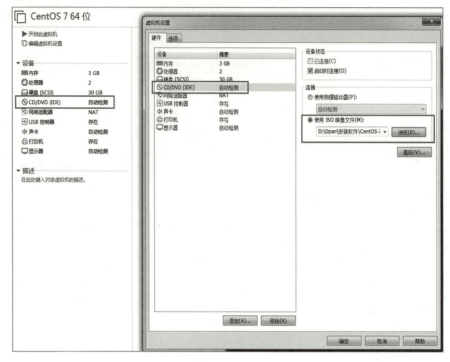

图 1-1-1-16

CD/DVD（IDE）设置修改完成，如图1-1-1-17所示。

（4）CD/DVD（IDE）设置修改完成后，单击"开启此虚拟机"按钮，启动虚拟机，如图1-1-1-18所示。

图 1-1-1-17

图 1-1-1-18

（5）虚拟机启动后，进入CentOS 7安装界面，单击进入安装界面，通过【↑】、【↓】键，使光标选中第一项Install CentOS 7，然后按【Enter】键，开始安装CentOS 7，如图1-1-1-19所示。

图 1-1-1-19

CentOS 7安装过程，如图1-1-1-20所示。

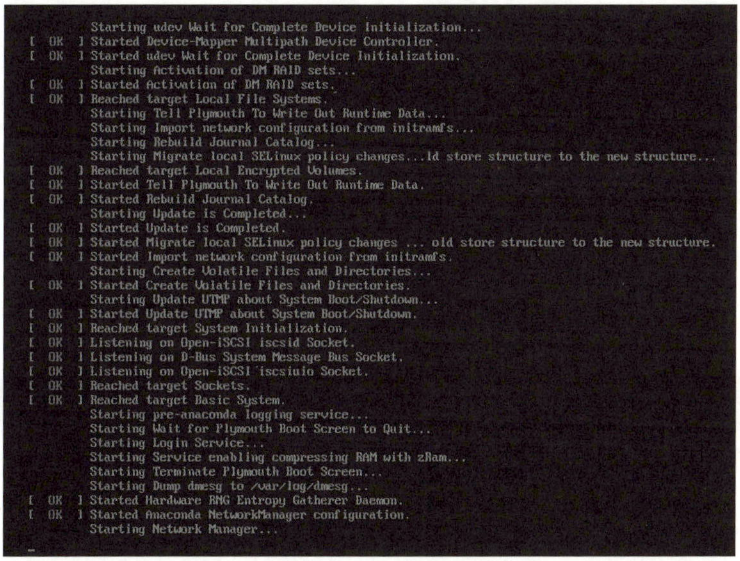

图 1-1-1-20

（6）在WELCOME TO CENTOS 7界面设置语言，选择English（United states）选项，单击Continue按钮，如图1-1-1-21所示。

在INSTALLATION SUMMARY界面安装总览，可以完成CentOS 7版本Linux的全部设置，如图1-1-1-22所示。

图 1-1-1-21

图 1-1-1-22

在DATE & TIME界面设置时区，选择Asia–Shanghai，如图1-1-1-23所示。

在KEYBOARD LAYOUT界面设置键盘，使用默认设置English(US)即可，如图1-1-1-24所示。

图 1-1-1-23

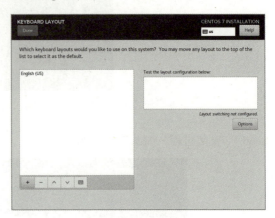

图 1-1-1-24

在LANGUAGE SUPPORT界面设置语言，可以默认English，也可以自行添加简体中文的支持，如图1-1-1-25所示。

在INSTALLATION SOURCE界面安装资源，使用默认设置Local media本地媒体文件，如图1-1-1-26所示。

图 1-1-1-25

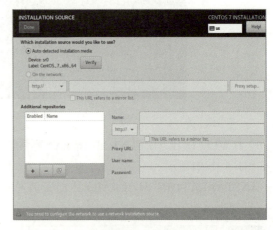

图 1-1-1-26

在SOFTWARE SELECTION界面设置软件安装选择，字符界面安装选择Minimal Install（见图1-1-1-27）或者Basic Web Server。图形界面安装选择Server with GUI或者GNOME Desktop。字符界面与图形界面安装过程相同，只在这一步有区分。

在INSTALLATION DESTINATION界面设置安装位置，选中在创建虚拟机时设置的30 GB虚拟硬盘，如图1-1-1-28所示。

找到Other Storage Options→Partitioning，选中I will configure partitioning单选按钮，单击Done按钮，如图1-1-1-29所示。

选择Standard Partition标准分区，单击页面左下角的"+"按钮添加分区，如图1-1-1-30所示。

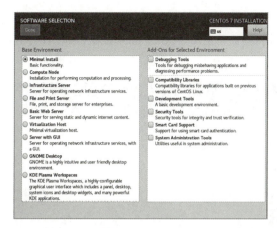

图 1-1-1-27　　　　　　　　　　　　图 1-1-1-28

图 1-1-1-29　　　　　　　　　　　　图 1-1-1-30

/boot分区设置为1 GB，如图1-1-1-31所示。
swap分区设置为4 GB，如图1-1-1-32所示。

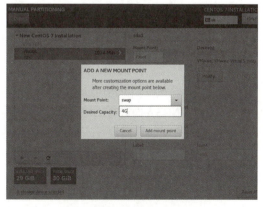

图 1-1-1-31　　　　　　　　　　　　图 1-1-1-32

"/"根分区设置为25 GB，如图1-1-1-33所示。

单击Done按钮，弹出SUMMARY OF CHANGES对话框，单击Accept Changes按钮，如图1-1-1-34所示。

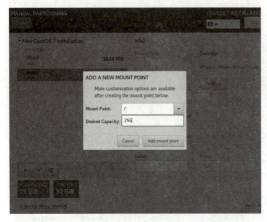

图 1-1-1-33

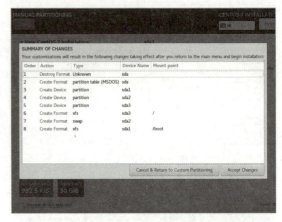

图 1-1-1-34

在KDUMP界面使用默认设置即可，如图1-1-1-35所示。

在NETWORK & HOST NAME界面设置网络和主机名，在Host name处输入主机名，单击Apply按钮，即可设置主机名，如图1-1-1-36所示。

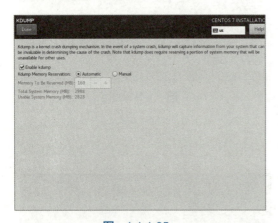

图 1-1-1-35

图 1-1-1-36

（7）完成所有设置后，单击Begin Installation按钮，开始正式安装CentOS 7，如图1-1-1-37所示。

在USER SETTINGS界面进行用户设置，这里需要设置root用户的密码，如图1-1-1-38所示。

在ROOT PASSWORD界面设置root用户的密码，如图1-1-1-39所示。

在CREATE USER界面创建用户，此处可以不进行创建，在安装完成后再由root用户创建新的用户，如图1-1-1-40所示。

图 1-1-1-37   图 1-1-1-38

图 1-1-1-39   图 1-1-1-40

在CentOS 7安装完成界面，单击Reboot按钮重启系统，如图1-1-1-41所示。
CentOS 7系统启动，如图1-1-1-42所示。

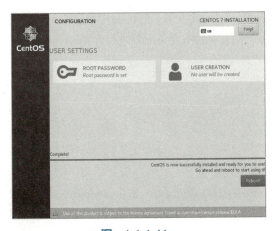

图 1-1-1-41   图 1-1-1-42

（8）系统启动成功后，进入用户登录界面，如图1-1-1-43所示。

图 1-1-1-43

输入root用户的用户名和密码，登录系统，如图1-1-1-44所示。

图 1-1-1-44

root用户登录成功，安装完成，如图1-1-1-45所示。

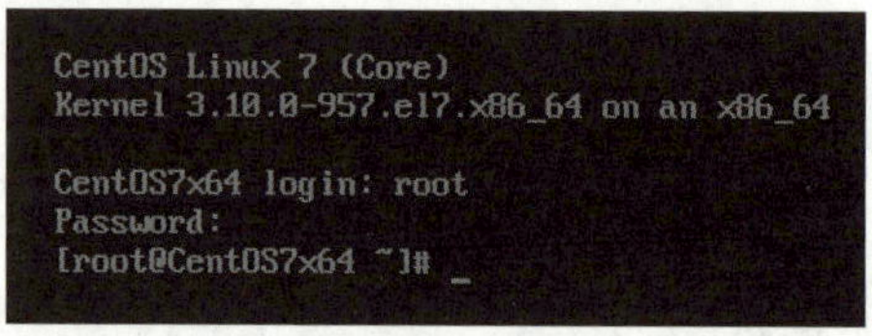

图 1-1-1-45

任务 1.2 JDK 搭建与配置

任务介绍

JDK是Java语言的软件开发工具包，主要用于移动设备、嵌入式设备上的Java应用程序，是整个Java开发的核心，它包含Java的运行环境和Java工具。本任务针对JDK的搭建与配置进行介绍。

视频
JDK搭建

任务目标

搭建JDK环境，并配置系统环境变量。

任务实施

下面介绍基于Linux操作系统下的JDK环境搭建及配置。

（1）下载地址：www.oracle.com/java/technologies/javase/javase7-archive-downloads.html，如图1-1-2-1所示。

图 1-1-2-1

选择要下载的版本,将下载的安装文件上传到Linux对应的文件夹中,这里使用WinSCP软件将其上传到/usr/java文件夹下,如图1-1-2-2所示。

图 1-1-2-2

上传成功后,在java目录下,可以看到上传成功的文件,如图1-1-2-3所示。

图 1-1-2-3

(2)使用tar –zxvf命令解压文件,如图1-1-2-4所示。

图 1-1-2-4

解压完成后,在java目录下多出一个名为jdk1.8.0_271的文件夹,如图1-1-2-5所示。

图 1-1-2-5

(3)解压完成后,设置环境变量,编辑/etc/profile文件,如图1-1-2-6所示。

图 1-1-2-6

在profile文件后面输入图1-1-2-7所示命令。
代码输入后,保存文件并退出,输入图1-1-2-8所示命令,使修改的代码生效。

```
JAVA_HOME=/usr/java/jdk1.8.0_271
CLASSPATH=$JAVA_HOME/lib/
PATH=$PATH:$JAVA_HOME/bin
export PAHT JAVA_HOME CLASSPATH
```

图 1-1-2-7

```
[root@CentOS7x64 ~]# source /etc/profile
```

图 1-1-2-8

（4）代码生效后，验证JDK是否安装成功，输入java –version命令，出现Java版本信息，代表JDK安装成功，如图1-1-2-9所示。

```
[root@CentOS7x64 ~]# java -version
java version "1.8.0_271"
Java(TM) SE Runtime Environment (build 1.8.0_271-b09)
Java HotSpot(TM) 64-Bit Server VM (build 25.271-b09, mixed mode)
```

图 1-1-2-9

任务 1.3 MySQL 搭建与配置

任务介绍

MySQL是流行的关系型数据库管理系统之一。本任务针对MySQL的搭建与配置进行介绍。

视频
MySQL搭建

任务目标

搭建MySQL环境，并配置系统环境变量。

任务实施

下面介绍基于Linux操作系统下的MySQL环境搭建及配置。

1. 系统约定

（1）安装文件下载目录：/data/software；

（2）MySQL目录安装位置：/usr/local/mysql；

（3）数据库保存位置：/data/mysql；

（4）日志保存位置：/data/log/mysql。

2. 下载 MySQL

（1）下载地址：https://downloads.mysql.com/archives/community/，如图1-1-3-1所示。

执行如下命名创建目录/data/software：

```
# mkdir /data/software
# cd /data/software
```

下载安装包，可以在Windows下载后，通过工具上传到 /data/software目录下，如图1-1-3-2所示。

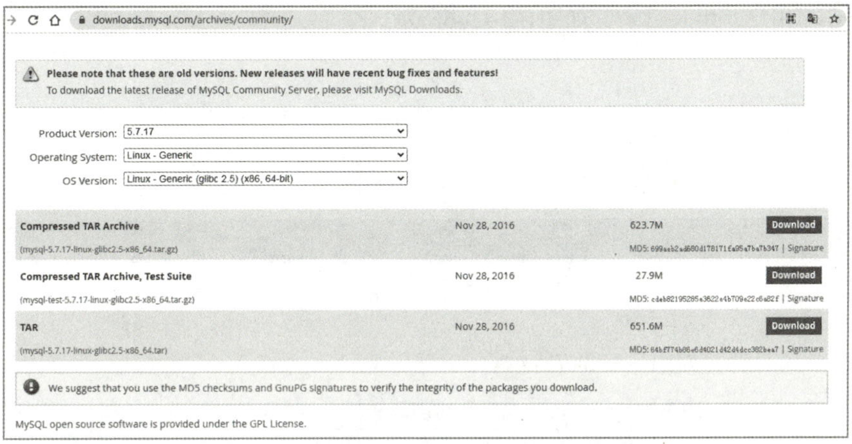

图 1-1-3-1

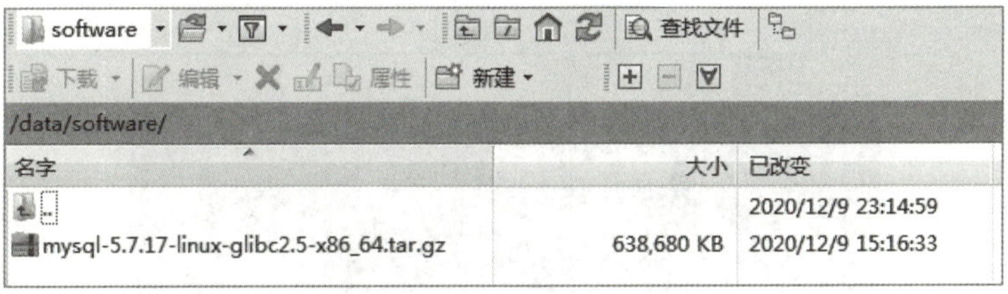

图 1-1-3-2

也可以通过以下命令在/data/software目录下直接下载：
wget http://dev.mysql.com/get/Downloads/MySQL-5.7/mysql-5.7.17-linux-glibc2.5-x86_64.tar.gz

（2）解压压缩包到目标位置，如图1-1-3-3所示。
tar -xzvf mysql-5.7.17-linux-glibc2.5-x86_64.tar.gz

图 1-1-3-3

（3）移动并修改文件名，如图1-1-3-4所示。
mv mysql-5.7.17-linux-glibc2.5-x86_64 /usr/local/mysql

图 1-1-3-4

（4）创建数据仓库目录/data/mysql，如图1-1-3-5所示。
mkdir /data/mysql
ls /data/

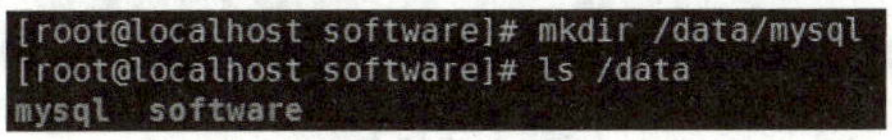

图 1-1-3-5

（5）新建mysql用户、组及目录，如图1-1-3-6所示。

新建一个mysql组：

```
# groupadd mysql
```

新建mysql用户禁止登录shell：

```
# useradd -r -s /sbin/nologin -g mysql mysql -d /usr/local/mysql
```

图 1-1-3-6

（6）改变目录属有者，如图1-1-3-7所示。

```
# cd /usr/local/mysql
# pwd
# chown -R mysql .
# chgrp -R mysql .
# chown -R mysql /data/mysql
```

图 1-1-3-7

（7）配置参数。

```
# bin/mysqld --initialize --user=mysql --basedir=/usr/local/mysql --datadir=/data/mysql/
```
//如图1-1-3-8所示

图 1-1-3-8

此处需要注意记录生成的临时密码 dg&Mz7EWzFpd。

```
# bin/mysql_ssl_rsa_setup   --datadir=/data/mysql/
```
//如图1-1-3-9所示

图 1-1-3-9

（8）修改系统配置文件。

```
# cd /usr/local/mysql/support-files//如图1-1-3-10所示
# cp my-default.cnf /etc/my.cnf
# cp mysql.server /etc/init.d/mysql//如图1-1-3-11所示
# vim /etc/init.d/mysql
```

```
[root@localhost mysql]# cd /usr/local/mysql/support-files/
[root@localhost support-files]# ls
magic  my-default.cnf  mysqld_multi.server  mysql-log-rotate  mysql.server
```

图 1-1-3-10

```
[root@localhost support-files]# cp my-default.cnf /etc/my.cnf
cp: overwrite '/etc/my.cnf'? y
[root@localhost support-files]# cp mysql.server /etc/init.d/mysql
[root@localhost support-files]# vi /etc/init.d/mysql
```

图 1-1-3-11

修改内容，如图1-1-3-12所示。

```
basedir=/usr/local/mysql
datadir=/data/mysql
```

图 1-1-3-12

（9）启动mysql，如图1-1-3-13所示。

```
# /etc/init.d/mysql start
```

```
[root@localhost support-files]# /etc/init.d/mysql start
Starting MySQL.Logging to '/data/mysql/localhost.localdomain.err'
. SUCCESS!
```

图 1-1-3-13

（10）登录mysql：

```
# mysql -uroot -p
```

若出现-bash: mysql: command not found，则执行# ln –s /usr/local/mysql/bin/mysql /usr/bin；若没有出现则不用执行。

输入生成的临时密码，如图1-1-3-14所示。

```
[root@localhost support-files]# mysql -uroot -p
-bash: mysql: command not found
[root@localhost support-files]# ln -s /usr/local/mysql/bin/mysql /usr/bin
[root@localhost support-files]# mysql -uroot -p
Enter password:
Welcome to the MySQL monitor.  Commands end with ; or \g.
Your MySQL connection id is 3
Server version: 5.7.17

Copyright (c) 2000, 2016, Oracle and/or its affiliates. All rights reserved.

Oracle is a registered trademark of Oracle Corporation and/or its
affiliates. Other names may be trademarks of their respective
owners.

Type 'help;' or '\h' for help. Type '\c' to clear the current input statement.

mysql> 
```

图 1-1-3-14

任务 1.4 Tomcat 搭建与配置

任务介绍

Tomcat服务器是一个开放源代码的Web应用服务器，属于轻量级应用服务器，在中小型系统和并发访问用户不是很多的场合下普遍使用，是开发和调试JSP程序的首选。

在一台机器上配置好Apache服务器之后，可利用它响应HTML页面的访问请求。实际上Tomcat是Apache服务器的扩展，但运行时它是独立运行的，所以当运行Tomcat时，它实际上是作为一个与Apache独立的进程单独运行。本任务针对Tomcat的搭建与配置进行介绍。

视频
Tomcat搭建

任务目标

搭建Tomcat环境，并配置系统环境变量。

任务实施

下面介绍基于Linux操作系统下的Tomcat环境搭建及配置。

（1）安装并配置好JDK后运行Tomcat，下载地址：mirrors.hust.edu.cn/apache/tomcat/，如图1-1-4-1所示。

File Name	File Size	Date
../	-	-
maven-plugin/	-	04-May-2018 16:40
taglibs/	-	04-May-2018 16:40
tomcat-10/	-	09-Oct-2020 15:59
tomcat-7/	-	22-Sep-2020 17:42
tomcat-8/	-	09-Oct-2020 17:53
tomcat-9/	-	09-Oct-2020 16:04
tomcat-connectors/	-	04-May-2018 16:41

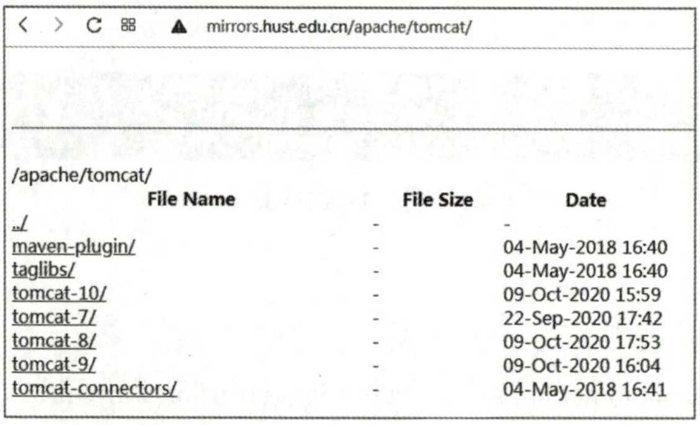

图 1-1-4-1

选择要下载的版本，进入各版本下载页面，自行下载，下载完成后，上传到Linux相应的文件夹中，也可以通过wget命令直接在Linux系统中下载。

进入要存储文件的文件夹，这里选择/home文件夹，如图1-1-4-2所示。

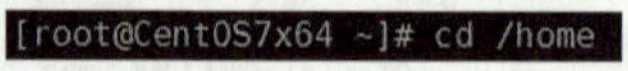

图 1-1-4-2

下载Tomcat安装包，命令为# wget http://mirrors.hust.edu.cn/apache/tomcat/tomcat-9/v9.0.38/bin/apache-tomcat-9.0.38.tar.gz，如图1-1-4-3所示。

```
[root@CentOS7x64 home]# wget http://mirrors.hust.edu.cn/apache/tomcat/tomcat-9/v9.0.38/bin/apache-tomcat-9.0.38.tar.gz
--2020-11-04 16:37:50--  http://mirrors.hust.edu.cn/apache/tomcat/tomcat-9/v9.0.38/bin/apache-tomcat-9.0.38.tar.gz
Resolving mirrors.hust.edu.cn (mirrors.hust.edu.cn)... 202.114.18.160
Connecting to mirrors.hust.edu.cn (mirrors.hust.edu.cn)|202.114.18.160|:80... connected.
HTTP request sent, awaiting response... 200 OK
Length: 11264531 (11M) [application/octet-stream]
Saving to: 'apache-tomcat-9.0.38.tar.gz'

100%[======================================================================>] 11,264,531  1.99MB/s   in 5.2s

2020-11-04 16:37:57 (2.05 MB/s) - 'apache-tomcat-9.0.38.tar.gz' saved [11264531/11264531]
```

图 1-1-4-3

下载成功后，在home文件夹下能看到下载的安装包，如图1-1-4-4所示。

```
[root@CentOS7x64 home]# ll
total 11004
-rw-r--r--. 1 root root 11264531 Sep 10 16:44 apache-tomcat-9.0.38.tar.gz
```

图 1-1-4-4

（2）使用tar –zxvf命令解压pache-tomcat-9.0.38.tar.gz文件，如图1-1-4-5所示。

```
[root@CentOS7x64 home]# tar -zxvf apache-tomcat-9.0.38.tar.gz
apache-tomcat-9.0.38/conf/
apache-tomcat-9.0.38/conf/catalina.policy
apache-tomcat-9.0.38/conf/catalina.properties
apache-tomcat-9.0.38/conf/context.xml
apache-tomcat-9.0.38/conf/jaspic-providers.xml
apache-tomcat-9.0.38/conf/jaspic-providers.xsd
apache-tomcat-9.0.38/conf/logging.properties
```

图 1-1-4-5

解压完成后，在home目录下多出一个名为apache-tomcat-9.0.38的文件夹，如图1-1-4-6所示。

```
[root@CentOS7x64 home]# ll
total 11004
drwxr-xr-x. 9 root root      220 Nov  4 16:48 apache-tomcat-9.0.38
-rw-r--r--. 1 root root 11264531 Sep 10 16:44 apache-tomcat-9.0.38.tar.gz
```

图 1-1-4-6

（3）进入apache-tomcat-9.0.38文件夹下的bin目录，如图1-1-4-7所示。

```
[root@CentOS7x64 home]# cd apache-tomcat-9.0.38
[root@CentOS7x64 apache-tomcat-9.0.38]# cd bin
[root@CentOS7x64 bin]# ls
bootstrap.jar    catalina-tasks.xml   commons-daemon.jar              configtest.sh   digest.sh      setclasspath.bat   shutdown.sh   tomcat-juli.jar         tool-wrapper.sh
catalina.bat     ciphers.bat          commons-daemon-native.tar.gz    daemon.sh       makebase.bat   setclasspath.sh    startup.bat   tomcat-native.tar.gz    version.bat
catalina.sh      ciphers.sh           configtest.bat                  digest.bat      makebase.sh    shutdown.bat       startup.sh    tool-wrapper.bat        version.sh
```

图 1-1-4-7

（4）启动Tomcat服务，如图1-1-4-8所示。

```
[root@CentOS7x64 bin]# ./startup.sh
Using CATALINA_BASE:   /home/apache-tomcat-9.0.38
Using CATALINA_HOME:   /home/apache-tomcat-9.0.38
Using CATALINA_TMPDIR: /home/apache-tomcat-9.0.38/temp
Using JRE_HOME:        /usr/java/jdk1.8.0_271
Using CLASSPATH:       /home/apache-tomcat-9.0.38/bin/bootstrap.jar:/home/apache-tomcat-9.0.38/bin/tomcat-juli.jar
Using CATALINA_OPTS:
Tomcat started.
```

图 1-1-4-8

显示Tomcat started表明Tomcat启动成功，在浏览器输入"http://IP地址:8080"，打开Tomcat主页，如图1-1-4-9所示，表明Tomcat启动成功。

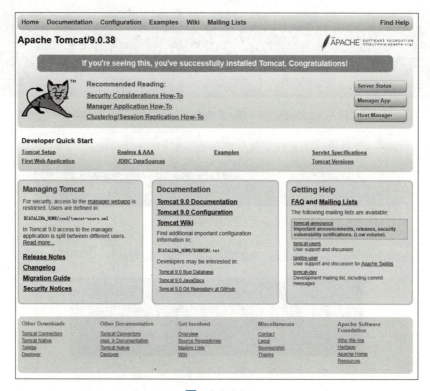

图 1-1-4-9

任务 1.5　Apache 搭建与配置

 **任务介绍**

　　Apache（音译为阿帕奇）可以运行在几乎所有广泛使用的计算机平台上，由于其跨平台和安全性被广泛使用，是最流行的Web服务器端软件之一，快速、可靠并且可通过简单的API扩充，将Perl/Python等解释器编译到服务器中。本任务针对Apache的搭建与配置进行介绍。

视频
Apache搭建

任务目标

　　搭建Apache环境，并配置系统环境变量。

 **任务实施**

　　下面介绍基于Linux操作系统下的Apache环境搭建及配置。
（1）使用"yum源"安装Apache，命令为# yum install httpd，如图1-1-5-1所示。

```
[root@CentOS7x64 ~]# yum install httpd
Loaded plugins: fastestmirror
Loading mirror speeds from cached hostfile
 * base: mirrors.bfsu.edu.cn
 * extras: mirrors.huaweicloud.com
 * updates: mirror.bit.edu.cn
Resolving Dependencies
--> Running transaction check
---> Package httpd.x86_64 0:2.4.6-93.el7.centos will be installed
--> Processing Dependency: httpd-tools = 2.4.6-93.el7.centos for package: httpd-2.4.6-93.el7.centos.x86_64
--> Processing Dependency: /etc/mime.types for package: httpd-2.4.6-93.el7.centos.x86_64
--> Processing Dependency: libaprutil-1.so.0()(64bit) for package: httpd-2.4.6-93.el7.centos.x86_64
--> Processing Dependency: libapr-1.so.0()(64bit) for package: httpd-2.4.6-93.el7.centos.x86_64
--> Running transaction check
---> Package apr.x86_64 0:1.4.8-5.el7 will be installed
---> Package apr-util.x86_64 0:1.5.2-6.el7 will be installed
---> Package httpd-tools.x86_64 0:2.4.6-93.el7.centos will be installed
---> Package mailcap.noarch 0:2.1.41-2.el7 will be installed
--> Finished Dependency Resolution
```

图 1-1-5-1

（2）安装后，验证是否安装成功，输入httpd -v命令，出现Apache版本信息，代表Apache安装成功，如图1-1-5-2所示。

（3）启动Apache服务，如图1-1-5-3所示。

```
[root@CentOS7x64 ~]# httpd -v
Server version: Apache/2.4.6 (CentOS)
Server built:   Apr  2 2020 13:13:23
```

图 1-1-5-2

```
[root@CentOS7x64 ~]# systemctl start httpd.service
```

图 1-1-5-3

（4）启动Apache后，在浏览器输入“http://IP地址”，出现Apache测试页面，表明Apache启动成功，如图1-1-5-4所示。

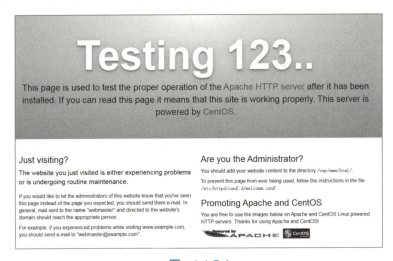

图 1-1-5-4

模块 2　自动化测试环境搭建与配置

在执行自动化测试前，需搭建与配置自动化测试环境，目前基于 Python 环境和 Java 环境都可进行自动化测试。因 Python 简洁方便、易上手等特性，本模块主要针对基于 Python 的自动化测试环境进行搭建与配置，包括 Python、Selenium、PyCharm、浏览器及浏览器驱动等。

任务 2.1　Python 搭建与配置

任务介绍

Python是一种跨平台的计算机程序设计语言，是一个高层次的结合了解释性、编译性、互动性和面向对象的脚本语言，最初被设计用于编写自动化脚本。随着版本的不断更新和语言新功能的添加，更多地被用于独立的、大型项目的开发。本任务针对Python的安装与配置进行介绍。

任务目标

搭建Python环境，并配置系统环境变量。

任务实施

下面介绍基于Windows操作系统下的Python环境搭建及配置。

（1）从Python官方网站下载安装包进行安装，下载地址：http://www.python.org，如图1-2-1-1所示。

图　1-2-1-1

（2）在Python 3.5.0（64-bit）Setup对话框中进行设置，切记要勾选相应复选框，如果不进行勾选，则需要自己配置环境变量，勾选后自动配置环境变量，单击Customize installation按钮进入到下一界面，如图1-2-1-2所示，如果选择Install Now则进行快速安装。

在Optional Features界面中，勾选所有的复选框，单击Next按钮，如图1-2-1-3所示。

图　1-2-1-2　　　　　　　　　　　　图　1-2-1-3

在Advanced Options界面中勾选相应复选框，单击Browse按钮进行自定义安装路径，也可以直接单击Install按钮进行安装，如图1-2-1-4所示。

（3）安装完成后为检查是否安装成功，在命令窗口中输入python命令进行查询，如图1-2-1-5所示。

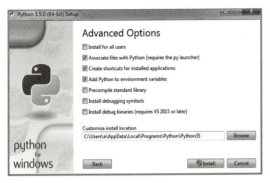

图　1-2-1-4

图　1-2-1-5

任务 2.2　Selenium 搭建与配置

任务介绍

Selenium是一个用于Web应用程序测试的工具，直接运行在浏览器中，就像真正的用户在操作一样，支持的浏览器包括IE（7、8、9、10、11）、Edge、Mozilla Firefox、Safari、Google Chrome、Opera等。主要功能包括测试应用程序是否能够很好地工作在不同浏览器和操作系统之上；测试系统功能，创建回归测试检验软件功能和用户需求；支持自动录制动作和自动生成.NET、Java、Perl等不同语言的测试脚本。本任务针对Selenium的安装与配置进行介绍。

任务目标

安装Selenium环境，并配置系统环境变量。

任务实施

下面介绍基于Windows操作系统下的Selenium环境搭建及配置。

安装方法1：进入Selenium官方直接下载安装，下载地址为https://docs.seleniumhq.org/download/。将下载好的文件进行解压，然后放置在Python安装目录下的\Lib\site-packages中方可使用。

安装方法2：使用cmd命令行窗口在线安装Selenium，命令为pip install selenium，默认下载最新的版本，如图1-2-2-1所示。

安装完成后使用pip show selenium命令检查是否安装成功，如图1-2-2-2所示。

图 1-2-2-1

图 1-2-2-2

任务 2.3 PyCharm 搭建与配置

任务介绍

PyCharm是一种Python IDE，带有一整套可以帮助用户在使用Python语言开发时提高其效率的工具，比如调试、语法高亮、Project管理、代码跳转、智能提示、自动完成、单元测试。本任务针对PyCharm的安装与配置进行介绍。

任务目标

安装PyCharm工具，并配置工具环境参数。

任务实施

下面介绍基于Windows操作系统下的PyCharm环境搭建及配置。

（1）PyCharm官网：https://www.jetbrains.com/pycharm/，进入PyCharm网站，Professional表示为专业版，Community表示为社区版，此处安装社区版，如图1-2-3-1所示。

（2）双击PyCharm安装包，在打开的对话框中单击Next按钮，如图1-2-3-2所示。

图 1-2-3-1

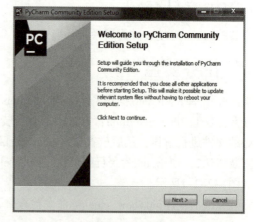
图 1-2-3-2

在Choose Install Location界面选择安装路径，选择完成后，单击Next按钮，如图1-2-3-3所示。
在Installation Options界面选择相对应的系统和文件扩展名，单击Next按钮，如图1-2-3-4所示。

 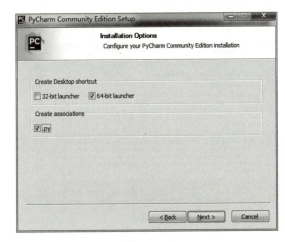

图 1-2-3-3　　　　　　　　　　　　图 1-2-3-4

在Choose Start Menu Folder界面单击Install按钮，进行安装，如图1-2-3-5所示。

安装成功之后勾选Run PyCharm Community Edition复选框，单击Finish按钮，表示安装完成并运行PyCharm，如图1-2-3-6所示。

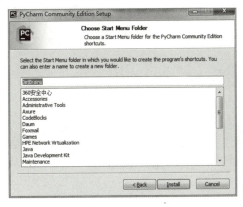 

图 1-2-3-5　　　　　　　　　　　　图 1-2-3-6

（3）运行PyCharm后弹出选择工作空间对话框，如图1-2-3-7所示，选择Do not import settings单选按钮，单击OK按钮。

图 1-2-3-7

弹出请阅读并接受这些条款和条件对话框，单击Accept按钮，如图1-2-3-8所示。

弹出PyCharm默认设置对话框，单击OK按钮，如图1-2-3-9所示。

弹出新建项目和打开PyCharm文件对话框，单击Create New Project按钮，如图1-2-3-10所示。

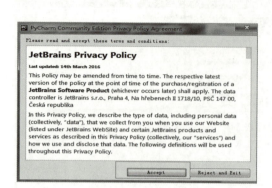

图 1-2-3-8

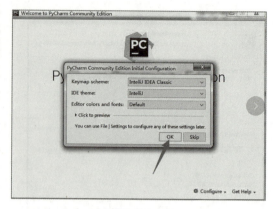

图 1-2-3-9

弹出新建项目对话框，Location用于选择Python的安装位置，Interpreter代表安装Python命令的exe文件，单击Create按钮，如图1-2-3-11所示。

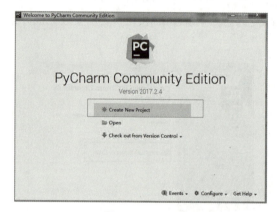

图 1-2-3-10

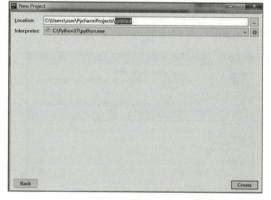

图 1-2-3-11

弹出提示信息对话框，单击Close按钮，如图1-2-3-12所示。

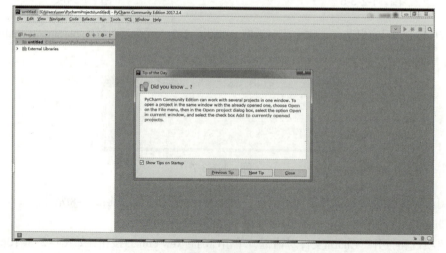

图 1-2-3-12

（4）进入PyCharm主界面，在此界面可以进行Python文件的建立和代码编写，如图1-2-3-13所示。

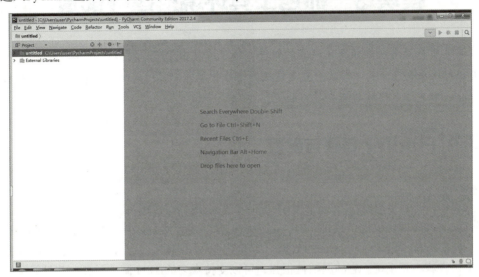

图 1-2-3-13

任务 2.4 浏览器及驱动搭建与配置

任务介绍

安装火狐、谷歌等浏览器，并下载相应的浏览器驱动。本任务针对浏览器及驱动的安装与配置进行介绍。

知识储备

支持的浏览器和浏览器驱动对应关系：

（1）支持Firefox：
- Firefox 48以上版本：Selenium 3.X+FireFox驱动——geckodriver；
- Firefox 48以下版本：Selenium 2.X内置驱动。

（2）支持IE浏览器：
- IE 9以上版本：Selenium 3.X+IE驱动；
- IE 9以下版本：Selenium 2.X+IE驱动。

（3）支持Chrome浏览器：Selenium 2.x/3.x+Chrome驱动。

任务实施

（1）安装火狐、谷歌等浏览器，并从Selenium官网下载相应的浏览器驱动。

（2）配置浏览器及驱动。驱动版本和浏览器版本必须要匹配，自动化测试一般禁止浏览器更新，或者隔几个月手动更新一次。版本不匹配一般只影响个别语句，只要代码中没有这些语句即可，比如窗口最大化的语句。

模块 3　抓包工具环境搭建与配置

抓包工具是拦截查看网络数据包内容的软件。抓包工具由于可以对数据通信过程中的所有IP报文实施捕获并进行逐层拆包分析，因此一直是传统网络维护工作中常用的故障排查工具。本模块主要针对Fiddler、Charles抓包工具环境进行搭建与配置。

任务 3.1　Fiddler 搭建与配置

任务介绍

Fiddler是一个HTTP协议调试代理工具，它能够记录并检查所有计算机和互联网之间的HTTP通信，设置断点，查看所有"进出"Fiddler的数据。它是用C#写出来的，包含一个简单却功能强大的基于JScript .NET 事件脚本子系统。它的灵活性很强，可以支持众多的HTTP调试任务，并且能够使用.NET框架语言进行扩展。本任务针对Fiddler的安装与配置进行介绍。

视频
Fiddler搭建

任务目标

安装Fiddler工具，并配置工具环境参数。

任务实施

下面介绍基于Windows操作系统下的Fiddler环境搭建及配置。

（1）Fiddler官网下载地址：https://www.telerik.com/download/fiddler-everywhere，下载完成后双击安装文件，进入Fiddler安装界面，如图1-3-1-1所示。

单击I Agree按钮，进入选择路径界面，如图1-3-1-2所示。

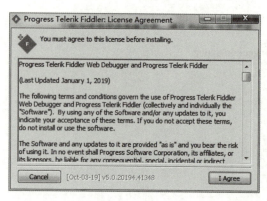
图　1-3-1-1

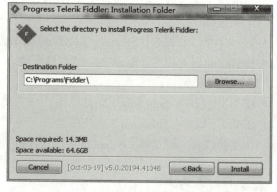
图　1-3-1-2

选择安装的路径，单击Install按钮，开始安装Fiddler，如图1-3-1-3所示。

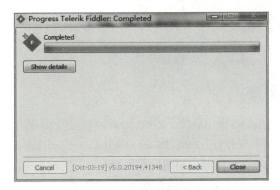

图 1-3-1-3

安装完成后，进入Completed界面，单击Close按钮，Fiddler安装完成。

（2）打开Fiddler后，会自动抓取数据包，界面左侧按请求顺序显示请求信息，右侧显示请求和返回的具体信息，如图1-3-1-4所示。

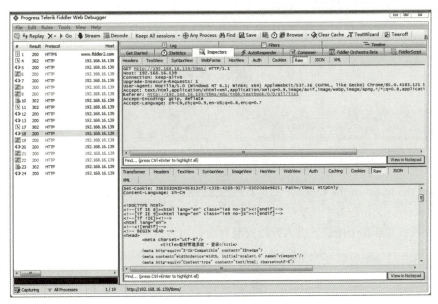

图 1-3-1-4

任务 3.2　Charles 搭建与配置

任务介绍

Charles是一个HTTP代理服务器、HTTP监视器、反转代理服务器，当浏览器连接Charles的代理访问互联网时，Charles可以监控浏览器发送和接收的所有数据，它允许开发者查看所有连接互联网的HTTP通信，包括Request、Response和HTTP Headers。本任务针对Charles的安装与配置进行介绍。

视频
Charles搭建

任务目标

安装Charles工具，并配置工具环境参数。

任务实施

下面介绍基于Windows操作系统下的Charles环境搭建及配置。

（1）Charles官网下载地址：https://www.charlesproxy.com/latest-release/download.do。下载完成后双击安装文件，进入Charles安装界面，如图1-3-2-1所示。

单击Next按钮进入End-User License Agreement界面，如图1-3-2-2所示。

图 1-3-2-1

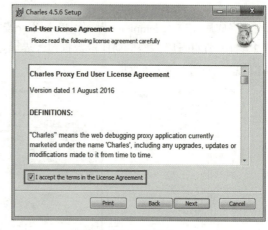

图 1-3-2-2

勾选I accept the terms in the License Agreement复选框，单击Next按钮，进入Destination Folder界面，如图1-3-2-3所示。

选择安装路径，单击Next按钮，进入开始安装界面，如图1-3-2-4所示。

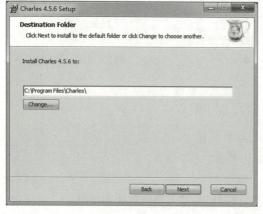

图 1-3-2-3

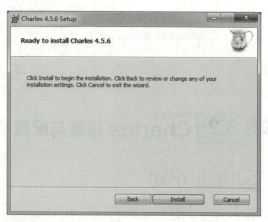

图 1-3-2-4

单击Install按钮，开始安装，如图1-3-2-5所示。
安装完成，进入Completed界面，如图1-3-2-6所示。

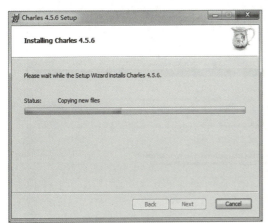

图 1-3-2-5

图 1-3-2-6

单击Finish按钮，Charles安装完成。

（2）打开Charles，会自动抓取数据包。Charles主界面有Structure和Sequence两个子界面，Structure界面是左右视图，左侧按主机地址归类显示请求信息，右侧显示请求和返回的具体信息，如图1-3-2-7所示。

图 1-3-2-7

Sequence界面是上下视图，上侧按请求顺序显示信息，下侧显示具体信息，如图1-3-2-8所示。

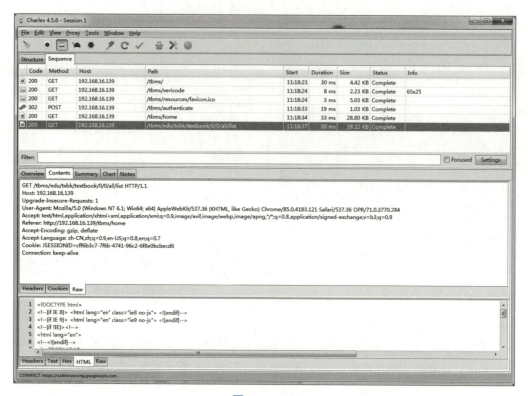

图 1-3-2-8

模块 4　性能测试环境搭建与配置

在执行性能测试前，需搭建与配置性能测试环境，目前行业企业性能测试常用工具有 JMeter、Loadrunner、SoapUI、ApacheBench 等。本模块主要针对 JMeter、Loadrunner 性能测试环境进行搭建与配置。

任务 4.1　JDK 搭建与配置

任务介绍

JDK 是 Java 语言的软件开发工具包，主要用于移动设备、嵌入式设备上的 Java 应用程序，是整个 Java 开发的核心，它包含 Java 的运行环境和 Java 工具。本任务针对 JDK 的安装与配置进行介绍。

任务目标

安装 JDK 环境，并配置系统环境变量。

任务实施

下面介绍基于Windows操作系统下的JDK环境搭建及配置。

（1）JDK官网下载地址：https://www.oracle.com/technetwork/java/javase/downloads/jdk8-downloads-2133151.html。根据操作系统下载相应的JDK安装文件。下载后双击安装文件，进入JDK安装向导，单击"下一步"按钮，如图1-4-1-1所示。

根据实际需要，可以更改JDK安装目录，设置安装目录后，单击"下一步"按钮，如图1-4-1-2所示。

图 1-4-1-1

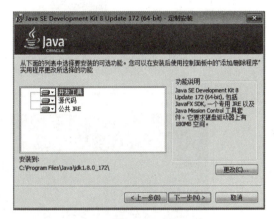

图 1-4-1-2

JDK开始自动安装，如图1-4-1-3所示。

安装JRE时也可以修改安装目录，若不需要更改目录，则可直接单击"下一步"按钮，如图1-4-1-4所示。

图 1-4-1-3

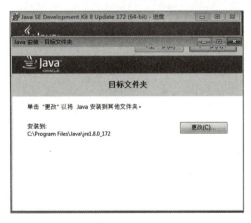

图 1-4-1-4

安装进度显示如图1-4-1-5所示。

JDK安装完成，单击"关闭"按钮，关闭安装对话框，如图1-4-1-6所示。

安装完成后打开cmd命令行窗口，输入java -version命令，显示如图1-4-1-7所示，代表JDK安装成功。

图 1-4-1-5

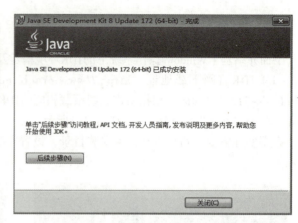
图 1-4-1-6

图 1-4-1-7

（2）如果cmd命令行窗口没有出现图1-4-1-7所示信息，可以用以下方法配置系统环境变量：右击"计算机"图标，选择"属性"命令，在打开的对话框中选择"高级系统设置"→"高级"→"环境变量"，打开"环境变量"对话框，如图1-4-1-8所示。

在"系统变量"区域新建JAVA_HOME变量，变量值填写JKD的安装目录，如图1-4-1-9所示。

图 1-4-1-8

图 1-4-1-9

在"系统变量"区域寻找Path变量→编辑，在变量值最后输入%JAVA_HOME%\bin;%JAVA_HOME%\jre\bin，如图1-4-1-10所示。

在"系统变量"区域新建CLASSPATH变量，变量值填写.;%JAVA_HOME%\lib;%JAVA_HOME%\lib\tools.jar，如图1-4-1-11所示。

图 1-4-1-10

图 1-4-1-11

环境变量配置完成后，再次在cmd命令行窗口中输入Java –version命令，验证JDK是否安装成功。

任务 4.2　JMeter 搭建与配置

任务介绍

Apache JMeter是Apache组织开发的基于Java的压力测试工具，用于对软件进行压力测试，它最初被设计用于Web应用测试，但后来扩展到其他测试领域。它可以用于测试静态和动态资源，例如静态文件、Java小服务程序、CGI脚本、Java对象、数据库、FTP服务器等。JMeter可以用于对服务器、网络或对象模拟巨大的负载，来自不同压力类别下测试它们的强度和分析整体性能。本任务针对JMeter的安装与配置进行介绍。

任务目标

安装JMeter工具，并配置工具环境参数。

任务实施

下面介绍基于Windows操作系统下的JMeter环境搭建及配置。

（1）JMeter官网下载地址：http://jmeter.apache.org/download_jmeter.cgi。下载JMeter压缩包后，解压到任意位置，双击bin目录下面的jmeter.bat，如图1-4-2-1所示。

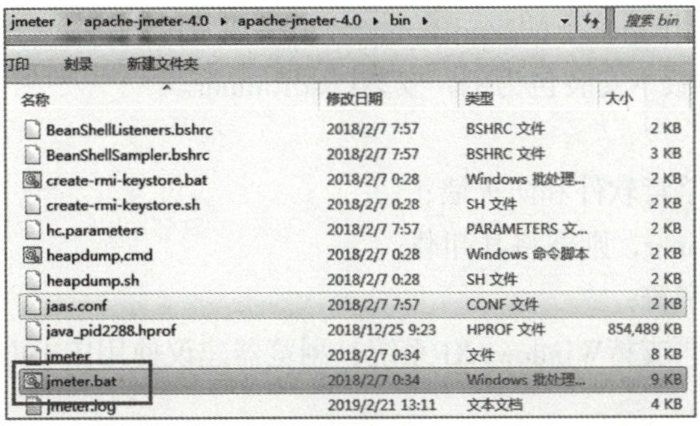

图 1-4-2-1

（2）启动JMeter后的界面如图1-4-2-2所示。

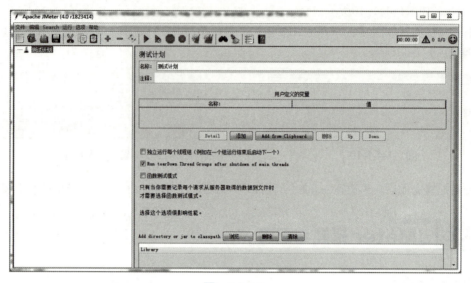

图 1-4-2-2

任务 4.3 LoadRunner 搭建与配置

任务介绍

LoadRunner是一种预测系统行为和性能的负载测试工具。通过模拟上千万用户实施并发负载及实时性能监测的方式来确认和查找问题。LoadRunner能够对整个企业架构进行测试，适用于各种体系架构的自动负载测试，能预测系统行为并评估系统性能。本任务针对LoadRunner的安装与配置进行介绍。

任务目标

安装LoadRunner工具，并配置工具环境参数。

任务实施

下面介绍基于Windows操作系统下的LoadRunner环境搭建及配置。

（1）以LoadRunner 12.55版本安装包为例，安装LoadRunner。

安装注意事项：
- 安装前，关闭所有的杀毒软件和防火墙；
- 若以前安装过LoadRunner，则需将其卸载；
- 安装路径不要带中文字符；
- LoadRunner 12已经不再支持Windows XP系统，浏览器建议使用IE 10以上版本。

（2）启动安装包。

右击HPE LoadRunner 12.55 Community Edition.exe安装程序，如图1-4-3-1所示。选择"以管理员身份运行"命令，在弹出的对话框中，选择文件存放地址，可选择默认路径，单击Install按钮，如图1-4-3-2所示。

图 1-4-3-1

在安装过程中被计算机安装的杀毒软件拦截时，均选择允许操作。

安装向导会验证计算机是否含有软件安装运行的必备组件，缺少组件时，会弹出对话框显示需安装的组件，如图1-4-3-3所示，单击"确定"按钮将自动安装所需组件，必须先安装这些必备程序才能安装HPE LoadRunner。

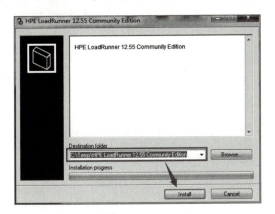

图 1-4-3-2

图 1-4-3-3

必备组件安装完成后，会弹出HPE LoadRunner安装程序对话框，选择要安装的产品，这里选择LoadRunner，单击"下一步"按钮，如图1-4-3-4所示。

在"最终用户许可协议"界面，勾选"我接受许可协议中的条款"复选框，单击"下一步"按钮，如图1-4-3-5所示。

图 1-4-3-4

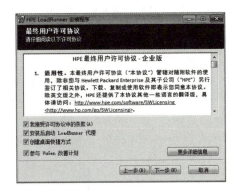

图 1-4-3-5

在"目标文件夹"界面，选择安装路径，安装路径不能含有中文字符，单击"下一步"按钮，如图1-4-3-6所示。

在"已准备好安装HPE LoadRunner"界面，单击"安装"按钮将进行程序的安装，如图1-4-3-7所示。

"正在安装HPE LoadRunner"界面如图1-4-3-8所示。

图 1-4-3-6

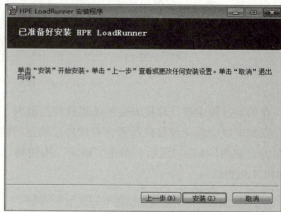

图 1-4-3-7

等待程序安装，弹出"HPE身份验证设置"界面时，若无指定LoadRunner代理使用的证书，则取消勾选相应复选框，单击"下一步"按钮，如图1-4-3-9所示。

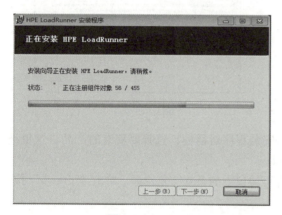

图 1-4-3-8

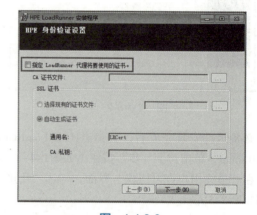

图 1-4-3-9

LoadRunner安装完成，单击"完成"按钮，关闭安装对话框，如图1-4-3-10所示。

图 1-4-3-10

单元项目实战　人力资源综合服务系统应用部署

项目介绍

在全球一体化浪潮和新技术革命的不断推动下，人力资源在人类社会经济生活中处于越来越核心的地位；未来的经济竞争，不再局限于物质资源和物质资本，人力资源成为最根本的竞争优势。如何围绕企业宗旨、针对各类人员特点及企业的管理现状，"设计出实用有效的人力资源管理系统，从而实现由人工管理向计算机管理的转型，使人力资源管理工作变得更为客观有效，优化配置、提高办学效益"，成为企业人力资源管理系统设计面临的首要问题。

某公司开展人力资源综合服务系统开发项目，目前已完成产品设计、系统开发，即将开展测试工作。

文本
单元项目实战
人力资源综合服务系统应用部署

项目目标

作为测试人员需针对"人力资源综合服务系统"展开系统测试，但目前缺少测试环境，需测试人员自主搭建环境，部署系统应用，支撑后续测试，请按照项目步骤展开相关工作。

项目步骤

- 步骤1：安装CentOS；
- 步骤2：安装配置JDK；
- 步骤3：安装配置MySQL；
- 步骤4：安装配置Tomcat；
- 步骤5：WebAPP部署；
- 步骤6：访问人力资源综合服务系统。

单元 2

工具使用与配置

通过使用测试管理工具,测试人员可以更方便地记录和监控每个测试活动、阶段的结果,找出软件的缺陷和错误,记录测试活动中发现的缺陷和改进建议。

通过使用测试管理工具,原型图可以形成思维导图辅助测试用例设计,测试用例可以被多个测试活动或阶段复用,可以输出测试分析报告和统计报表,Bug 可以准确地反馈给开发人员进行修改回顾,而有些测试管理工具则可以更好地支持协同操作,共享中央数据库,支持并行测试和记录,从而大大提高测试效率。

本单元针对原型图设计工具、思维导图工具、测试用例设计工具、缺陷管理工具等方面进行介绍,掌握测试管理工具的使用,提高测试过程中的效率和质量。

学习目标

- 配置 Xmind 参数并阅读、绘制思维导图;
- 配置 MindMapper 参数并阅读、绘制思维导图;
- 配置 Axure 参数并阅读、执行交互操作;
- 配置 Mockplus 参数并阅读、执行交互操作;
- 使用 TestLink 设计、管理测试用例;
- 使用禅道设计、管理测试用例;
- 使用 Mantis 编写、管理缺陷;
- 使用禅道编写、管理缺陷。

模块 1　思维导图工具使用与配置

思维导图又称心智导图,是表达发散性思维的有效图形思维工具。它简单却又很有效,是一种革命性的思维工具,能有层次感地展示大脑的想法。

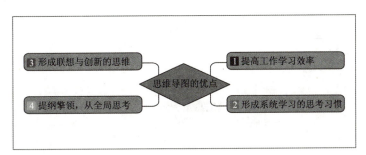

对于测试人员而言,当原型图或需求说明书摆在眼前时,可能会被复杂烦琐的逻辑规则所迷惑,通过思维导图工具,将UI+文字的需求转化为思维导图,有助于测试人员梳理逻辑规则,为测试用例设计打好基础。

本模块针对思维导图工具 XMind、MindMapper 的使用与配置进行介绍。

任务 1.1　XMind 使用与配置

任务介绍

XMind是一款实用的商业思维导图软件,应用全球先进的Eclipse RCP软件架构。XMind采用Java语言开发,具备跨平台运行的性质且基于EclipseRCP体系结构,可支持插件,插件通过编写XML清单文件可以扩展系统定义好的扩展点。本任务针对XMind的使用与配置进行介绍。

任务目标

掌握XMind页面元素,绘制思维导图。

任务实施

下面开始XMind的使用与配置。

1. XMind 界面介绍

双击XMind软件图标打开软件,单击思维导图(见图2-1-1-1),在弹出的"选择风格"对话框单击最右侧的滚动条寻找合适的样式,选择想要的风格样式,单击"新建"按钮,XMind界面如图2-1-1-2所示。

- 菜单栏:所有命令都可以在这里找到。
- 属性设置区:XMind允许设置背景的颜色、自定义墙纸、设置线条等。
- 常用命令区:平时绘制思维导图用到的连接、批注、图片等。

- 大纲预览区：整个思维导图的结构都将会以目录大纲的方式呈现。

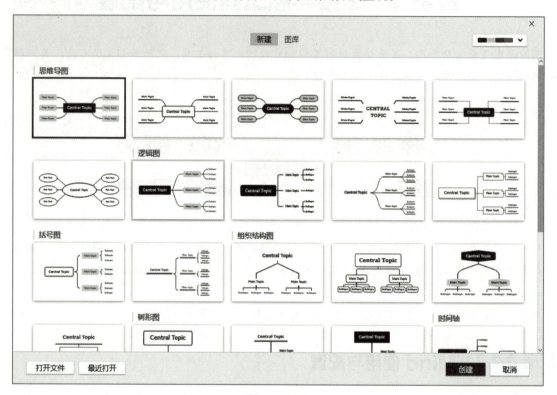

图 2-1-1-1

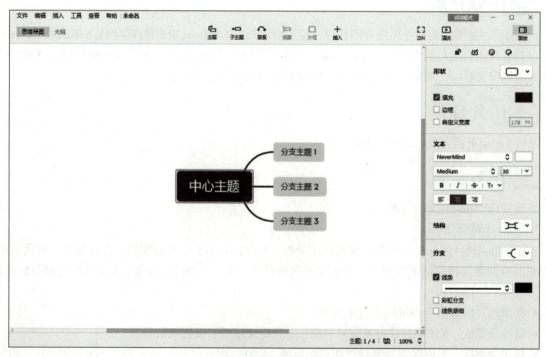

图 2-1-1-2

2. XMind 新建操作

双击中心主题，使之处于编辑状态，然后输入内容"WEB应用软件测试"，并按【Enter】键保存，如图2-1-1-3所示。

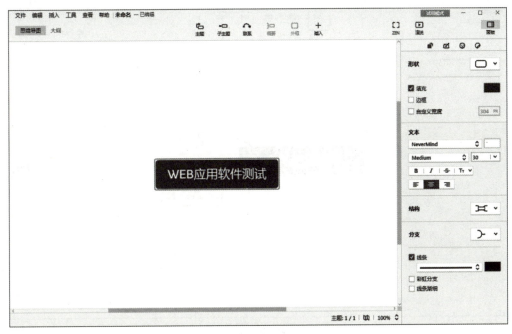

图 2-1-1-3

选中中心主题按【Tab】键，创建一个子主题，直接输入内容"分支主题1"，按【Enter】键保存，如图2-1-1-4所示。

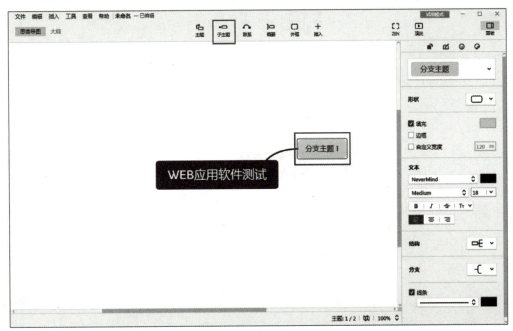

图 2-1-1-4

选中"分支主题1",按【Enter】键创建平级的主题,双击输入内容"分支主题2",如图2-1-1-5所示。

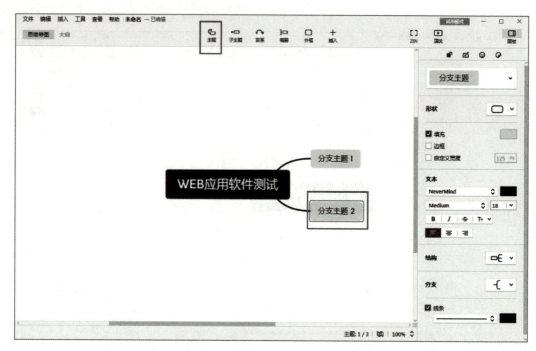

图 2-1-1-5

选中"分支主题2",按【Tab】键创建子主题,输入内容"子主题1",如图2-1-1-6所示。

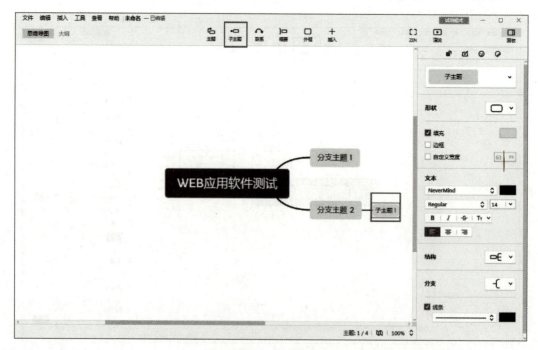

图 2-1-1-6

3. XMind 调整操作

选择任意主题（中心主题除外），按【Delete】键删除该主题及其所属的所有子主题，如图2-1-1-7所示。

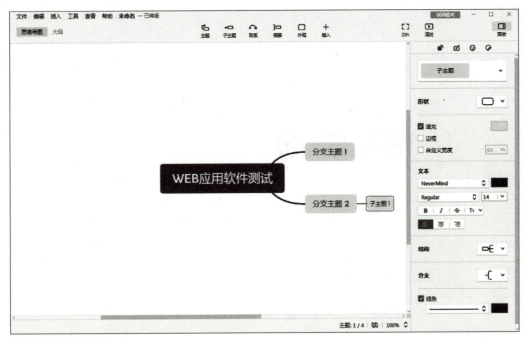

图　2-1-1-7

选择任意主题，拖动调整该主题及其所属子主题在思维导图中的位置，如图2-1-1-8所示。

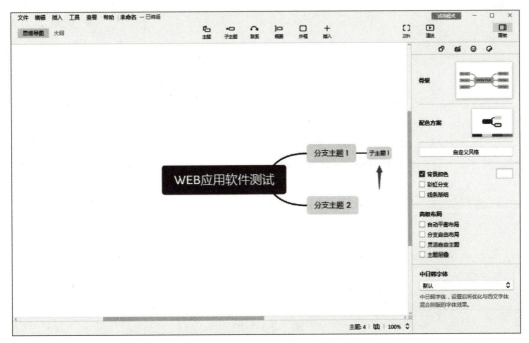

图　2-1-1-8

选中任意一个或者多个子主题，按【Ctrl+Enter】组合键创建父主题，如图2-1-1-9所示。

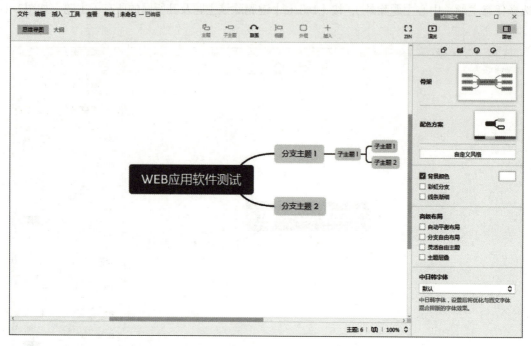

图 2-1-1-9

选择任意一个或者多个主题，进行拖动将其放到其他主题之下，如图2-1-1-10所示。

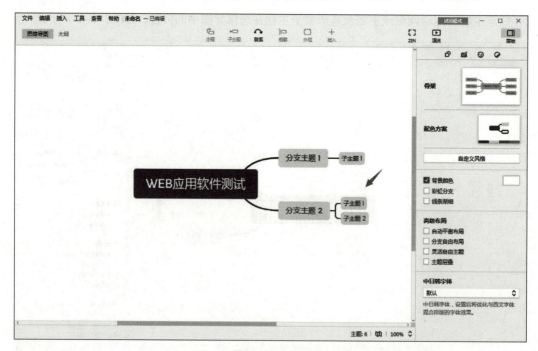

图 2-1-1-10

任务 1.2 MindMapper 使用与配置

任务介绍

MindMapper是一款专业的可视化概念图,用于信息管理和处理工作流程,可以通过智能绘图方法使用该软件的节点和分支系统,把琐碎的想法贯穿起来,帮助整理思路,最终形成条理清晰、逻辑性强的成熟思维模式。本任务针对MindMapper的使用与配置进行介绍。

任务目标

掌握MindMapper页面元素,绘制思维导图。

任务实施

下面开始MindMapper的使用与配置。

1. MindMapper 界面介绍

MindMapper主要操作区域如图2-1-2-1所示。

图 2-1-2-1

2. MindMapper 创建树状图

在MindMapper中,有两种创建树状图的方式,分别是样式创建和模板创建。创建的方法都是通过单击左上角的"新建"按钮获取导图构建选项,然后在右边的新建选项列表中选择"样式"或者"模板"。

选择MindMapper里难度更低的"模板"创建方式来制作树状思维导图。单击"模板"按钮后,找到一个类似树状的图表,单击右边的"新建"按钮即可创建树状思维导图,如图2-1-2-2所示。

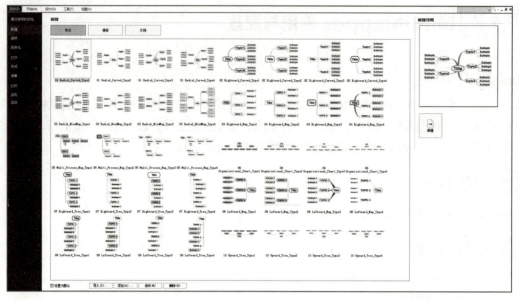

图 2-1-2-2

3. MindMapper 调整主体分支

在MindMapper创建完树状思维导图后,在操作界面中可以看到完整的树状思维导图。基于这个完整的树状图,根据具体的需要调整主体分支。如果需要删除多余的主体分支,只要选中分支,然后按【Delete】键即可。如果需要添加主体分支,可以单击左上角的"新建主题"按钮,添加子主题、多个子主题、空白主题等,如图2-1-2-3所示。

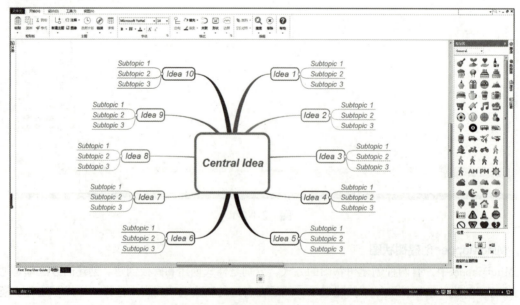

图 2-1-2-3

4. MindMapper 添加内容与信息

在MindMapper里,直接单击主题就可以进行内容的输入和修改。可以直接拖动添加右边的剪贴画代替文字,给图表增加趣味性,如图2-1-2-4所示。

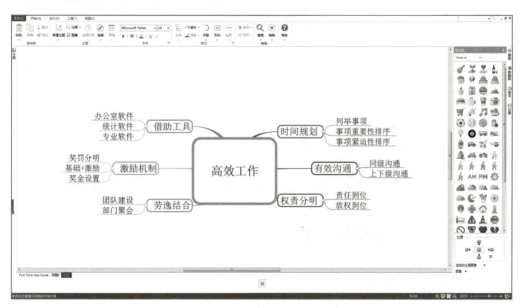

图 2-1-2-4

5. MindMapper 调整格式

如果想修改模板的格式,可以通过单击MindMapper中的"形状""线条"等格式选项对选中的主题进行修改,例如,将"高效工作"方框格式更改为立体圆柱格式,如图2-1-2-5所示。

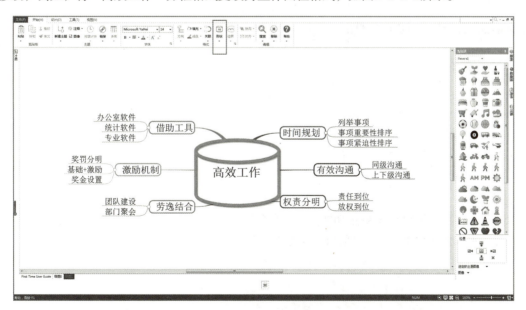

图 2-1-2-5

模块 2　原型图设计工具使用与配置

原型图是一种动态模拟软件最终形态的图，是产品设计成形之前的一个简单框架，对网站来讲，就是将页面模块、元素进行粗放式的排版和布局，还可以加入一些交互性的元素，使其更加具体、形象和生动。原型图主要用于和目标客户确认软件的最终呈现效果。原型图可以生动地展示最终效果并支持初步的模拟操作和测试，因此，可以用于验证软件设计理念，以及接收修改意见和设计缺陷反馈。

对于测试人员，原型图是开展需求分析、测试用例编写的必要条件，可以从原型快速了解产品的核心功能和页面大致展现形式，方便测试人员提早了解需求、评估需求、制订测试计划、分配测试任务，能够更好地帮助测试人员展开测试工作。

本模块针对原型图设计工具 Axure、Mockpuls 使用与配置进行介绍。

任务 2.1　Axure 使用与配置

任务介绍

Axure RP 是一款专业的快速原型设计工具，用于帮助负责定义需求和规格、设计功能和界面的专家快速创建应用软件或 Web 网站的线框图、流程图、原型和规格说明文档。本任务针对 Axure 的使用与配置进行介绍。

任务目标

掌握 Axure 页面元素，阅读原型图。

任务实施

下面开始 Axure 的使用与配置。

1. Axure 界面

Axure 页面元素如图 2-2-1-1 所示。

（1）菜单栏：
- 从 RP 文件导入、备份与恢复；
- 重置视图；
- 全局变量：在应用到 Axure 函数功能时，经常会用到全局变量；
- 预览、生成页面功能，查看页面效果与生成 HTML 文件。

(2) 工具栏：
- 工具栏可以在菜单栏中自定义显示的工具；
- 各种快捷键使用；
- 工具栏中的字体样式区。

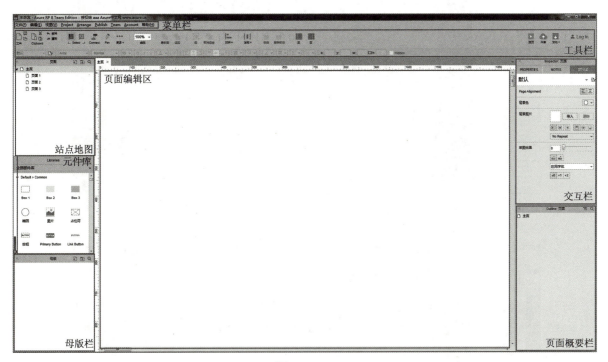

图 2-2-1-1

(3) 站点地图：此区域将显示制作的所有页面，双击即可打开对应的页面进行编辑。

(4) 元件库：Axure 页面都是由一个一个的元件组合而成的，元件也称组件、部件，在这里可以定义元件库，便于各个项目中使用。

(5) 母版栏：存放建立的所有母版，只要有相同的内容都可以生成母版。

(6) 交互栏：
- 配置页面跳转、页面效果等事件；
- 配置元件或组件的颜色、透明度等样式；
- 为组件增加备注。

(7) 页面概要栏：显示当前页面的所元件或组件信息，越靠上的层级越高。

2. Axure 预览操作

在菜单栏中选择 Publish→"预览"命令，自动生成 HTML 可视化原型图，如图 2-2-1-2 和图 2-2-1-3 所示。

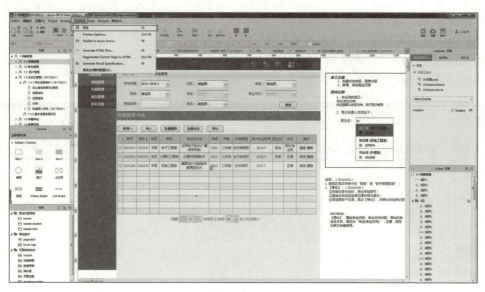

图 2-2-1-2

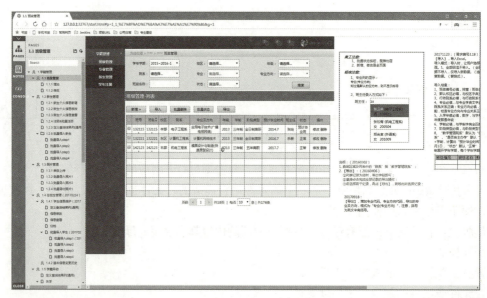

图 2-2-1-3

任务 2.2 Mockplus 使用与配置

任务介绍

　　Mockplus 是一款简洁快速的原型图设计工具,适合在软件开发的设计阶段使用,其低保真、无须学习、快速上手、功能够用。本任务针对 Mockplus 的使用与配置进行介绍。

单元 2　工具使用与配置

任务目标

掌握Mockplus页面元素，阅读原型图。

任务实施

下面开始Mockplus的使用与配置。

1. Mockplus 界面介绍

Mockplus页面元素如图2-2-2-1和图2-2-2-2所示。

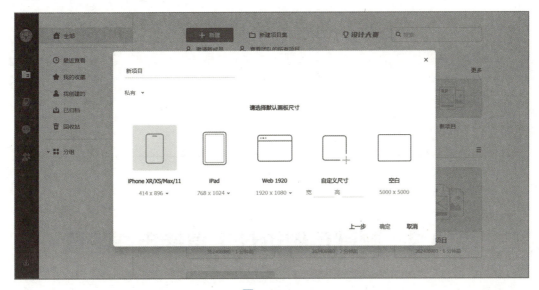

图　2-2-2-1

图　2-2-2-2

2. Mockplus 预览操作

单击右上角的"预览"按钮（快捷键为【Ctrl+P】），自动生成HTML可视化原型图，如图2-2-2-3所示。

图 2-2-2-3

模块 3　测试用例设计工具使用与配置

测试管理工具用于对软件的整个测试输入、执行过程和测试结果进行管理，可以提高回归测试的效率，大幅提升测试时间、测试质量、用例复用、需求覆盖等。

本模块针对测试用例设计工具 TestLink、禅道的使用与配置进行介绍。

任务 3.1　TestLink 使用与配置

任务介绍

TestLink是Sourceforge的开放源代码项目之一，是基于PHP开发的、Web方式的测试管理系统，其功能可以分为管理和计划执行两部分。

TestLink用于进行测试过程中的管理，通过使用TestLink提供的功能，可以实现测试过程从测试需求、测试设计到测试执行的完整管理。同时，它还提供多种测试结果的统计和分析，能够简单地开始测试工作和分析测试结果。本任务针对TestLink的使用与配置进行介绍。

任务目标

掌握TestLink页面元素，设计并管理测试用例。

任务实施

下面开始TestLink的使用与配置。

1. 测试用例管理

TestLink支持的测试用例的管理包含新建测试用例集和创建测试用例。

1）创建测试用例集

单击主页上的"测试用例"→"新建测试用例集"菜单，编写测试用例，如图2-3-1-1所示。

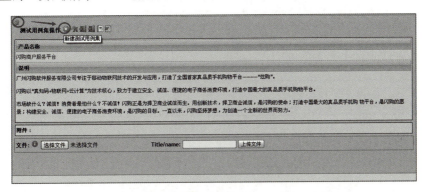

图 2-3-1-1

单击"创建测试用例集"按钮，创建组件，如图2-3-1-2所示。

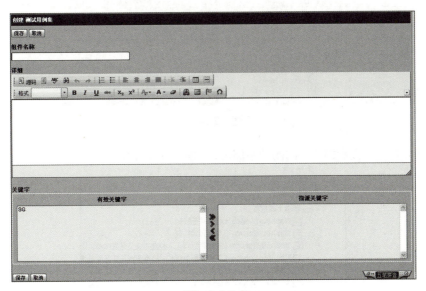

图 2-3-1-2

2）创建测试用例

选择创建好的测试用例集，单击该页面右侧的"创建测试用例"按钮，新建测试用例，如图2-3-1-3和图2-3-1-4所示。

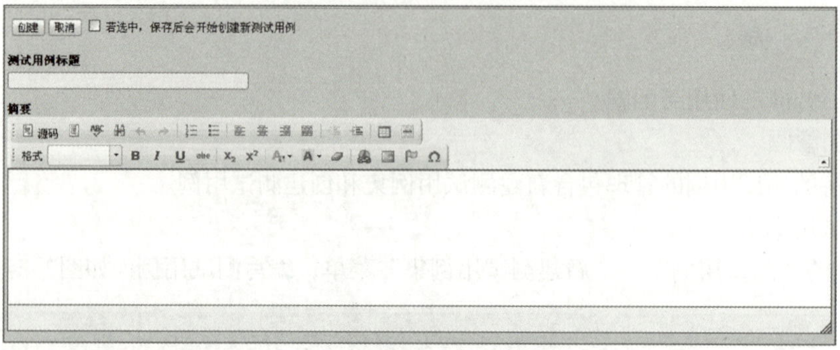

图 2-3-1-3

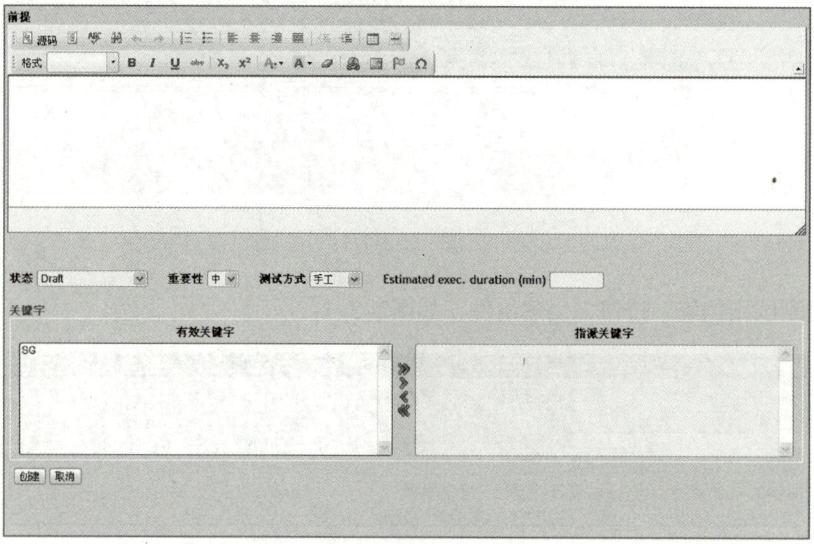

图 2-3-1-4

完成上述操作之后，查看创建好的测试用例树，如图2-3-1-5所示。

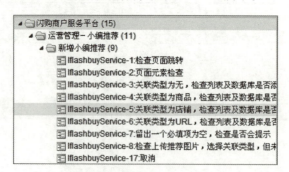

图 2-3-1-5

3）建立测试用例和测试需求的覆盖关系

单击主页"产品需求"模块下的"指派产品需求"菜单，进入需求指派页面，选中左侧用例树中的测试用例，再选择右侧对应的测试需求，进行指派即可，如图2-3-1-6所示。

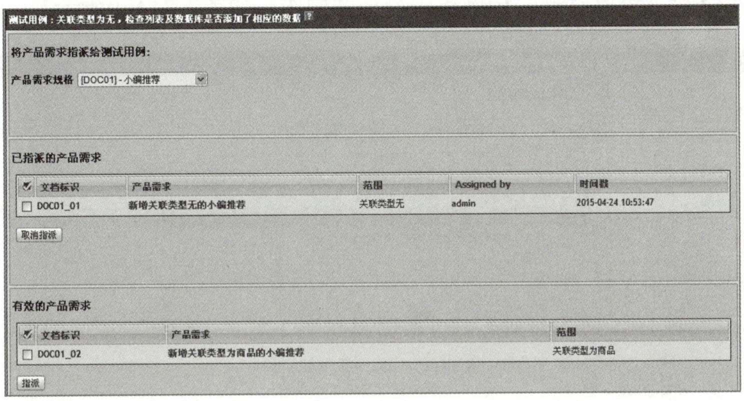

图 2-3-1-6

完成上述操作之后，查看已经指派的测试用例，如图2-3-1-7所示。

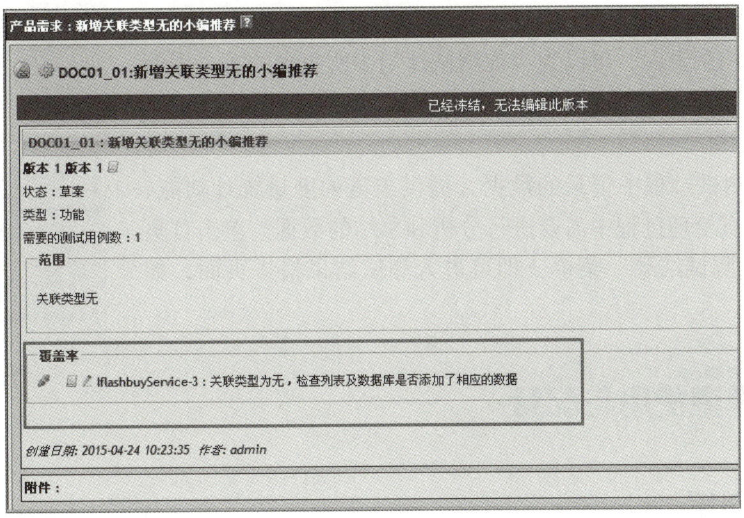

图 2-3-1-7

完成上述操作之后，查看产品需求概览，如图2-3-1-8所示。

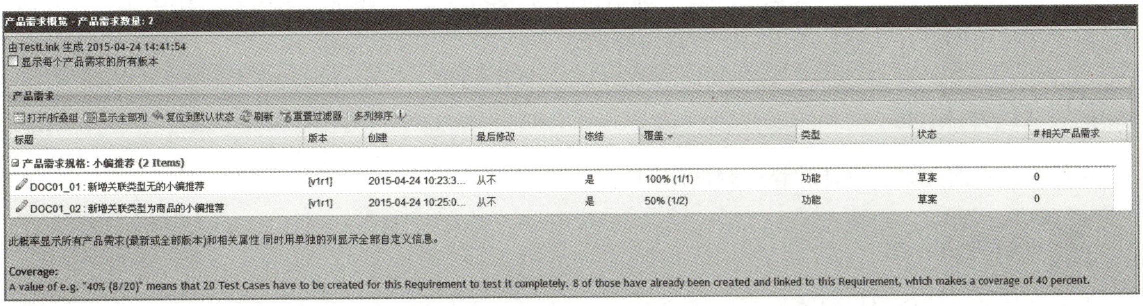

图 2-3-1-8

2. 测试用例集管理

测试用例准备好之后，可以对测试用例集进行相关操作，如图2-3-1-9所示。

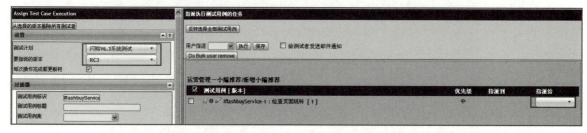

图　2-3-1-9

1）显示最新的测试用例版本

单击主页"测试用例集"模块下的"显示测试用例的最新版本"菜单，进入连接到测试用例的最新版本显示页面，在这里可以看到连接到测试计划的最新测试用例版本。

2）指派执行测试用例

单击主页"测试用例集"模块下的"设置测试用例的所有者"菜单，进入指派测试用例页面，可以为当前测试计划中所包含的每个用例指定一个具体的执行人员。

3. 测试结果分析

TestLink根据测试过程中记录的数据，提供丰富的度量统计功能，可以直观地得到测试管理过程中需要进行分析和总结的数据。单击首页横向导航栏中的"测试结果"菜单，即可进入测试结果报告页面，如图2-3-1-10所示。

图　2-3-1-10

任务 3.2　禅道使用与配置

ZenTaoPMS（ZenTao Project Management System，禅道项目管理软件）是一款开源项目管理软件，集产品管理、项目管理、质量管理、文档管理、组织管理和事务管理于一体，是一款专业的研发项目管理软件，完整覆盖研发项目管理的核心流程。禅道可以支持Bug维护、测试用例维护、报表等。本任务针对禅道在测试用例设计功能的使用与配置进行介绍。

任务目标

掌握禅道页面元素，设计并管理测试用例。

下面开始禅道的使用与配置。

1. 维护测试用例视图

在禅道中，测试用例需要维护模块，以便更好地组织管理用例。

进入测试视图，然后选择用例，在页面的左侧会出现该产品的用例模块列表，模块列表的下部有模块维护的链接，单击此链接即可维护模块，如图2-3-2-1和图2-3-2-2所示。

图 2-3-2-1

图 2-3-2-2

维护模块时是逐级进行维护的，比如可以选择"产品"，然后维护它的子模块，单击"排序"拖动移动，可以调整它在模块树中的位置，可以选择某一个模块编辑，编辑的时候可以修改它所属的上级模块，以及这个模块的默认负责人。

2. 创建测试用例

禅道中的每一个测试用例都由若干步骤组成，每一个步骤都可以设置自己的预期值，如图2-3-2-3和图2-3-2-4所示。

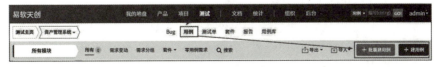

图 2-3-2-3

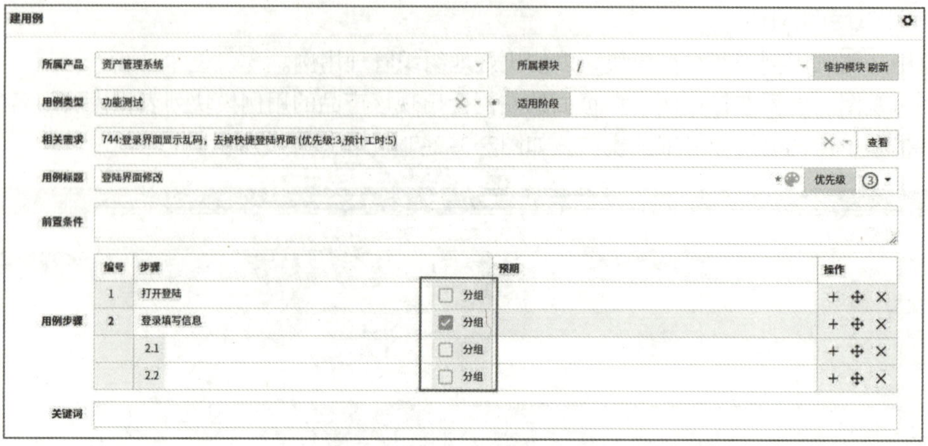

图 2-3-2-4

- 适用阶段：指在哪些测试阶段可以使用该用例；
- 用例步骤：可以在之后插入、之前插入，也可以删除当前的步骤；

可以根据测试需要创建分组，填写子步骤。

（1）创建测试用例，如图2-3-2-5 ~ 图2-3-2-7所示。

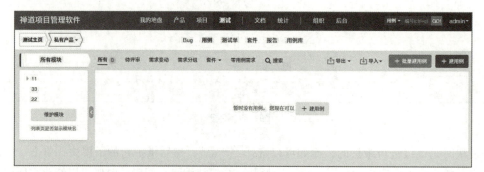

图 2-3-2-5

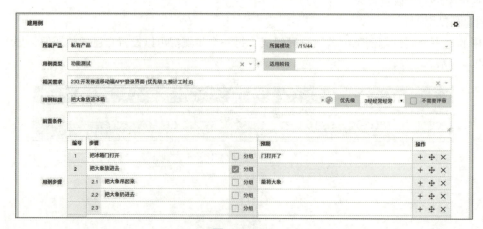

图 2-3-2-6

图 2-3-2-7

（2）用例评审功能。用例的评审功能开启时，可以设置哪些用户提交的用例不需要评审；关闭时，可以设置哪些用户提交的用例需要强制评审，如图2-3-2-8所示。

图 2-3-2-8

开启评审流程后，创建用例的页面与之前没有差别，是创建成功的用例。用例状态为待评审，有评审用例权限的用户都可以评审。可以根据实际工作需要分配评审权限。可以由管理员在组织—权限—测试—用例里勾选评审，或批量评审。

3. 测试套件

测试套件是把服务于同一个测试目的或同一运行环境下的一系列测试用例有机地组合起来，也就是把测试用例根据测试需求划分成不同的部分，每个部分就是一个测试套件。

单击右上角的"建套件"按钮，可以进入套件创建页面，创建套件时，可以选择访问权限是私有还是公开，如图2-3-2-9和图2-3-2-10所示。

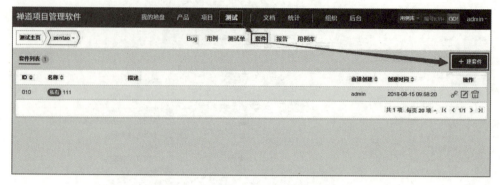

图 2-3-2-9

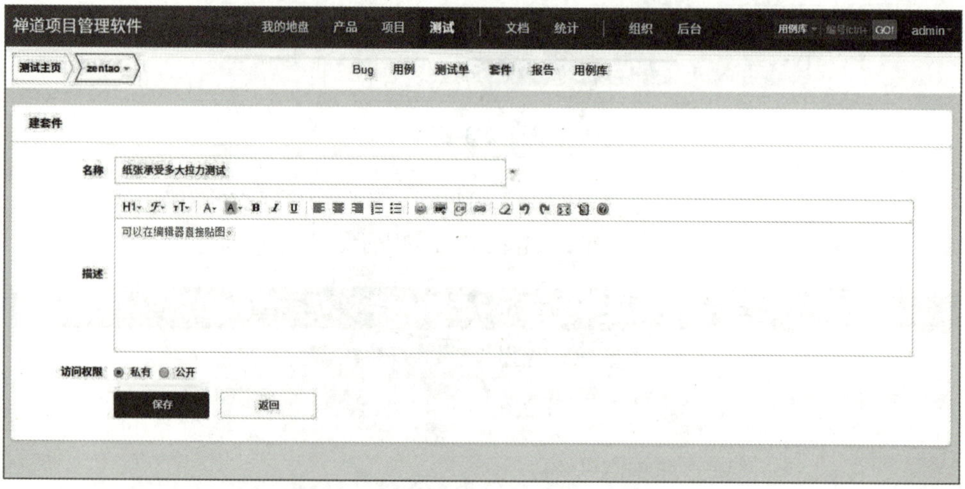

图 2-3-2-10

单击套件列表右侧的关联用例操作按钮,可以关联用例,如图2-3-2-11~图2-3-2-13所示。

图 2-3-2-11

图 2-3-2-12

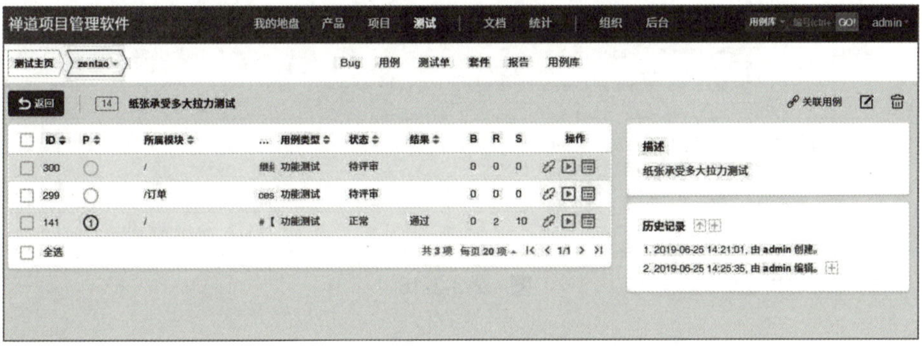

图 2-3-2-13

4. 公共用例库

公共用例库可以把不同的测试模块，或者是测试功能点所引用到的测试用例进行分类管理，这样可以有效提高测试用例的复用性。产品的用例可以从用例库中导入，如图2-3-2-14所示。开源版用例库支持CSV格式导入。

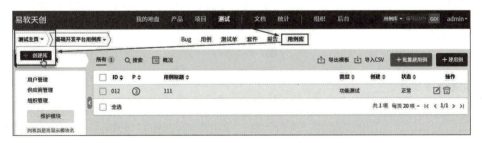

图 2-3-2-14

5. 执行用例

在测试—测试单的用例列表页面，用户可以按照模块来进行点选，或者选择所有指派给自己的用例，来查找需要自己执行的用例列表。在用例列表页面选择某一用例，然后单击右侧的"执行"按钮，即可执行该用例。测试人员在测试时，通过测试—测试单—用例页面，测试版本所关联的用例列表里执行用例，完成测试，然后生成测试报告，如图2-3-2-15～图2-3-2-17所示。

图 2-3-2-15

图 2-3-2-16

图 2-3-2-17

6. 失败用例转 Bug

如果一个用例执行失败，那么可以直接由这个测试用例创建一个Bug，而且其重现步骤会自动拼装。可以单击测试—测试单，当用例结果为"失败"时，单击用例右侧的"转Bug"图标操作，也可以单击"结果"按钮，在测试结果页面中单击"转Bug"按钮进行操作，如图2-3-2-18～图2-3-2-21所示。

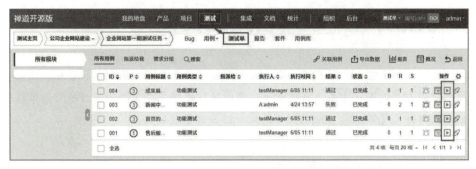

图 2-3-2-18

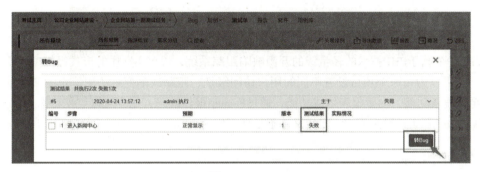

图 2-3-2-19

图 2-3-2-20

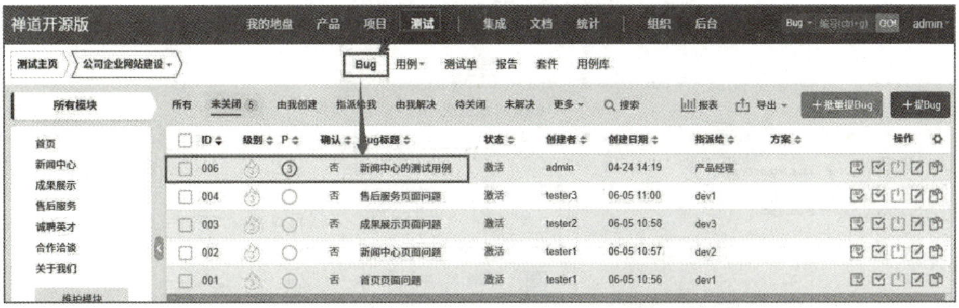

图 2-3-2-21

模块 4　缺陷管理工具使用与配置

缺陷管理/软件缺陷管理（Defect Management）是在软件生命周期中识别、管理、沟通任何缺陷的过程，确保缺陷被跟踪管理而不丢失。一般来说，需要跟踪管理工具来帮助进行缺陷全流程管理。

本模块通过两种缺陷管理工具Mantis、禅道来介绍如何管理缺陷。

任务 4.1　Mantis 使用与配置

任务介绍

Mantis是一个基于PHP技术的轻量级的开源缺陷跟踪系统，以Web操作的形式提供项目管理及缺陷跟踪服务。它可以为每一个项目设置不同的用户访问级别，跟踪缺陷变更历史，定制"我的视图"页面，提供全文搜索功能，内置报表生成功能，通过E-mail报告缺陷，用户可以监视特殊的Bug，附件可以保存在Web服务器上或数据库中，自定义缺陷处理工作流。本任务针对Mantis的使用与配置进行介绍。

任务目标

掌握Mantis页面元素，编写并管理Bug。

任务实施

下面开始Mantis的使用与配置。

1. 登录注册

在网页浏览器地址栏里输入网址进入Mantis的登录界面，单击Mantis的登录页面"注册一个新账号"，如图2-4-1-1所示。

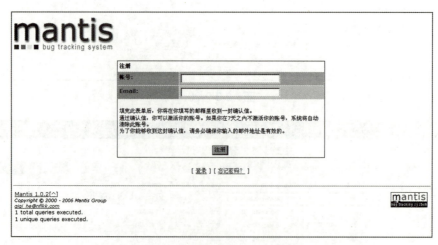

图　2-4-1-1

在此页面输入自定义的账号和有效的E-mail，单击"注册"按钮，如图2-4-1-2所示。

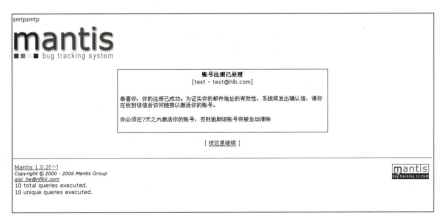

图 2-4-1-2

Mantis将会随机生成一个用户密码，并以E-mail的形式发到刚才填写的E-mail地址，所以填写的E-mail地址一定要真实有效，否则将不能收到登录密码。

2. 使用 Mantis

1）登录Mantis

在登录的页面，输入刚刚注册的用户名，进入Mantis的主界面，如图2-4-1-3所示。

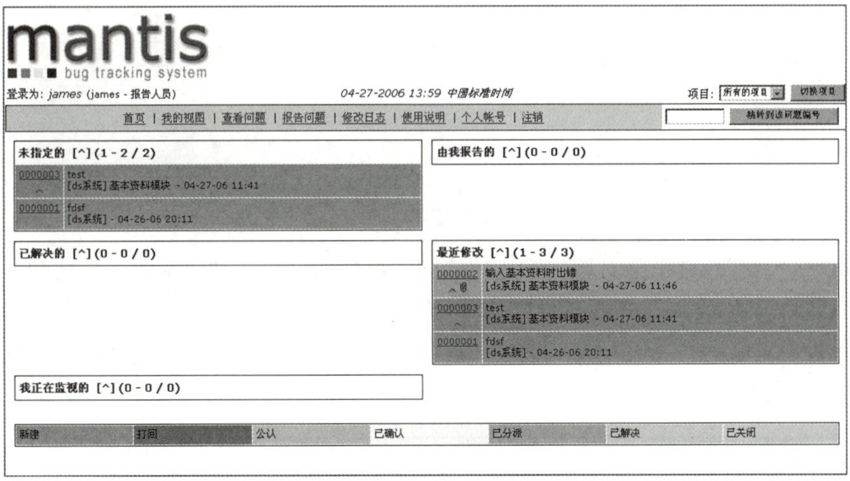

图 2-4-1-3

页面元素：
- 未指定的：指问题已经报告，但还没有指定由哪个项目组成员进行跟进的问题列表；
- 已解决的：指问题已经得到解决，问题的状态为"已经解决"；
- 我正在监视的：指你正在监视那些问题，在问题报告中，你被选为监视人；
- 由我报告的：在这里将会显示由你报告的问题列表；
- 最近修改：这一栏显示那些问题报告最近被项目组成员修改。

2）问题报告

单击"问题报告"进入图2-4-1-4所示页面，选择报告的问题所属的项目。

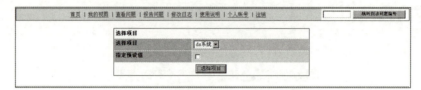

图 2-4-1-4

从下拉框选择完成后，单击"选择项目"按钮，进入问题报告主界面，如图2-4-1-5所示。

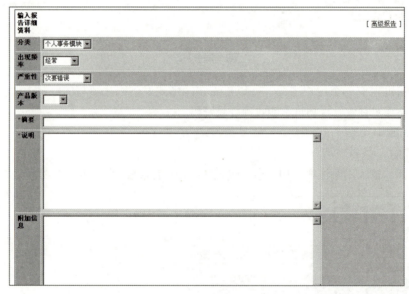

图 2-4-1-5

有些栏位有红色"*"，表示是必填内容。填好问题报告后，单击"提交报告"按钮，就会将此问题提交到系统，系统将会通过E-mail通知项目组的相关人员。

单击问题报告右上角的"高级报告"选项，会比原来多出好几个选项，这些都是有利于模拟问题重现的，如图2-4-1-6所示。

图 2-4-1-6

3）问题查询

查找问题，只需单击工具栏中的"查看问题"即可，如图2-4-1-7所示。

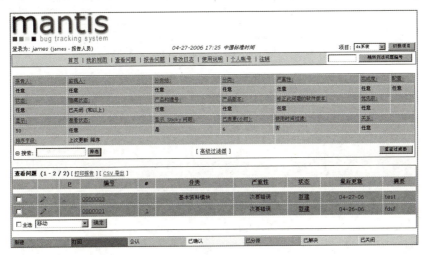

图 2-4-1-7

在工具栏的下方有一个蓝灰相隔的表格，其中的内容正是查找的条件选项，单击其中任一选项，就会出现一个下拉框代替任意两个字，输入查找的内容，输入完成后，单击"筛选"按钮就会将结果返回到下方的表格单击相应的记录就可以进行修改，如图2-4-1-8所示。

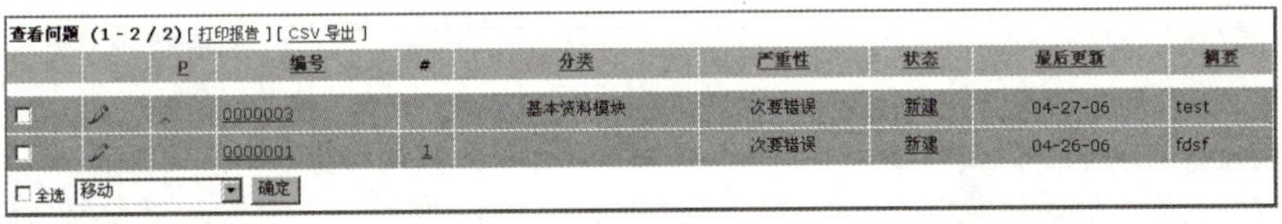

图 2-4-1-8

4）问题修改

在查找结果的列表上单击编号内容，则会进入问题修改的页面，如图2-4-1-9～图2-4-1-12所示。

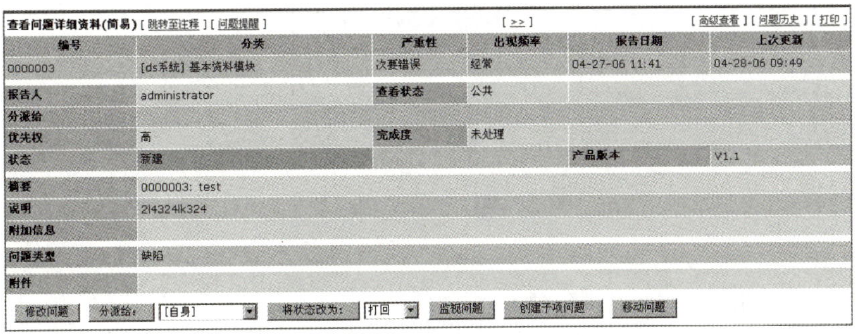

图 2-4-1-9

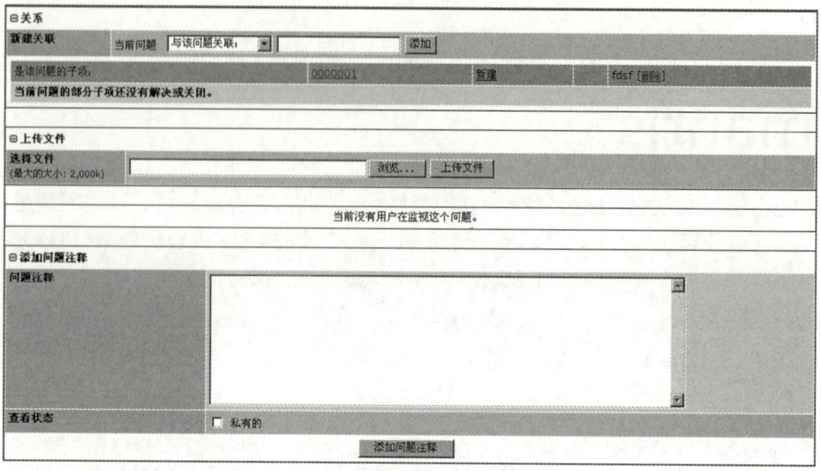

图 2-4-1-10

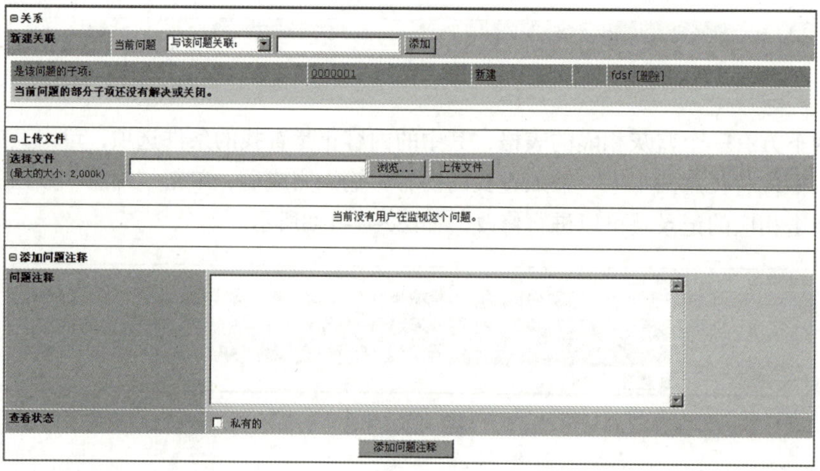

图 2-4-1-11

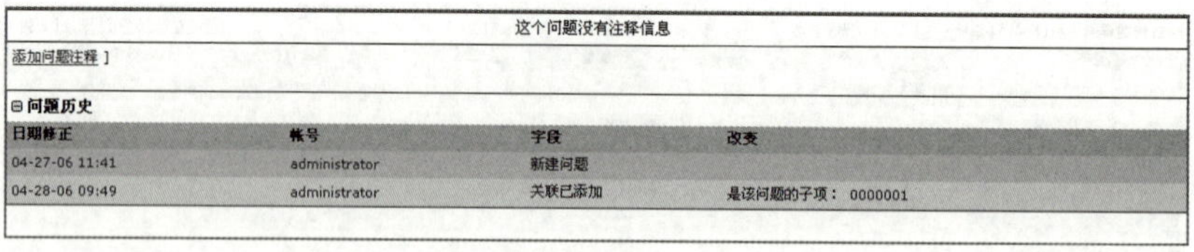

图 2-4-1-12

页面元素：
- 修改问题：进入问题明细页面进行修改；
- 分派给：指将这个问题分派给哪个人员处理，一般只能选择开发员权限的人员；
- 将状态改为：更改问题的状态，将需要输入更改状态的理由；
- 监视问题：单击后，所有和这个问题相关的改动都会通过E-mail发到监视用户的邮箱；
- 创建子项问题：建立一个问题的子项，这个子项报告的问题依赖于这个问题而存在；
- 移动问题：将这个问题转移到其他项目中。

任务 4.2 禅道使用与配置

任务介绍

本任务针对禅道在缺陷管理功能的使用与配置进行介绍。

任务目标

掌握禅道页面元素,编写并管理Bug。

任务实施

下面开始禅道的使用与配置。

1. 维护 Bug 视图

在禅道软件中,Bug需要维护模块,以便更好地组织管理Bug。

进入测试视图,然后选择Bug,在页面的左侧会出现该产品的Bug模块列表,模块列表的下部有模块维护的链接,单击此链接即可维护模块,如图2-4-2-1和图2-4-2-2所示。

图 2-4-2-1

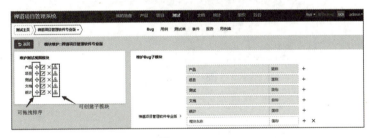

图 2-4-2-2

维护模块是一级级进行的。单击"排序"拖动移动,可以调整子模块在模块树中的位置。可以选择某一个模块编辑,编辑时可以修改它所属的上级模块,以及这个模块的默认负责人。

2. 提交 Bug

进入测试视图的Bug,单击页面右侧的"提Bug"按钮,即可进入Bug创建页面,如图2-4-2-3和图2-4-2-4所示。

图 2-4-2-3

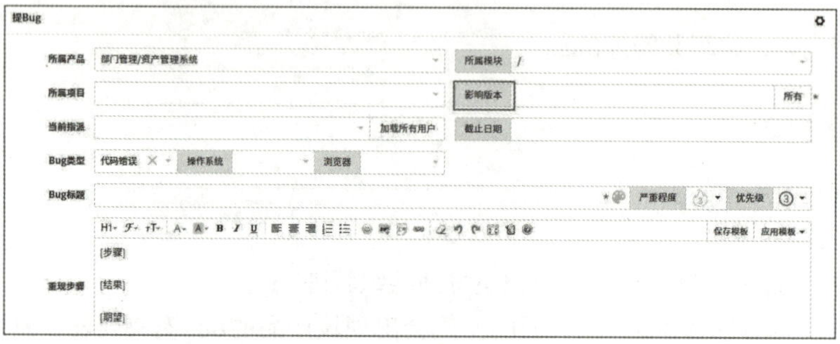

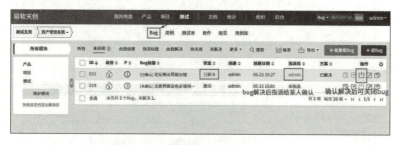

图 2-4-2-4

3. 验证 Bug 并关闭

开发人员解决Bug之后需要验证Bug，如果没有问题，则将其关闭。已关闭的Bug不再显示在Bug列表，如图2-4-2-5和图2-4-2-6所示。

图 2-4-2-5

图 2-4-2-6

4. 激活 Bug

如果开发人员解决Bug之后，验证无法通过，则可以将Bug重新激活，并重新解决。如果Bug关闭之后过一段时间又重现了，也需要重新激活。单击Bug标题，进入Bug详情，在下方的菜单中单击"激活"

按钮即可，如图2-4-2-7所示。

图 2-4-2-7

5. 筛选 Bug

"我的地盘"中的Bug列表是所有当前指派的Bug，如图2-4-2-8所示。

图 2-4-2-8

"项目"视图中的Bug列表是所有在这期项目中产生的Bug，如图2-4-2-9所示。

图 2-4-2-9

在"测试"视图中的Bug列表页面可以按照各种条件进行浏览，如图2-4-2-10所示。

图 2-4-2-10

单元 3 功能测试

随着新一代信息技术的发展，云计算、大数据、人工智能等技术的应用场景愈发庞大，对软件的效率、敏捷、质量等方面的要求更加严苛，软件测试技术也面临着翻天覆地的变化，Devops、敏捷开发、敏捷测试、测试左移、测试右移等思想和方法论层出不穷。

作为软件测试过程主要构成之一的功能测试，也出现了越来越多的工具、技术，但是对于逻辑越来越复杂的场景，功能测试依旧不会消失，敏捷、自动化，甚至人工智能都无法达到功能测试的全面性。经过全面功能测试的软件，其 Bug 出现的频率相对于其他技术测试的软件依旧偏低，软件的逻辑清晰程度也更高。测试人员经历过功能测试，有助于形成良好的测试思维、全面的逻辑分析能力。

但是，功能测试也不可以故步自封，借助工具完成简单业务场景、UI 页面的自动化测试，熟练使用代码完成基于代码级别的单元测试，只将复杂的业务逻辑进行功能测试，才是当前技术背景下功能测试的角色定位。

本单元将针对功能测试，以企业真实项目流程作为体系，介绍如何做好功能测试工作，包括需求分析、测试用例设计、测试用例执行和测试文档设计等，为进行自动化测试、性能测试打好基础。

学习目标

- 分析系统的 UI 界面、业务逻辑、一致性、交互性、易用性、用户体验，并通过分析结果确定功能测试点；
- 根据测试用例元素设计测试用例；
- 掌握等价类划分法、边界值法、因果图/决策表法使用场景；
- 在系统中执行测试用例并发现缺陷；
- 根据缺陷属性编写缺陷；
- 跟踪缺陷并进行回归测试；
- 设计测试计划；
- 设计测试总结报告。

模块 1　功能需求分析

产品分为两种：一是由客户向公司提出需求；二是公司内部自主研发。不管是哪种产品形式，都要将需求从脑中、嘴中比较虚无缥缈的思路、语言转化为看得见，摸得着的纸面上的存在。产品、开发、测试都要依照纸面上的存在进行，才能保证工作的正确性及全面性，这个存在就是需求说明书/原型图。针对需求进行分析是测试人员在设计测试用例之前必须经历的。本模块针对需求说明书、用户界面、逻辑规则、数据状态等的功能需求分析进行介绍。

任务 1.1　了解需求说明书/原型图

任务介绍

软件需求说明书的目的是指出预期的读者。软件需求说明书的作用在于便于用户、开发工程师进行理解和交流，反映出用户问题的结构，可以作为软件开发工作的基础和依据，并作为确认测试和验收的依据，对于测试工程师，最开始的需求分析可以为后续的测试用例设计做好铺垫，了解系统的大体流程，对系统整体有一个明确的认识。本任务针对需求说明书进行介绍。

任务目标

理解需求说明书包含的内容。

知识储备

当产品设计完毕需求说明书或原型图后，测试通常从以下方面开展需求分析：
- 模块功能：系统都存在哪些模块，各个模块中有哪些功能；
- UI 页面：系统模块的 UI 布局、排版、文字等是如何设计的；
- 逻辑规则：不同的功能存在不同的规则，明确规则及逻辑；
- 模块关联：模块间功能间存在关联关系是测试的重中之重；
- 权限差别：不同角色有着不同的权限，不同的权限有着不同的功能；
- 数据状态：某些字段有可用/不可用的状态区别，在与其他模块数据交互时要注意。

明确以上内容，就了解了测试规模、复杂程度与可能存在的风险。所谓"知己知彼，百战不殆"，测试需求不明确，只会造成获取的信息不正确，无法对所测软件有一个清晰全面的认识，测试计划就毫无根据可言，只凭感觉不做详细了解就下定论的项目是失败的。测试需求分析越详细精准，表明对所测软件的了解越深，对所要进行的任务内容就越清晰，就更有把握保证测试的质量与进度。

所以，需求分析就是要弄清楚用户需要的是什么功能，用户会怎样使用系统。这样测试的时候才能更加清楚地知道系统该怎样运行，才能更好地设计测试用例，才能更好地进行测试。

需求说明书中会对系统的页面布局、包含元素、逻辑规则、字段详细要求等进行说明，测试工程师需要分析挖掘需求分析说明书中的每一个字，转换成有效的测试用例。

在产品设计阶段，系统还没有进行开发，如果只使用文字进行描述过于单薄。要想更加直观地了解系统的UI界面以及功能，就需要借助原型图设计工具将需求说明书用原型图的方式表示出来。原型图将产品的功能具象化，客户可以根据原型图确认需求，UI设计工程师可以按照原型图的布局进行UI设计，开发工程师可以根据原型图中的逻辑功能说明进行代码设计，测试工程师可以根据UI以及文字规则进行测试用例设计。相对于需求说明书，原型图能够更好地辅助相关人员进行工作。对于测试工程师来说，不管是原型图还是需求说明书，都需要细致入微地进行需求分析。

任务实施

针对以下需求进行理解：人力资源综合服务系统→类别维护→岗位类别模块，如图3-1-1-1和图3-1-1-2所示。

图 3-1-1-1

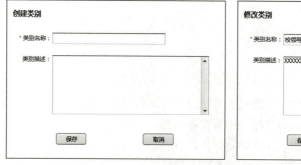

图 3-1-1-2

1. **岗位类别管理列表页**

单击左侧导航栏中的"岗位类别"模块菜单，进入岗位类别管理页面。

- 页面Title显示"岗位类别"；
- 面包屑导航显示"首页>类别维护>岗位类别"，单击"首页"可跳转至首页页面；
- 列表字段：序号、岗位类别名称、描述、操作（修改、上移、下移）；
- 列表不含翻页。

2. **创建类别**（注意，必填项使用红色星号"*"标注）

在岗位类别列表页，单击"创建类别"按钮，弹出"创建类别"窗口。

- 类别名称：必填项，与系统内的岗位类别名称不能重复，字符长度要求50字符（含）以内；
- 类别描述：非必填项，字符长度要求240字符（含）以内；
- 单击"保存"按钮，保存当前新增内容，关闭当前窗口，回到列表页，在列表页新增一条记录；

- 单击"关闭"按钮，不保存当前新增内容，关闭当前窗口，回到列表页。

3. **修改**（注意，必填项使用红色星号"*"标注）

在岗位类别列表页，单击"修改"按钮，弹出"修改类别"窗口。
- 类别名称：必填项，带入原值，修改时与系统内的岗位类别名称不能重复，字符长度要求50字符（含）以内；
- 类别描述：非必填项，带入原值，字符长度要求240字符（含）以内；
- 单击"保存"按钮，保存当前编辑内容，关闭当前窗口，回到列表页，列表页相应内容随之更新；
- 单击"关闭"按钮，不保存当前编辑内容，关闭当前窗口，回到列表页，列表页相应内容前后不变。

4. **上移**

在岗位类别列表页，使用"上移"功能可改变记录的排序。
- 首条记录后的"上移"按钮置灰；
- 对于非首条记录，每单击一次操作栏"上移"按钮，该记录可向上移动一位，可一直移动到首位。

5. **下移**

在岗位类别列表页，使用"下移"功能可改变记录的排序。
- 在末条记录后的"下移"按钮置灰；
- 对于非末条记录，每单击一次操作栏"下移"按钮，该记录可向下移动一位，可一直移动到末位；

注意：上移、下移的操作用于调整在列表页以及引用模块岗位类别的展示顺序。

任务 1.2 用户界面分析

任务介绍

需求说明书的整体组成包括用户界面、功能逻辑两部分。

用户界面（UI）是用户使用系统的第一直观感受，所以测试UI的功能模块布局是否合理，整体风格是否一致，各个控件的放置位置是否符合用户使用习惯，操作是否便捷，导航是否简单易懂，界面中文字是否正确，命名是否统一，页面是否美观，文字、图片组合是否完美等，这些都属于UI测试。本任务针对用户界面进行介绍。

任务目标

了解用户界面常见情况。

知识储备

测试工程师需要在需求说明书或者原型图中对UI进行分析，从用户角度思考系统外观及使用，进而提高软件体验，UI测试主要做的就是这类工作。不同的测试工程师对于UI的认知差别很大，这取决于自身的使用软件的习惯，但还是有一些通用之处。下面介绍如何对需求说明书/原型图中的UI进行分析。

1. **一致性**

坚持以用户体验为中心设计原则，界面直观、简洁，操作方便快捷，用户接触软件后对界面上对应的功能一目了然、不需要太多培训就可以方便使用本应用系统。

- 字体：保持字体及颜色一致，避免一套主题出现多个字体；不可修改的字段，统一用灰色文字显示；
- 对齐：保持页面内元素对齐方式的一致，如无特殊情况应避免同一页面出现多种数据对齐方式；
- 表单录入：在包含必须与选填的页面中，必须在必填项旁边给出醒目标识（红色"*"）；各类型数据输入需限制文本类型，并进行格式校验，如电话号码输入只允许输入数字、邮箱地址需要包含"@"等，在用户输入有误时给出明确提示；
- 鼠标指针：可点击的按钮、链接需要切换鼠标指针至手形；
- 保持功能及内容描述一致：避免同一功能描述使用多个词汇，避免编辑和修改、新增和增加、删除和清除混用等。

2．准确性

使用一致的标记、标准缩写和颜色，显示信息的含义应该非常明确，使用户不必再参考其他信息源。

- 显示有意义的出错信息，而不是单纯的程序错误代码；
- 避免使用文本输入框来放置不可编辑的文字内容，不要将输入框当成标签使用；
- 使用缩进和文本来辅助理解；
- 使用用户语言词汇，而不是单纯的专业计算机术语；
- 高效地使用显示器的显示空间，但要避免空间过于拥挤；
- 保持语言的一致性，如"确定"对应"取消"，"是"对应"否"。

3．布局

进行UI设计时需要充分考虑布局的合理化问题，遵循用户从上而下、自左向右浏览、操作习惯，避免常用业务功能按键排列过于分散，以造成用户鼠标移动距离过长的弊端。多做"减法"运算，隐藏不常用的功能区块，以保持界面的简洁，使用户专注于主要业务操作流程，有利于提高软件的易用性及可用性。

- 菜单：保持菜单简洁性及分类的准确性，避免菜单深度超过三层；
- 按钮：确认操作按钮放置左边，取消或关闭按钮放置于右边；
- 功能：未完成功能必须隐藏处理，不要置于页面内容中，以免引起误会；
- 排版：所有文字内容排版避免贴边显示，尽量保持10～20像素的间距，并在垂直方向上居中对齐；各控件元素间也保持至少10像素以上的间距，并确保控件元素不紧贴于页面边沿；
- 表格数据列表：字符型数据保持左对齐，数值型右对齐，并根据字段要求，统一显示小数位数；
- 滚动条：页面布局设计时应避免出现横向滚动条；
- 页面导航（面包屑导航）：在页面显眼位置应该出现面包屑导航栏，让用户知道当前所在页面的位置，并明确导航结构，如"<u>首页</u>>新闻中心"，其中带下画线部分为可点击链接；
- 信息提示窗口：信息提示窗口应位于当前页面的居中位置，并适当弱化背景层以减少信息干扰，让用户把注意力集中在当前的信息提示窗口。

4．系统操作

- 尽量确保用户在不使用鼠标的情况下也可以流畅地完成一些常用的业务操作，各控件间可以通过【Tab】键进行切换，并将可编辑的文本全选处理；
- 查询检索类页面，在查询条件输入框内按【Enter】键应该自动触发查询操作；
- 在进行一些不可逆或者删除操作时应该有信息提示，并让用户确认是否继续操作，必要时应该告知操作造成的后果；
- 信息提示窗口的"确认"和"取消"按钮需要分别映射键盘按键【Enter】和【Esc】；

- 避免使用鼠标双击动作，不仅会增加用户操作难度，还可能会引起用户误会，认为功能点击无效；
- 表单录入页面，需要把输入焦点定位到第一个输入项。用户通过【Tab】键可以在输入框或操作按钮间切换，并注意【Tab】键的操作应该遵循从左向右、从上而下的顺序。

5．系统响应

系统响应时间应该适中，响应时间过长，用户就会感到不安和沮丧；而响应时间过快，也会影响到用户的操作节奏，并可能导致错误，因此在系统响应时间上坚持如下原则：

- 2~5 s窗口显示处理信息提示，避免用户误认为没响应而重复操作；
- 5 s以上显示处理窗口，或显示进度条；
- 一个长时间的处理完成时应给予完成警告信息。

以上为软件测试领域中较为统一的UI测试原则。但是，不同测试工程师会有着不同的看法，不同的人对UI的测试会有着不同的结果，这就要求测试工程师有丰富的软件使用经验，能够站在用户的角度思考，多与产品、UI设计以及其他测试工程师进行沟通。

任务1.3 逻辑规则分析

任务介绍

系统由若干模块组成，模块由若干功能组成，功能由若干字段和按钮组成。在进行需求分析的过程中，除了对UI的确认，更重要的是对功能逻辑的确认。根据需求说明书中一个字段、一个功能、一个模块的逻辑规则说明，判断出测试过程中可能会发生的情况。判断的有效情况越多，测试覆盖率就越大，系统测试完毕后可能隐藏的问题也就越少。本任务针对逻辑规则进行介绍。

任务目标

理解逻辑规则，分析逻辑规则。

任务实施

针对以下需求进行逻辑规则分析：人力资源综合服务系统—类别维护—岗位类别—创建类别，如图3-1-3-1所示。

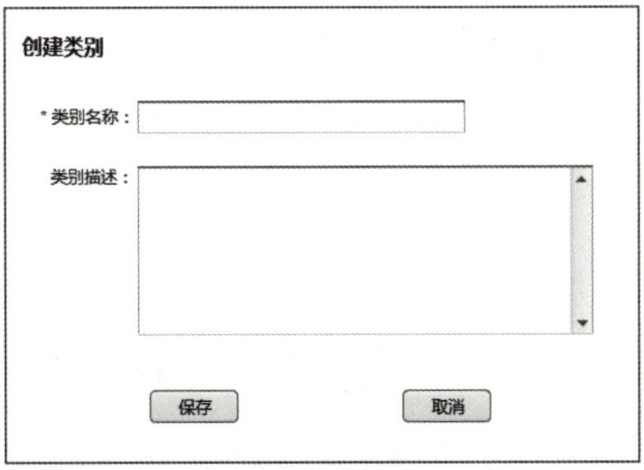

图 3-1-3-1

- 类别名称：必填项，与系统内的岗位类别名称不能重复，字符长度要求50字符（含）以内。

对案例进行分析，人力资源综合服务系统是系统，类别维护是一级菜单（模块），岗位类别是二级菜单（模块），创建类别是岗位类别的功能之一，类别名称是创建类别页面的字段之一，根据UI可以判断是输入框的形式。

根据需求说明书对类别名称的逻辑规则说明，判断出测试过程中要测试的情况如下：

（1）正确情况：
- 填写内容在1～50位字符之间，与系统已创建已存在的岗位类别名称无重复。

（2）错误情况：
- 没有填写；
- 填写内容在50字符以上，不包含50字符；
- 填写内容，填写内容在1～50字符之间，但与系统已创建已存在的岗位类别名称重复。

以上只是对一个字段的需求分析，已经有数种情况。软件系统虽然有很多种类，但是在基础的字段方面是具有通用性的，字段的形式通常为输入框、下拉框、输入下拉框、日期控件等，字段的字符类型通常为数字、汉字、英文、特殊符号等，至于字符长度以及其他规则要按照不同的要求具体分析。

在没有进行测试用例设计方法的学习之前，暂时将测试过程情况确定到这种程度，在学习测试用例设计方法之后，还可以将以上情况更加细分。一个功能或者一个模块可能会发生的情况会更复杂，在后续的学习中将继续深入讲解。

任务1.4 数据状态分析

任务介绍

单独的字段比较容易判断测试的情况，但是当字段组成数据，数据就可能会存在状态之分。比如，在日常生活中常见的外卖软件，收货地址可以存在多条数据，但并不是所有数据都是有效数据，如果超出配送范围，那么收货地址就会变为不可选取的状态，如图3-1-4-1所示。最常见的数据状态为可用/不可用，当然还有其他种类的数据状态，要根据数据依附的功能实际判断。本任务针对数据状态进行介绍。

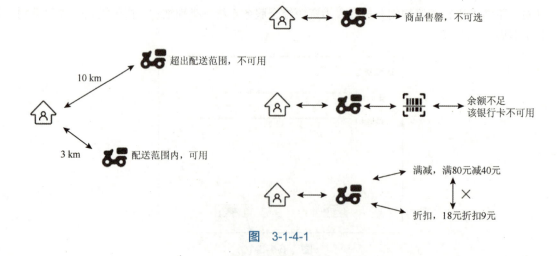

图 3-1-4-1

任务目标

了解数据状态常见情况。

知识储备

例如，资产管理系统存在资产报废—报废登记功能，报废登记是对正常状态的资产进行报废，报废后资产状态变为已报废；存在资产借还—借还登记功能，借还登记是对正常状态的资产进行借还，借出后资产状态变为已借出，归还后资产状态变为正常。

当数据的状态发生变化时，通常会跟随规则限制。例如，上文提到的资产管理系统—资产报废—报废登记，将正常状态的资产变为已报废状态的资产之后，已报废的资产是否可以再次报废？同理，已借出的资产是否可以再次借出？这些数据状态的变化以及对应的限制，需求说明书中通常都会说明清楚；若未说明，则需根据测试工程师的经验进行质疑，反馈给产品经理进行确认。

任务1.5 模块关联分析

任务介绍

模块之间的关联主要体现在数据的交互。例如，A模块中的数据会在后续的B模块中进行使用，这时就要仔细分析测试情况。本任务针对模块关联进行介绍。

任务目标

了解模块关联常见情况。

知识储备

若A模块的数据进行修改、删除、状态的变化等操作，B模块会对应产生什么影响？

通常修改造成的影响最小，A模块的数据进行部分字段的修改，B模块中的数据也要进行对应修改。

删除可能会对B模块造成一定影响，如A模块是政治面貌管理，B模块为人员信息管理，B模块中存在已创建的人员数据——张三，政治面貌为团员。此时，若准备在A模块中将团员的这一条政治面貌数据删除，通常会出现下面几种情况：

- 提示已有数据使用此政治面貌，不允许删除；
- 允许删除，成功删除，B模块中张三的政治面貌项留存快照，依然显示团员；
- 允许删除，成功删除，B模块中张三的政治面貌变为空。

状态变化在模块关联中隐藏得很深，通常是测试工程师容易遗漏的测试点。之前提到资产管理系统中存在资产报废和资产借还两个模块，资产报废可以将正常状态的资产变为已报废状态的资产，不可再次报废；资产借还可以将正常状态的资产变为已借出状态的资产，归还后才可再次借出。

这些都是状态变化对自身模块的影响。在模块关联中需要考虑两个模块中间的关联，情况如下：

- 已报废的资产是否可以借出；
- 已借出的资产是否可以报废；

- 已归还的资产是否可以报废。

在需求分析过程中,如果在后续的模块逻辑规则说明中发现使用到前置模块的数据就要着重分析,当然可能会发生的情况不止修改、删除这几种,还有较难的下拉框值的情况,更多的情况要按照需求说明书中的要求来判断和测试。

任务1.6 权限差别分析

任务介绍

权限管理一般指根据系统设置的安全规则或者安全策略,用户可以访问而且只能访问自己被授权的资源。本任务针对权限差别进行介绍。

任务目标

了解权限常见情况。

知识储备

从控制力度来看,可以将权限管理分为两大类:
- 功能级权限管理;
- 数据级权限管理。

从控制方向来看,也可以将权限管理分为两大类:
- 从系统获取数据,比如查询订单、查询客户资料;
- 向系统提交数据,比如删除订单、新增修改客户资料。

系统中通常会有角色之分,也即权限的差别,如图3-1-6-1所示。例如,张三是总经理,李四是部门经理,两个人的职责不同、权利不同,在同一个系统中所拥有的角色可能会有差别。张三属于总经理角色,李四属于部门经理角色;张三可以

图 3-1-6-1

访问A、B、C、D模块,李四可以访问C、D、E模块(功能级权限管理);在两人可以共用访问的C、D模块中,张三可以查看全公司的数据,李四只能查看自己部门的数据(数据级权限管理);张三可访问模块主要是查询功能(从系统获取数据),李四可访问模块主要是操作功能(向系统提交数据)。

以上就是角色的区分、权限的差别,在同一模块中因为权限的不同,角色可见的功能也会有差别,在需求分析阶段就要进行明确,以便后续编写测试用例时进行区分。

任务1.7 思维导图分析

任务介绍

之前对产品需求分析时需要注意的点都进行学习,但是单独知识点较为容易,分析起来也比较简单;当需求较多的时候,只在头脑中进行勾勒就会容易遗漏,这时就需要借助工具来将思路整理出来形

成思维导图，将抽象的思维实体化。常用的思维导图工具有很多，比如MindMaster、XMind、ProcessOn、WPS等，使用什么工具并不重要，只要将需求全面整理出即可。本任务针对思维导图进行介绍。

任务目标

掌握如何根据需求绘制思维导图。

任务实施

针对以下需求进行思维导图设计：人力资源综合服务系统—类别维护—岗位类别—创建类别，如图3-1-7-1所示。

图 3-1-7-1

- 类别名称：必填项，与系统内的岗位类别名称不能重复，字符长度要求50字符（含）以内；
- 类别描述：非必填，字符长度要求200字符（含）以内。

根据需求画出思维导图，如图3-1-7-2所示。

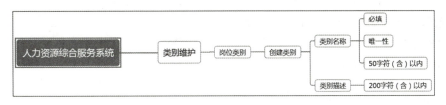

图 3-1-7-2

文本在真实工作过程中，测试工程师往往使用思维导图梳理完毕产品大致逻辑流程后，直接对照需求说明书或原型图直接编写测试用例，不会用文字拆解需求说明书。

模块综合练习 | 功能需求分析

分析以下需求说明书部分内容，使用XMind、ProcessOn等工具梳理思维导图，明确可能存在的用户界面、逻辑规则、数据状态、模块关联、权限差别情况，如图3-1-8-1和图3-1-8-2所示。

文本
模块综合练习
功能需求分析

图 3-1-8-1

图 3-1-8-2

1. **学生管理列表页**（存在两个角色：教务处老师、院系老师）

单击左侧导航栏中的"学生管理"模块菜单，进入学生管理页面。
- 页面Title显示"学生管理"；
- 面包屑导航显示"首页>学生管理"，单击"首页"可跳转至首页页面；
- 左侧导航栏"学生管理"高亮显示；
- 列表上方显示"新增学生"按钮；
- 列表左上方显示院系下拉查询框，"查询"按钮；
- 列表字段：序号、学号、姓名、院系、状态、操作（学籍异动）；
- 教务处老师可查看所有院系数据，不可新增以及学籍异动；院系老师仅能查看所在院系数据，可以新增以及学籍异动。

2. **新增学生**（注意，必填项使用红色星号"*"标注）

在学生管理列表页，单击"新增学生"按钮，打开"新增学生"页面。
- 学号：必填项，与系统内的学号不能重复，字符长度要求8位，字符类型数字；
- 姓名：必填项，字符长度要求20字符（含）以内，字符类型汉字、英文；
- 院系：必填项，下拉框值正确显示院系管理中已启用的数据；

- 单击"保存"按钮，保存当前新增内容，关闭当前窗口，回到列表页，在列表页新增一条记录，"状态"项默认正常；
- 单击"关闭"按钮、"×"按钮，不保存当前新增内容，关闭当前窗口，回到列表页。

3. 学籍异动（注意，必填项使用红色星号"*"标注）

在学生管理列表页，单击一条数据操作中的"学籍异动"按钮，弹出"学籍异动"窗口。
- 学籍异动类型：必填项，默认显示当前状态，下拉框值正确显示：正常、休学、退学，状态变化限制：正常→休学、正常→退学，休学不可直接退学，退学不可直接休学；
- 学籍异动原因：必填项，字符长度要求100字符（含）以内；
- 单击"保存"按钮，保存当前新增内容，关闭当前窗口，回到列表页，这条学生数据"状态"变为所选的学籍异动类型；
- 单击"关闭"按钮、"×"按钮，不保存当前新增内容，关闭当前窗口，回到列表页。

模块 2　功能测试用例设计

测试用例就是为特定测试目的而设计的测试条件、测试数据及与之相关的操作过程的一个特定使用实例或场景。测试用例是有效地发现软件缺陷的最小测试单元，即可被独立执行的一个过程，这个过程是一个最小的测试实体，不能再被分解。

测试用例还需要包括期望结果，即验证用户操作软件时系统能否正确地做出响应，输出正确的结果。在测试时，需要将单个测试操作过程之后所产生的实际结果与期望结果进行比较，如果不一致，也预示着可能发现一个缺陷。本模块针对测试用例元素、设计原则、等价类划分法、边界值法等方面进行介绍。

任务 2.1　了解测试用例元素

任务介绍

模块描述中对测试用例进行了定义，通常使用测试用例编号、模块名称、页面位置、测试功能点、测试标题、重要级别、预置条件、输入、执行步骤、预期输出等元素，展示测试用例如何表现及包含哪些内容。本任务针对测试用例元素的使用进行介绍。

任务目标

按照测试用例元素，编写测试用例。

知识储备

1. 测试用例编号

测试用例编号应该具有唯一性、易识别性。

2. 模块名称

当前测试用例所在的测试大类或被测试需求、被测模块、被测单元等。

3. 页面位置

功能所属模块菜单项最后一级页面位置。

4. 测试功能点

所测页面中的某个按钮或某个功能点。

5. 测试标题

测试标题是对测试用例的简单描述,用概括的语言描述该测试用例的测试点。每个测试用例的标题不能重复,因为每个测试用例的测试点是不一样的。

通常测试标题用于说明测试是正确情况还是错误情况,比如针对手机号要求11位以1开头的数字:

- 正确情况测试标题:手机号正确情况(输入以1开头的11位数字)
- 错误情况测试标题:手机号错误情况(输入非1开头的11位数字)
  手机号错误情况(输入以1开头的11位汉字)
  ……

以上是对于字段的测试情况的测试标题编写,而其他元素如按钮、页面等也有着一些差别。

6. 重要级别

重要级别分为高、中、低三等:

- 高:保证系统基本功能、重要特性、实际使用频率比较高的用例;
- 中:重要程度介于高和低之间的测试用例;
- 低:实际使用频率不高,对系统业务功能影响不大的模块或功能的测试用例。

行业内对于测试用例的重要级别并没有明确的规定,不同公司、不同人对于一条用例的重要级别看法都可能会不一致,属于比较主观性的元素,测试工程师随着编写测试用例数量增加会对测试领域的认知更加全面,会变得较为客观。

7. 预置条件

执行当前测试用例时需要的前提条件,若不满足此前提条件,则无法执行后续测试步骤。前置条件并不是每个用例都需要的,视情况而定。

在预置条件中存在一些特殊的情况,如权限问题,很多业务系统中都存在多角色,不同角色的数据权限和功能权限都存在差别,在编写用例的时候就需要在预置条件中说明登录账号是什么角色从而区分权限。写法如下:

- 正确进入××页面,角色为超级管理员。

再如,模块关联及数据状态问题,A模块为民族管理,民族存在正常、禁用状态,B模块为学生管理,新增学生时需要选择民族下拉框值,对于此下拉框值,在编写新增学生用例时就需要在预置条件中进行说明。写法如下:

- 民族下拉框值正确显示状态正常的值。

当然,有的工程师也会选择将民族下拉框值正确显示,状态正常的值单独编写一条用例,这样就不需要在新增学生用例的预置条件中进行说明。

8. 输入

提供测试执行中的各种输入条件。根据需求中的输入条件,确定测试用例的输入。测试用例的输入对软件需求当中的输入有很大的依赖性,如果软件需求中没有很好地定义需求输入,那么测试用例设计中会遇到很大的障碍。

通常在编写测试用例时输入会写上具体数据，而不是用文字表述。写法如下：
- 手机号：15620202020
- 姓名：张三
- 学号：2012070701
- ……

当然，也存在特殊的情况，比如存在备注字段，要求最多可输入200位汉字，当准备编写输入201位测试情况的用例时，不可能真的写201位字符，这种过长的就可以用文字进行表述，写法如下：
- 备注：输入201位汉字。

除字符要求过长，还有一些需要注意的点，在填写具体数据的时候一定要严谨正确。纯汉字、纯数字、纯英文的情况比较简单，组合的情况就要注意，一定要符合测试情况。例如，某模块存在图书编码字段，要求1~10位的英文与数字组合，那么测试正确情况下的输入写法如下：
- 图书编码：asd123

严谨的工程师即使面对输入项多达10余种字段时也会严格按照上述要求进行编写，毕竟后续的测试用例大同小异，可以复制，并且在进行系统测试时可以直接将测试用例的输入复制到被测系统的对应项中。

9. 执行步骤

执行当前测试用例的操作步骤，完成测试用例的执行，通常为单击××按钮。

10. 预期输出

当前测试用例的预期输出结果，用来与实际结果比较，如果相同则该测试用例通过，否则该测试用例失败。预期输出一项的编写需要格外注意。预期输出的情况也比较多样化，易在预期输出中漏掉一些情况导致测试出错。下面来看两种比较典型的预期输出。

1）页面窗口预期输出BS、CS和App中页面的元素很多，以BS的Web端页面元素为例，介绍个人信息页面，页面存在Title、面包屑、列表、查询框、查询按钮、新增按钮，写法如下：

预期输出：

（1）页面Title为：×××；

（2）面包屑为：××—××；

（3）列表表头为：××、××、××、××；

（4）页面存在××查询框；

（5）页面存在"查询""新增"按钮。

2）字段正确情况预期输出

正确保存预期输出是很多新编写测试用例工程师容易忽略的一点，往往只是写上正确保存就以为编写完毕，其实后续还有很多连带的反应，保存成功通常会返回到上级页面，并且正确显示新增的数据，这些都是要在预期输出中表现出来的，写法如下：

预期输出：

（1）正确保存，页面返回到上级页面；

（2）列表正确显示新增数据。

如果新增时有状态或者一些自动生成的编码等要求，在预期输出中也应该明确写出。

测试用例元素中最重要的是测试功能点、测试标题、预置条件、输入、执行步骤、预期输出这几项，一条用例测试的什么功能点，准备测试什么情况，要先有什么预置条件才能够进行输入，输入完毕后进行什么执行步骤才能够得到输出，是有前后关系的。

任务实施

实例1：某系统个人信息页面存在手机号输入项，手机号要求11位以1开头的数字，分析其中一种情况——输入非1开头的11位数字，写法如下：
- 测试用例编号：×××××；
- 模块名称：个人信息；
- 页面位置：个人信息列表页；
- 测试功能点：手机号；
- 测试标题：手机号错误情况（输入非1开头的11位数字）；
- 重要级别：高；
- 预置条件：正确进入个人信息列表页；
- 输入：25620202020；
- 执行步骤：单击"保存"按钮；
- 预期输出：手机号填写错误。

以上为一条用例的写法，测试用例编写时不需要使用比较繁杂的描述，简洁、明了、易懂是根本，能够用较少的描述说清楚用例的情况即可。

实例2：学籍管理系统—学生管理列表页（存在两个角色：教务处老师、院系老师）

单击左侧导航栏中的"学生管理"模块菜单，进入学生管理页面，如图3-2-1-1所示。
- 页面Title显示"学生管理"；
- 面包屑导航显示"首页>学生管理"，单击"首页"可跳转至首页页面；
- 左侧导航栏高亮显示"学生管理"；
- 列表右上方显示"新增学生"按钮；
- 列表字段：序号、学号、姓名、院系、状态、操作（学籍异动）；
- 列表左上方显示院系下拉查询框，"查询"按钮。

教务处老师可查看所有院系数据，不可新增以及学籍异动；院系老师仅能查看所在院系数据，可以新增以及学籍异动。

图 3-2-1-1

编写测试用例如表3-2-1-1所示。

表 3-2-1-1

用例编号	模块名称	页面位置	测试功能点	测试标题	重要级别	预置条件	输入	执行步骤	预期输出
001	学生管理	学生管理列表页	学生管理列表页	页面正确性验证	高	（1）正确进入学生管理列表页（2）列表无数据（3）角色为院系老师	无	无	（1）Title为：学生管理（2）面包屑为：首页＞学生管理（3）左侧导航栏"学生管理"高亮显示（4）列表表头为：序号、学号、姓名、院系、状态、操作（5）页面显示"新增学生""查询"按钮（6）页面显示院系查询下拉框，默认显示账号所在院系，且置灰不可修改
002	学生管理	学生管理列表页	学生管理列表页	页面正确性验证	高	（1）正确进入学生管理列表页（2）列表有数据（3）角色为院系老师	无	无	（1）Title为：学生管理（2）面包屑为：首页＞学生管理（3）左侧导航栏"学生管理"高亮显示（4）列表表头为：序号、学号、姓名、院系、状态、操作（5）页面显示"新增学生""查询""学籍异动"按钮（6）页面显示院系查询下拉框，默认显示账号所在院系，且置灰不可修改
003	学生管理	学生管理列表页	学生管理列表页	页面正确性验证	高	（1）正确进入学生管理列表页（2）角色为教务处老师	无	无	（1）Title为：学生管理（2）面包屑为：首页＞学生管理（3）左侧导航栏"学生管理"高亮显示（4）列表表头为：序号、学号、姓名、院系、状态、操作（5）页面显示"查询"按钮（6）页面显示院系查询下拉框，默认显示全部

可以发现，相对于之前讲解的内容，多了一项列表有无数据的预置条件，这是因为"学籍异动"按钮是在列表中的操作项，若列表无数据则无"学籍异动"按钮，这也是要在用例里进行区分的。

任务 2.2 了解测试用例设计原则

任务介绍

统一测试用例编写的规范，可以为测试设计工程师提供测试用例编写的指导，提高编写的测试用例的可读性、可执行性、合理性。测试用例不仅仅会被测试工程师阅读和执行，它们也可能会被开发、产品、项目经理等阅读审查或执行，还可能被其他测试工程师或者新员工作为业务学习、测试执行的参照。编写测试用例的最终目标是即使是一个对于产品一无所知的工程师，也能够快速地熟悉并执行用例，所以在编写测试用例过程中需要注意一些原则。本任务针对测试用例设计原则进行介绍。

任务目标

了解测试用例设计原则。

知识储备

1. 单个用例覆盖最小化原则

这条原则是最重要的,也是在工程中最容易被忽略的。下面通过实例来说明。假如要测试一个功能A,它有三个子功能点A1、A2和A3,可以有下面两种方法来设计测试用例:

- 方法1:用一个测试用例覆盖三个子功能——Test_A1_A2_A3;
- 方法2:用三个单独的用例分别来覆盖三个子功能——Test_A1、Test_A2、Test_A3。

方法1适用于规模较小的工程,对于规模较大和质量要求较高的项目,方法2是更好的选择,因为它具有如下优点:

- 测试用例的覆盖边界定义更清晰;
- 测试结果对产品问题的指向性更强;
- 测试用例间的耦合度更低,彼此之间的干扰也就更低。

上述优点所能带来直接好处是,测试用例的调试、分析和维护成本更低。每个测试用例应该尽可能简单,只验证必须验证的内容,不要把其他情况都带进来,否则会增加测试执行阶段的负担和风险。

2. 测试用例替代产品文档功能原则

通常会在开发初期用Word文档记录产品的需求、功能描述,以及当前所能确定的细节等信息,勾勒将要实现功能的样貌,便于团队进行交流和细化,并在团队内对产品功能达成共识。

假设在此时达成共识后描述的功能为A,随着产品开发深入,团队会对产品的功能有更新的认识,产品功能也会被更加具体细化,在一个迭代结束的时候最终实现的功能很可能是A+。如此往复,不断倾听和吸收用户的反馈,修改产品功能,多次迭代过后,原本被描述为A的功能很可能最终变为Z。这时候再去看曾经的Word文档却仍然记录的是A。之所以会这样,是因为很少有人会(以及能够去)不断更新那些文档,以准确反映产品功能当前的准确状态。不是不想去做,而是确实很难。这里需要注意早期的Word文档还是必要的,它至少能保证在迭代初期团队对要实现的功能有一致和准确的认识。

有什么能够一直准确地描述产品的功能吗?当然有,那就是产品代码和测试用例。产品代码实现产品功能,它必然可以准确描述产品的当前功能,但是,由于各种编程技术,如面向对象、抽象、设计模式、资源文件等,使得产品代码很难简单地读懂,往往是在知道产品功能的前提下去读代码,而不是反过来通过代码来了解功能。好的代码会有详细的注释,但这里的注释是对实现代码的解释和备注,并不是对产品功能的描述。

测试也应该忠实反映产品功能,否则测试用例就会执行失败。以往大多只是把测试用例当作测试用例,其实对测试用例的理解应该再上升到另一个高度,它应该可以是产品描述文档。这就要求编写的测试用例足够详细,测试用例的组织要有条理、分主次。单靠Word、Excel这样通用的工具是远远无法完成的,需要更多专用的测试用例管理工具来辅助。

此外,对于自动化测试用例(无论是API或者UI级别的)而言,代码在编写上也应该有别于产品代码编写风格,可读性和描述性应该是重点考虑的内容。在测试代码中,可以引入面向对象、设计模式等优秀的设计思想,但是要适度使用,往往面向过程的编码方式更利于组织、阅读和描述。

任务 2.3 等价类划分法运用

任务介绍

等价类划分法将程序所有可能的输入数据（有效的和无效的）划分成若干等价类；然后从每个部分中选取具有代表性的数据作为测试用例进行合理的分类，测试用例由有效等价类和无效等价类的代表组成，从而保证测试用例具有完整性和代表性。利用这一方法设计测试用例可以不考虑程序的内部结构，而是以需求规格说明书为依据，选择适当的典型子集，认真分析和推敲说明书的各项需求，特别是功能需求，尽可能多地发现错误。等价类划分法是一种系统性地确定要输入的测试条件的方法。本任务针对等价类划分法如何使用进行介绍。

任务目标

掌握等价类划分法使用场景。

知识储备

由于等价类是在需求规格说明书的基础上进行划分的，并且等价类划分不仅可以用来确定测试用例中数据输入/输出的精确取值范围，也可以用来准备中间值、状态和与时间相关的数据以及接口参数等，所以等价类可以用在系统测试、集成测试和组件测试中。在有明确的条件和限制的情况下，利用等价类划分技术可以设计出完备的测试用例。这种方法可以减少设计一些不必要的测试用例，因为这种测试用例一般使用相同的等价类数据，从而使测试对象做出同样的反应行为。等价类划分的方法分为两个主要的步骤：划分等价类型和设计测试用例。

1. 等价类的类型

1）有效等价类

有效等价类指对于程序规格说明来说是合理的、有意义的输入数据构成的集合。利用有效等价类可以检验程序是否实现规格说明预先规定的功能和性能。有效等价类可以是一个，也可以是多个，根据系统的输入域划分为若干部分，然后从每个部分中选取少数有代表性数据作为数据测试的测试用例，等价类是输入域的集合。

2）无效等价类

无效等价类是指对于软件规格说明而言是没有意义的、不合理的输入数据集合。利用无效等价类可以找出程序异常说明情况，检查程序的功能和性能的实现是否有不符合规格说明要求的地方。

2. 等价类划分的方法

- 按区间划分；
- 按数值划分；
- 按数值集合划分；
- 按限制条件或规划划分；
- 按处理方式划分。

3. 等价类划分的原则
- 在输入条件规定的取值范围或值的个数的情况下，可以确定一个有效等价类和两个无效等价类；
- 在规定输入数据的一组值中（假定有 n 个值），并且程序要对每个输入值分别处理的情况下，可以确定 n 个有效等价类和一个无效等价类；
- 在规定输入数据必须遵守的规则的情况下，可以确定一个有效等价类和若干无效等价类；
- 在输入条件规定输入值的集合或规定"必须如何"的条件下，可以确定一个有效等价类和一个无效等价类；
- 在确定已划分的等价类中各元素在程序处理中的方式不同的情况下，应将该等价类进一步地划分为更小的等价类。

任务实施

实例1：图书管理系统—图书管理—新增图书—图书管理者电话字段，11位数字，必填。根据等价类划分法：

有效等价类：11位数字。

无效等价类：（1）<11位数字；
（2）>11位数字；
（3）为空；
（4）含有英文；
（5）含有汉字；
（6）含有特殊符号。

实例2：图书管理系统—图书管理—新增图书—图书编号字段，6~20位数字，必填。根据等价类划分法：

有效等价类：6≤图书编号≤20，数字。

无效等价类：（1）<6位数字；
（2）>20位数字；
（3）为空；
（4）含有英文；
（5）含有汉字；
（6）含有特殊符号。

任务 2.4　边界值法运用

任务介绍

边界值分析法就是对输入或输出的边界值进行测试的一种黑盒测试方法。通常边界值分析法是作为对等价类划分法的补充，这种情况下，其测试用例来自等价类的边界。长期的测试工作经验表明，大量错误发生在输入/输出范围的边界上，而不是发生在输入/输出范围的内部，因此针对各种边界情况设计测试用例可以查出更多的错误。本任务针对边界值法的使用进行介绍。

任务目标

掌握边界值法使用场景。

任务实施

实例1：图书管理系统—图书管理—新增图书—图书管理者电话字段，11位数字，必填。根据边界值法：

有效边界值：11位数字；

无效边界值：（1）12位数字；
　　　　　　（2）10位数字。

实例2：图书管理系统—图书管理—新增图书—图书编号字段，6～20位数字，必填。根据边界值法：

有效边界值：（1）6位数字；
　　　　　　（2）20位数字。

有效次边界值：（1）7位数字；
　　　　　　　（2）19位数字。

无效边界值：（1）5位数字；
　　　　　　（2）21位数字。

任务 2.5 等价类划分法与边界值法运用

任务介绍

在进行等价类分析时，往往先要确定边界。如果不能确定边界，就很难定义等价类所在的区域。只有边界值确定下来，才能划分出有效等价类和无效等价类。边界确定清楚，等价类就自然产生，边界值分析法是等价类划分法的补充，在测试中，会将两种方法结合起来共同使用。

边界值分析与等价划分的区别：

- 边界值分析不是从某等价类中随便挑一个作为代表，而是使这个等价类的每个边界都要作为测试条件；
- 边界值分析不仅考虑输入条件，还要考虑输出空间产生的测试情况。

本任务针对等价类划分法与边界值法的混合使用进行介绍。

任务目标

掌握等价类划分法与边界值法混合使用场景。

任务实施

实例：图书管理系统—图书管理—新增图书—图书编号字段，6~20位数字，必填。根据等价类划分法与边界值法结合：

有效：（1）6位数字；（边界值法）
　　　（2）20位数字；（边界值法）
　　　（3）7位数字；（边界值法）
　　　（4）19位数字。（边界值法）
无效：（1）5位数字；（边界值法）
　　　（2）21位数字；（边界值法）
　　　（3）为空；
　　　（4）含有英文；
　　　（5）含有汉字；
　　　（6）含有特殊符号。

任务 2.6　因果图 / 决策表法运用

任务介绍

等价类划分和边界值分析测试方法都着重于考虑程序的单项输入条件，但并未考虑输入条件之间的联系或组合情况。当需要关注程序输入条件之间的相互关系及相互组合时，会产生信息的复杂情况。因为测试要检查程序输入条件的组合关系并不容易，即使将所有的输入条件都划分为一个个等价类，它们之间复杂的组合情况仍难以用等价类来描述，此时依然运用等价类划分和边界值的方法进行测试用例的设计很困难。

因此，需要考虑采用一种适合描述多种输入条件且在具有组合的情形下设计测试用例的方法。因果图是一种以因果逻辑关系的图示模型来描述可能的输入条件的组合关系，以及可能产生的相应动作（输出结果）的情形的方法。这个方法的实质是从程序规格说明（需求）的描述中找出因（输入条件）与果（输出结果或程序状态改变）的关系。本任务针对因果图/决策表法的使用进行介绍。

任务目标

掌握因果图/决策表法使用场景。

知识储备

1. 因果图

因果图使用四种简单的逻辑符号，以直线连接左、右节点。左节点表示输入状态（或称原因），右节点表示输出状态（或称结果）。因果图中用符号形式分别表达软件规格说明中的四种因果关系，如图3-2-6-1所示。

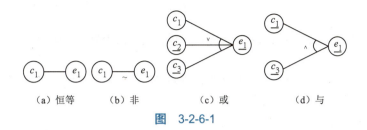

图 3-2-6-1

图3-2-6-1中，c_1表示原因，通常位于图左部；e_1表示结果，通常位于图右部。c_1与e_1取值0或1，0表示某个状态不出现，1表示某个状态出现。

- 恒等：若c_1是1，则e_1也是1；若c_1是0，则e_1是0；
- 非：若c_1是1，则e_1是0；如c_1是0，则e_1是1；
- 或：若c_1或c_2或c_3是1，则e_1是1；若c_1、c_2和c_3都是0，则e_1是0；
- 与：若c_1和c_2都是1，则e_1为1；否则e_1是0。

在实际问题中，输入状态相互之间还可能存在某些依赖关系，这称为"约束"。例如，某些输入条件本身不可能同时出现，而输出状态之间也往往存在约束。在因果图中，采用特定符号来表明这些约束，如图3-2-6-2所示。

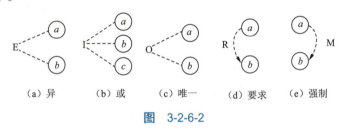

图 3-2-6-2

对于输入条件的约束有四种：

- E约束（异）：a和b中最多有一个可能为1，即a和b不能同时为1；
- I约束（或）：a、b、c中至少有一个必须是1，即a、b、c不能同时为0；
- O约束（唯一）：a和b必须有一个且仅有一个为1；
- R约束（要求）：a是1时，b必须是1，即a是1时，b不能是0。

对于输出条件的约束只有M约束一种：

- M约束（强制）：假如结果a是1，则结果b强制为0。

运用因果图法描述输入条件的组合情形，最终目的是要生成相应的决策表（也称判定表），并由此设计生成测试用例，其基本步骤如下：

（1）根据程序规则说明描述的语义内容，分析并确定"因"和"果"，即哪些是原因，哪些是结果，并给每个原因和结果赋予一个标识符。原因通常为输入条件或输入条件的组合，结果可能为带有约束的输出条件；

（2）找出原因与结果之间、原因与原因之间对应的组合关系。根据这些关系，构造并画出因果图。

由于语法或环境限制，有些原因与原因之间、原因与结果之间的组合情况不可能会出现。为表明这些特殊的情形，在因果图上用一些记号表明其约束或限制条件。

2. 决策表

决策表是因果图法的简化，本质上是一种方法，根据生成的因果图生成判定表。

决策表的构成：

- 条件桩：列出问题的所有条件。通常认为，所列出的条件先后次序无关紧要。
- 动作桩：列出问题规定的可能采取的操作。对这些操作的排列顺序没有约束。
- 条件项：针对条件桩给出的条件列出所有可能的取值。
- 动作项：列出在条件项的各种取值情况下应采取的动作。

根据决策表的构成原则，可划分出条件桩、动作桩、条件项、动作项如表3-2-6-1所示。

表 3-2-6-1

条件动作	规则1	规则2	规则3	…	规则n
条件桩					
条件1			条件项		
条件2		条件项			
…					
条件n					
动作桩					
动作1					动作项
动作2			动作项		
…					
动作n					

任务实施

实例：地铁站的充值系统，已插入卡，投多少钱充值多少金额。

（1）找到所有的输入条件（因），并编号：

a．投币50元；

b．投币100元；

c．充值50元；

d．充值100元。

（2）找到所有的输出结果（果），并编号：

A．提示充值成功；

B．退卡；

C．找零；

D．错误提示，并退卡。

（3）在步骤（1）的基础上，找出输入的组合关系和限制关系：

①输入a和c组合；

②输入a和d组合；

③输入b和c组合；

④输入b和d组合；

⑤分别单独输入a、b、c、d；
⑥输入a和b，不能组合（互斥）；
⑦输入c和d，不能组合（互斥）。

（4）找出什么样的输入组合会产生怎样的输出结果组合，写出因果关系：

情况1：输入①，会输出（A）和（B）组合；
情况2：输入②，会输出（C）和（D）组合；
情况3：输入③，会输出（A）、（C）、（B）组合；
情况4：输入④，会输出（A）和（B）组合；
情况5：分别单独输入a、b、c、d，会输出（D）；
情况6：输入a和b组合，无输出；
情况7：输入c和d组合，无输出。

（5）根据以上因果关系，得出因果图，如图3-2-6-3所示，图中10、11、12、13为中间键。

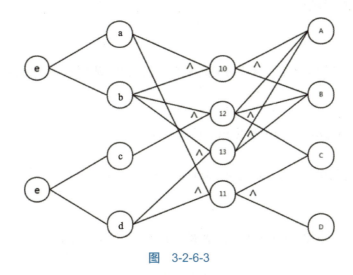

图 3-2-6-3

根据因果图，做出对应决策表，如表3-2-6-2所示（1代表程序取真值，0代表程序取假值）。

表 3-2-6-2

条件和动作	1	2	3	4	5	6	7	8	9	10
条件桩	—	—	—	—	—	—	—	—	—	—
a	1	1	0	0	1	0	0	0	1	0
b	0	0	1	1	0	1	0	0	1	0
c	1	0	1	0	0	0	1	1	0	1
d	0	1	0	1	0	0	0	0	0	1
动作桩	—	—	—	—	—	—	—	—	—	—
A	1	0	1	1	0	0	0	0	0	0
B	1	0	1	1	0	0	0	0	0	0
C	0	1	1	0	0	0	0	0	0	0
D	0	1	0	0	1	1	1	1	0	0

任务 2.7 场景设计法运用

任务介绍

场景设计法通过运用场景来对系统的功能点或业务流程进行描述,从而提高测试效果。用例场景测试需求是指模拟特定场景边界发生的事情,通过事件来触发某个动作的发生,观察事件的最终结果,从而发现需求中存在的问题。通常以正常的用例场景分析开始,然后进行其他的场景分析。场景设计法一般包含基本流和备用流,从一个流程开始,通过描述经过的路径来确定过程,经过遍历所有的基本流和备用流来完成整个场景。本任务针对场景设计法如何使用进行介绍。

任务目标

掌握场景设计法使用场景。

知识储备

场景主要包括正常的用例场景、备选的用例场景、异常的用例场景、假定推测的场景四种主要的类型,如图3-2-7-1所示。

1. 应用场合
- 界面没有太多填写项,主要通过鼠标的单击、双击、拖动等完成操作;
- 把自己当做最终的用户,考虑在使用该软件的时候可能会遇到哪些情形(场景)。

图 3-2-7-1

2. 核心概念
- 基本流(正确流)模拟用户正确的操作流程,其目的为验证软件业务流程和主要功能;
- 备选流(错误流)模拟用户错误的操作流程,其目的为验证软件的错误处理能力。

3. 本质
- 场景法是一种基于等价类划分的测试技术(技术层面);
- 场景法的应用是基于对软件业务(需求)的深入理解(业务层面)。

4. 基本设计步骤
- 根据说明,描述出程序的基本流及各项备选流;
- 根据基本流和各备选流生成不同的场景;
- 对每一个场景生成相应的测试用例。

任务实施

实例:ATM 取款。

(1)根据需求,找到基本流和备选流(找出正确的操作流程和可能出错的环节)

基本流——正确取款:

①插入银行卡：客户将银行卡插入ATM机的读卡器；
②验证银行卡：ATM机从银行卡的磁条中读取账号代码，并检查它是否属于可以接收的银行卡；
③输入密码：ATM机要求输入密码；
④验证密码：校验该密码是否正确；
⑤进入ATM机主界面：ATM显示在本机中可用的各种选项；
⑥取款并选择金额：客户选择"取款"，并选择取款金额；
⑦ATM机验证：ATM机进行验证账户余额是否满足，以及总取款金额是否满足要求，验证ATM机内现金是否够用；
⑧更新账户余额、出钞：验证成功，更新账户余额，输出现金，提示用户收取现金；
⑨返回主界面。

备选流——出错环节：
①银行卡错误；
②密码错误；
③密码3次输入错误；
④卡内余额不足；
⑤超出当日可取款限额；
⑥ATM余额不足。

（2）根据基本流和备选流列出场景，如表3-2-7-1所示。

表 3-2-7-1

场景描述	
场景1：成功取款	基本流
场景2：银行卡无效	备选流1
场景3：密码错误	备选流2
场景4：密码3次输入错误	备选流3
场景5：账户余额不足	备选流4
场景6：总取款金额超出当日可取款限额	备选流5
场景7：ATM机余额不足	备选流6

编号	场景	账号	密码	账户余额	当日可取	ATM余额	预期结果
1	场景1：成功取款	1	1	1	1	1	成功取款
2	场景2：银行卡无效						提示错误：退卡
3	场景3：密码错误	1		1	1	1	提示错误
4	场景4：密码3次输入错误	1		1	1	1	提示错误：吞卡
5	场景5：账户余额不足	1	1		1	1	提示错误：退卡
6	场景6：总取款金额超出当日可取款限额	1	1	1		1	提示错误：退卡
7	场景7：ATM机余额不足	1	1	1	1		提示错误：退卡

任务 2.8 错误推测法运用

任务介绍

错误推测法是指在测试程序时，测试工程师可以根据经验或直觉推测程序中可能存在的各种错误，进而有针对性地编写检查这些错误的测试用例的方法。本任务针对错误推测法如何使用进行介绍。

任务目标

了解错误推测法常见情况。

知识储备

列举出程序中所有可能的错误和容易发生错误的特殊情况，根据它们选择测试用例。例如，在单元测试时曾列出的模块中常见的错误，以前产品测试中曾经发现的错误等，这些就是经验的总结。输入数据和输出数据为0的情况；输入表格为空格或输入表格只有一行，这些都是容易发生错误的情况，可选择这些情况下的例子作为测试用例。

用错误推测法进行测试，首先需要罗列出可能的错误或错误倾向，进而形成错误模型；然后设计测试用例以覆盖所有的错误模型。例如，对一个排序的程序进行测试，其可能出错的情况有：输入表为空；输入表中只有一个数字；输入表中所有的数字都具有相同值；输入表已经排好序等。

例如，测试手机终端的通话功能，可以设计各种通话失败的情况来补充测试用例：

- 无SIM卡插入时进行呼出（非紧急呼叫）；
- 插入已欠费SIM卡进行呼出；
- 射频器件损坏或无信号区域插入有效SIM卡呼出；
- 网络正常，插入有效SIM卡，呼出无效号码（如888、333333、不输入任何号码等）；
- 网络正常，插入有效SIM卡，使用"快速拨号"功能呼出设置无效号码的数字。

任务 2.9 正交试验设计法运用

任务介绍

在复杂的业务系统中，往往存在复杂的测试组合，例如查询，若查询条件多达10余种类型，如果考虑两两组合、三三组合等情况，测试组合会变得很多，导致工作量很大，此时就需要采用正交试验设计法。

正交试验设计法是研究多因素、多水平的一种试验法，它利用正交表来对试验进行设计，通过少数的试验替代全面试验，根据正交表的正交性从全面试验中挑选适量的、有代表性的点进行试验，这些有代表性的点具备了"均匀分散，整齐可比"的特点。本任务针对正交试验法如何使用进行介绍。

任务目标

掌握正交试验设计法使用场景。

知识储备

正交表是一种特制的表格,一般用 $Ln(m^k)$ 表示,L 代表是正交表,n 代表试验次数或正交表的行数,k 代表最多可安排影响指标因素的个数或正交表的列数,m 表示每个因素水平数,且有 $n=k\times(m-1)+1$,如图3-2-9-1所示。

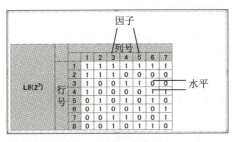

图 3-2-9-1

设计步骤

1. 提取功能说明,提取因子

影响试验指标的条件称为因子,而影响试验因子的条件称为因子的水平。

利用正交试验设计方法来设计测试用例时,首先要根据被测试软件的规格说明书找出影响其功能实现的操作对象和外部因素,把它们当作因子;而把各个因子的取值当作状态,把它们当作水平。对软件需求规格说明中的功能要求进行划分,把整体的、概要性的功能要求进行层层分解与展开,分解成具体的、有相对独立性的、基本的功能要求。这样就可以把被测试软件中所有的因子都确定下来,并为确定每个因子的权值提供参考依据。确定因子与状态是设计测试用例的关键。要求尽可能全面地、正确地确定取值,以确保测试用例的设计完整与有效。

2. 判断是否可以使用正交表

并不是任何情况都可以使用正交表。以下情况下无法使用正交表:

- 因素的个数非常少,如只有两个;
- 因子数很大。

另外,在识别的因子中,还要进行以下分析:

- 组合因素之间必须为平行关系(平行:可以同时存在);
- 不能为互斥(互斥:若一个因素存在,则另一个因素不能存在);
- 因素不能被其他因素的因子制约(制约:当A因素的因子为A1,B因素不能存在);
- 排除非组合因素。

3. 查找和调整正交表

如果判断可以使用正交测试方法设计测试用列,需要根据测试功能点的实际情况,选择正交表。
选择正交表的原则如下:

- 实际因素数≤正交表因素数;
- 实际每个因子数≤正交表每个因子数;
- 如果出现两个或两个以上正交表符合以上条件,则选择Case数最少的正交表。

选取正交表后,删除正交表中多余的因子列,原则是删除靠后的列。

4. 加权筛选,生成因素分析表

对因子与状态的选择可按其重要程度分别加权。可根据各个因子及状态的作用大小、出现频率的大小以及测试的需要,确定权重的大小。权重高的因子放在前面的列中,依此类推。

5. 把变量的值映射到表中

在使用正交法时,要考虑被测系统中准备测试的功能点,而这些功能点就是要获取的因子,每个功能点要输入的数据按等价类划分有多个,也就是每个因素的输入条件,即状态或水平值。选取因子和水平后,需要把变量实际的值映射到正交表中。

6. 正交测试用例的制作

把实际因子和水平代入正交表后,每一行制作成一个测试用例。

7. 组合补充测试用例

根据需求规格说明书或错误推断法,补充需要测试但正交表没有覆盖的测试数据,将其制作成测试用例。

任务实施

实例:某办公OA管理平台中,员工信息管理查询功能存在员工ID、员工姓名、员工手机号三种查询条件,使用正交试验法设计测试用例。

三个查询条件代表有三个因子,每个因子可以填或不填,即水平数为2,根据因字数为3,水平数为2和行数取最小值,所以选择$L4(2^3)$,这样就可以构建正交表,并转化为测试用例,如图3-2-9-2所示。

		因子数		
		1	2	3
水平数	1	1	1	1
	2	1	0	0
	3	0	1	0
	4	0	0	1
	5	0	0	0

		查询条件		
		员工号	姓名	手机号
测试用例	1	填	填	填
	2	填	空	空
	3	空	填	空
	4	空	空	填
	5	空	空	空

图 3-2-9-2

可以发现,如果按照每个因素两个水平数来考虑,则需要8个测试用例,通过正交试验法只需要5个,有效地减少了测试用例数量,而测试结果是非常接近的,即可以用最小的测试用例集合去获取最大的测试覆盖率。

任务 2.10 测试用例编写运用

任务介绍

前文讲解了测试用例包含的元素以及各种测试用例设计方法,结合需求分析,现在可以进行测试用例的编写工作。本任务针对测试用例如何编写进行介绍。

任务目标

根据需求说明,设计测试用例。

任务实施

视频
测试用例编写

针对以下需求,使用测试用例设计方法设计测试用例:人力资源综合服务系统—类别维护—岗位类别模块需求说明,如图3-2-10-1和图3-2-10-2所示。

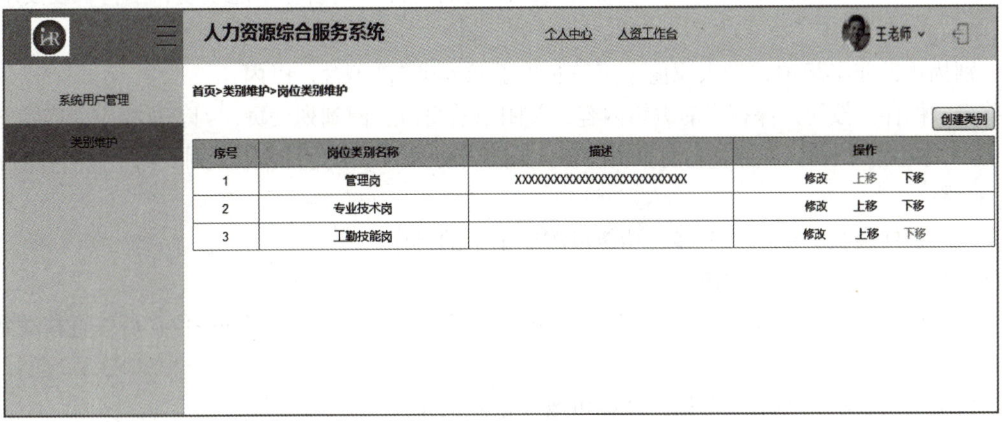

图 3-2-10-1

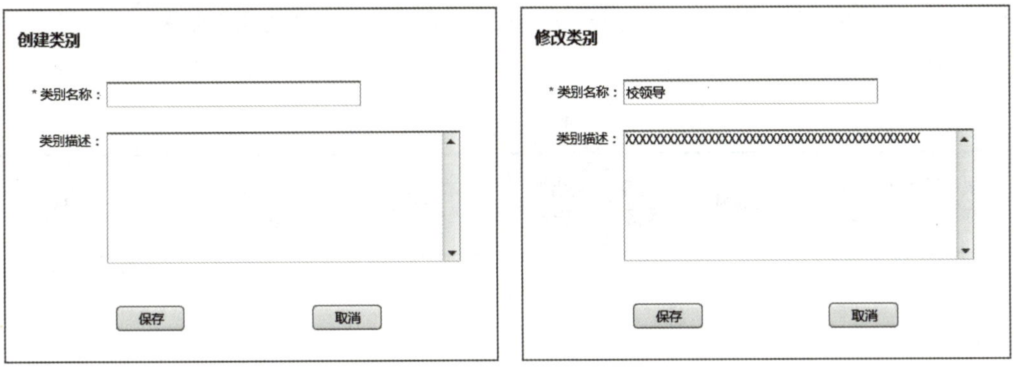

图 3-2-10-2

1. 岗位类别管理列表页

单击左侧导航栏中的"岗位类别"模块菜单,进入岗位类别管理页面。

- 页面Title显示"岗位类别";
- 面包屑导航显示"首页>类别维护>岗位类别",单击"首页"可跳转至首页页面;
- 列表字段:序号、岗位类别名称、描述、操作(修改、上移、下移);
- 列表不含翻页。

2. 创建类别(注意,必填项使用红色星号"*"标注)

在岗位类别列表页,单击"创建类别"按钮,弹出"创建类别"窗口。

- 类别名称：必填项，与系统内的岗位类别名称不能重复，字符长度要求50字符（含）以内；
- 类别描述：非必填项，字符长度要求240字符（含）以内；
- 单击"保存"按钮，保存当前新增内容，关闭当前窗口，回到列表页，在列表页新增一条记录；
- 单击"关闭"按钮，不保存当前新增内容，关闭当前窗口，回到列表页。

3. 修改（注意，必填项使用红色星号"*"标注）

在岗位类别列表页，单击"修改"按钮，弹出"修改类别"窗口。

- 类别名称：必填项，带入原值，修改时与系统内的岗位类别名称不能重复，字符长度要求50字符（含）以内；
- 类别描述：非必填项，带入原值，字符长度要求240字符（含）以内；
- 单击"保存"按钮，保存当前编辑内容，关闭当前窗口，回到列表页，列表页相应内容随之更新；
- 单击"关闭"按钮，不保存当前编辑内容，关闭当前窗口，回到列表页，列表页相应内容前后不变。

4. 上移

在岗位类别列表页，使用"上移"功能可改变记录的排序。

- 首条记录后的"上移"按钮置灰；
- 对于非首条记录，每单击一次操作栏"上移"按钮，该记录可向上移动一位，可一直移动到首位。

5. 下移

在岗位类别列表页，使用"下移"功能可改变记录的排序。

- 在末条记录后的"下移"按钮置灰；
- 对于非末条记录，每单击一次操作栏"下移"按钮，该记录可向下移动一位，可一直移动到末位；

注意：上移、下移的操作用于调整在列表页以及引用模块岗位类别的展示顺序。

编写测试用例如表3-2-10-1所示。

表 3-2-10-1

测试用例编号	模块名称	页面位置	测试功能点	测试标题	重要级别	预置条件	输入	执行步骤	预期输出
001	类别维护—岗位类别	岗位类别页面	验证岗位类别菜单功能	验证岗位类别菜单功能	中	正确进入首页列表无数据	无	单击类别维护—岗位类别菜单	（1）进入岗位类别管理页面 （2）页面Title显示"岗位类别维护" （3）面包屑导航显示"首页>类别维护>岗位类别" （4）列表字段：序号、岗位类别名称、描述、操作 （5）显示"创建类别"按钮
002	类别维护—岗位类别	岗位类别页面	验证岗位类别菜单功能	验证岗位类别菜单功能	中	（1）正确进入首页 （2）列表有数据	无	单击类别维护—岗位类别菜单	（1）进入岗位类别管理页面 （2）页面Title显示"岗位类别维护" （3）面包屑导航显示"首页>类别维护>岗位类别" （4）列表字段：序号、岗位类别名称、描述、操作（修改、上移、下移） （5）显示"创建类别"按钮

续表

测试用例编号	模块名称	页面位置	测试功能点	测试标题	重要级别	预置条件	输入	执行步骤	预期输出
003	类别维护—岗位类别	岗位类别页面	验证导航—首页跳转功能	验证首页跳转功能	中	正确进入岗位类别维护页面	无	单击导航—首页	跳转到首页页面
004	类别维护—岗位类别	岗位类别页面	验证创建类别功能	验证创建类别按钮功能	中	正确进入岗位类别维护页面	无	单击"创建类别"按钮	（1）弹出"创建类别"对话框 （2）标题：创建类别 （3）显示：类别名称、类别描述输入项 （4）显示"保存""取消""×"按钮 （5）必填项：类别名称使用红色星号"*"标注
005	类别维护—岗位类别	岗位类别页面	验证创建类别功能	验证正确创建类别	高	正确弹出"创建类别"对话框	（1）类别名称：类 （2）类别描述：	单击"保存"按钮	（1）提示创建类别成功 （2）返回岗位类别维护页面 （3）列表中显示创建成功的类别信息
006	类别维护—岗位类别	岗位类别页面	验证创建类别功能	验证正确创建类别	高	正确弹出"创建类别"对话框	（1）类别名称：输入50字符 （2）类别描述：输入240字符	单击"保存"按钮	（1）提示创建类别成功 （2）返回岗位类别维护页面 （3）列表中显示创建成功的类别信息
007	类别维护—岗位类别	岗位类别页面	验证创建类别功能	验证类别名称错误（为空）	中	正确弹出"创建类别"对话框	（1）类别名称： （2）类别描述：测试创建类别	单击"保存"按钮	提示：请输入类别名称
008	类别维护—岗位类别	岗位类别页面	验证创建类别功能	验证类别名称错误（重复）	中	正确弹出"创建类别"对话框	（1）类别名称：输入岗位类别下已存在的类别名称 （2）类别描述：测试创建类别	单击"保存"按钮	提示：类别名称已存在
009	类别维护—岗位类别	岗位类别页面	验证创建类别功能	验证类别名称包含数字、字母、汉字、特殊字符	中	正确弹出"创建类别"对话框	（1）类别名称：测试aa111:"《 （2）类别描述：测试创建类别	单击"保存"按钮	（1）提示创建类别成功 （2）返回岗位类别维护页面 （3）列表中显示创建成功的类别信息
010	类别维护—岗位类别	岗位类别页面	验证创建类别功能	验证类别名称错误（超过50位字符）	中	正确弹出"创建类别"对话框	（1）类别名称：输入51字符 （2）类别描述：测试创建类别	单击"保存"按钮	提示：类别名称长度不能超过50字符
011	类别维护—岗位类别	岗位类别页面	验证创建类别功能	验证类别描述包含数字、字母、汉字、特殊字符	中	正确弹出"创建类别"对话框	（1）类别名称：软件测试组长 （2）类别描述：测试创建类别测试aa111:"《	单击"保存"按钮	（1）提示创建类别成功 （2）返回岗位类别维护页面 （3）列表中显示创建成功的类别信息

续表

测试用例编号	模块名称	页面位置	测试功能点	测试标题	重要级别	预置条件	输入	执行步骤	预期输出
012	类别维护—岗位类别	岗位类别页面	验证创建类别功能	验证类别描述错误（超过240字符）	中	正确弹出"创建类别"对话框	（1）类别名称：软件测试 （2）类别描述：输入241字符	单击"保存"按钮	提示：类别描述长度不能超过240字符
013	类别维护—岗位类别	岗位类别页面	验证创建类别功能	验证"取消"按钮功能	中	正确弹出"创建类别"对话框	（1）类别名称：测试创建类别 （2）类别描述：	单击"取消"按钮	不创建类别，返回岗位类别维护页面
014	类别维护—岗位类别	岗位类别页面	验证创建类别功能	验证"×"按钮功能	中	正确弹出"创建类别"对话框	（1）类别名称：测试创建类别 （2）类别描述：	单击"×"按钮	不创建类别，返回岗位类别维护页面
015	类别维护—岗位类别	岗位类别页面	验证修改类别功能	验证"修改"按钮功能	中	正确进入岗位类别维护页面	无	单击类别列表中的"修改"按钮	（1）弹出"修改类别"对话框，带入原值 （2）标题：创建类别 （3）显示：类别名称、类别描述输入项 （4）显示"保存""取消""×"按钮 （5）必填项：类别名称使用红色星号"*"标注
016	类别维护—岗位类别	岗位类别页面	验证修改类别功能	验证正确修改类别	高	正确弹出"修改类别"对话框	（1）类别名称：类 （2）类别描述：	单击"保存"按钮	（1）提示修改类别成功 （2）返回岗位类别维护页面 （3）列表中显示修改成功的类别信息
017	类别维护—岗位类别	岗位类别页面	验证修改类别功能	验证正确修改类别	高	正确弹出"修改类别"对话框	（1）类别名称：输入50字符 （2）类别描述：输入240字符	单击"保存"按钮	（1）提示修改类别成功 （2）返回岗位类别维护页面 （3）列表中显示修改成功的类别信息
018	类别维护—岗位类别	岗位类别页面	验证修改类别功能	验证类别名称错误（为空）	中	正确弹出"修改类别"对话框	（1）类别名称： （2）类别描述：测试修改类别	单击"保存"按钮	提示：请输入类别名称
019	类别维护—岗位类别	岗位类别页面	验证修改类别功能	验证类别名称错误（重复）	中	正确弹出"修改类别"对话框	（1）类别名称：输入岗位类别下已存在的类别名称 （2）类别描述：测试修改类别	单击"保存"按钮	提示：类别名称已存在
020	类别维护—岗位类别	岗位类别页面	验证修改类别功能	验证类别名称包含数字、字母、汉字、特殊字符	中	正确弹出"修改类别"对话框	（1）类别名称：测试aa111："《 （2）类别描述：测试修改类别	单击"保存"按钮	（1）提示修改类别成功 （2）返回岗位类别维护页面 （3）列表中显示修改成功的类别信息
021	类别维护—岗位类别	岗位类别页面	验证修改类别功能	验证类别名称错误（超过50字符）	中	正确弹出"修改类别"对话框	（1）类别名称：输入51字符 （2）类别描述：测试修改类别	单击"保存"按钮	提示：类别名称长度不能超过50字符

续表

测试用例编号	模块名称	页面位置	测试功能点	测试标题	重要级别	预置条件	输入	执行步骤	预期输出
022	类别维护—岗位类别	岗位类别页面	验证修改类别功能	验证类别描述包含数字、字母、汉字、特殊字符	中	正确弹出"修改类别"对话框	（1）类别名称：软件测试组长（2）类别描述：测试修改类别测试aa111："《	单击"保存"按钮	（1）提示修改类别成功（2）返回岗位类别维护页面（3）列表中显示修改成功的类别信息
023	类别维护—岗位类别	岗位类别页面	验证修改类别功能	验证类别描述错误（超过240字符）	中	正确弹出"修改类别"对话框	（1）类别名称：软件测试（2）类别描述：输入241字符	单击"保存"按钮	提示：类别描述长度不能超过240字符
024	类别维护—岗位类别	岗位类别页面	验证修改类别功能	验证"取消"按钮功能	中	正确弹出"修改类别"对话框	（1）类别名称：测试修改类别（2）类别描述	单击"取消"按钮	不修改类别，返回岗位类别维护页面
025	类别维护—岗位类别	岗位类别页面	验证修改类别功能	验证"×"按钮功能	中	正确弹出"修改类别"对话框	（1）类别名称：测试修改类别（2）类别描述	单击"×"按钮	不修改类别，返回岗位类别维护页面
026	类别维护—岗位类别	岗位类别页面	验证上移功能	验证首条记录的"上移"按钮置灰	中	正确进入岗位类别维护页面	无	查看列表中首条记录的"上移"按钮	按钮置灰
027	类别维护—岗位类别	岗位类别页面	验证上移功能	验证非首条记录"上移"功能	中	正确进入岗位类别维护页面	无	单击非首条记录的"上移"按钮	记录向上移动一位
028	类别维护—岗位类别	岗位类别页面	验证下移功能	验证末条记录的"下移"按钮置灰	中	正确进入岗位类别维护页面	无	查看列表中末条记录的"下移"按钮	按钮置灰
029	类别维护—岗位类别	岗位类别页面	验证下移功能	验证非末条记录"下移"功能	中	正确进入岗位类别维护页面	无	单击非末条记录的"下移"按钮	记录向下移动一位

可以发现005、006这两条测试正确保存情况时的用例使用边界值法，005中类别名称取1位，类别描述取0位，006中类别名称取50位，类别描述取240位，充分地利用了等价类划分法与边界值法。

任务 2.11 测试用例评审

任务介绍

在介绍测试用例评审前,先对软件产品生命周期中的三个评审进行介绍。

(1)产品设计评审:产品经理完成原型图或需求说明书后会邀请开发工程师与测试工程师进行产品设计评审,对原型图进行解读,让开发工程师和测试工程师对产品有大致的认识,对问题进行讨论。产品经理可以回顾产品设计是否存在问题。由于开发工程师与测试工程师所站的角度不同,可能会发现一些产品经理不容易想到的问题。

(2)开发设计评审:开发工程师完成详细设计后会邀请产品经理与测试工程师进行开发设计评审,对根据原型图进行的数据库设计、总体设计、详细设计进行解读,让产品经理和测试工程师对系统内部结构有大致的认识,对问题进行讨论。开发工程师可以回顾系统设计是否存在问题,产品经理可以回顾产品设计是否存在问题。由于产品经理与测试工程师所站的角度不同,可能会发现一些开发工程师不容易想到的问题。

(3)测试用例评审:测试工程师完成测试用例编写后,会邀请产品经理和开发工程师进行测试用例评审,对测试用例进行解读,对问题进行讨论。测试工程师可以发现测试用例设计时是否存在问题,开发工程师可以回顾开发过程中是否存在问题。产品经理可以回顾产品设计是否存在问题。测试用例是将产品规则拆分为的最小单位,因此更容易发现一些细节问题。本任务针对测试用例评审进行介绍。

任务目标

了解测试用例评审流程。

知识储备

软件产品生命周期中的三个评审的目的基本一致:
- 发现软件在功能、逻辑、实现上的错误;
- 验证软件符合需求规格;
- 确认软件符合预先定义的开发规范和标准;
- 保证软件在统一的模式下进行开发;
- 便于项目管理。

下面对测试用例评审进行详细说明。

1. 评审内容
- 用例设计的结构安排是否清晰、合理,是否利于高效对需求进行覆盖。
- 优先级安排是否合理。
- 是否覆盖测试需求中的所有功能点。
- 用例是否具有很好的可执行性。例如,用例的前提条件、执行步骤、输入数据和期待结果是否清晰、正确;期待结果是否有明显的验证方法。
- 是否已经删除冗余用例。

- 是否包含充分的负面测试用例。所谓充分，是指如果在这里使用2&8法则，那就是4倍于正面用例的数量，毕竟一个健壮的软件，其中80%的代码都是在"保护"20%的功能实现。
- 是否从用户层面来设计用户使用场景和使用流程的测试用例。
- 是否简洁，复用性强。例如，可将重复度高的步骤或过程抽取出来定义为一些可复用标准步骤。

2. 评审准备

开始前应做好如下准备：
- 确定需要评审的原因；
- 确定进行评审的时机；
- 确定参与评审人员；
- 明确评审的内容；
- 确定评审结束标准；
- 提前至少一天将需要评审的内容以邮件形式发送给评审会议相关人员，并注明详审时间、地点及参与人员等；
- 在邮件中提醒评审会议相关人员至少简读一遍评审内容，并记录相关疑问，以便在评审会议上提出；
- 会议主持者（一般为用例编写人员）应在会议前整理相关疑问，以便在会议上提出。

3. 开始评审

- 先做简单的业务流程介绍，这尤为重要。其他工程师可能不了解测试思路，因此需要先做简单的需求业务流程介绍，说明打算如何去做评审。
- 按模块进行。可以简单介绍有哪些模块，每个模块评审的时候按测试项分类：UI、核心功能、基础功能、边界测试、兼容测试和异常测试等。
- 按业务流程进行。业务流程性较强的需求，要按照一定业务场景和逻辑顺序进行讲解；
- 按测试数据进行。涉及计算逻辑、收益、报表等需求时，用例编写会先规划好测试数据。尽管测试数据也是按不同的业务场景来设计的，但直接用测试数据来评审测试点会更清晰，开发工程师和产品经理会对应自己的产品设计和开发设计去评审测试点是否有不合理或覆盖率不全之处，从而有效地评审测试用例。
- 与会者在相关人员讲解后给出意见和建议，同时详细记录评审过程。

4. 评审完毕

评审完毕后，依据评审结果判断测试用例是否需要修改。修改完毕或确认不修改后开展系统测试工作。在被测系统中逐条执行测试用例，判断被测系统的实际结果是否与测试用例中的预期结果一致。若一致，则这条测试用例通过；若不一致，则不通过并产生缺陷（Bug），交开发工程师进行修改。

模块综合练习　功能测试用例设计

阅读以下需求说明书，运用测试用例设计方法，编写测试用例如图3-2-12-1和图3-2-12-2所示。

文本
模块综合练习
功能测试用例设计

图 3-2-12-1

图 3-2-12-2

1. **学生管理列表页**（存在两个角色：教务处老师、院系老师）

单击左侧导航栏中的"学生管理"模块菜单，进入学生管理页面。

- 页面Title显示"学生管理"；
- 面包屑导航显示"首页>学生管理"，单击"首页"可跳转至首页页面；
- 左侧导航栏"学生管理"高亮显示；
- 列表上方显示"新增学生"按钮；
- 列表左上方显示院系下拉查询框和"查询"按钮；
- 列表字段：序号、学号、姓名、院系、状态、操作（学籍异动）；

教务处老师可查看所有院系数据，不可新增以及学籍异动；院系老师仅能查看所在院系数据，可以新增以及学籍异动。

2. **新增学生**（注意，必填项使用红色星号"*"标注）

在学生管理列表页，单击"新增学生"按钮，打开"新增学生"页面。

- 学号：必填项，与系统内的学号不能重复，字符长度要求8位，字符类型数字；

- 姓名：必填项，字符长度要求20字符（含）以内，字符类型汉字、英文；
- 院系：必填项，下拉框值正确显示院系管理中的已启用的数据；
- 单击"保存"按钮，保存当前新增内容，关闭当前窗口，回到列表页，在列表页新增一条记录，"状态"项默认正常；

单击"关闭"按钮、"×"按钮，不保存当前新增内容，关闭当前窗口，回到列表页。

3. **学籍异动**（注意，必填项使用红色星号"*"标注）

在学生管理列表页，单击一条数据操作中的"学籍异动"按钮，弹出"学籍异动"窗口。
- 学籍异动类型：必填项，默认显示当前状态，下拉框值正确显示：正常、休学、退学，状态变化限制：正常→休学、正常→退学、休学不可直接退学，退学不可直接休学；
- 学籍异动原因：必填项，字符长度要求100字符（含）以内；
- 单击"保存"按钮，保存当前新增内容，关闭当前窗口，回到列表页，这条学生数据"状态"变为所选的学籍异动类型；
- 单击"关闭"按钮、"×"按钮，不保存当前新增内容，关闭当前窗口，回到列表页。

模块 3 功能测试用例执行

软件缺陷（Software Defect）又称Bug，是计算机软件或程序中存在的某种破坏正常运行能力的问题、错误，或者隐藏的功能缺陷。软件缺陷会导致软件产品在某种程度上不能满足用户的需要。在执行测试用例过程中，如实际表现结果与测试用例预期结果不一致，那么就可以视为软件缺陷。本模块针对缺陷定义、缺陷产生原因、缺陷元素等方面的功能测试用例执行进行介绍。

任务 3.1 了解缺陷定义

任务介绍

IEEE 729—1983对缺陷有一个标准的定义：从产品内部看，缺陷是软件产品开发或维护过程中存在的错误、毛病等各种问题；从产品外部看，缺陷是系统所需要实现的某种功能的失效或违背。本任务针对缺陷定义进行介绍。

任务目标

了解缺陷基本情况。

知识储备

缺陷表达的方式比较多样化，这里为大家介绍IEEE 729—1983标准中对软件缺陷所下的定义：
- 软件没有实现需求说明书所描述的功能；

- 软件实现需求说明书中描述的不应有的功能；
- 软件执行需求说明书没讲的操作；
- 软件没有实现需求说明书没讲但应该实现的功能；
- 从测试工程师的角度看，软件难以理解、不易使用、运行缓慢，或者最终用户认为不对。

为什么一个定义要用这么多条来描述？"缺陷"的定义有这么复杂吗？它其实并不复杂，只是能够将缺陷的多样化比较全面地展示出来。

下面来以建一栋房子为例，来说明每一条定义的意思。需要说明的是，没有完美且一成不变的需求说明书，在实际项目中，它可能非常简陋、模棱两可，甚至经常变动。

（1）软件没有实现需求说明书所描述的功能：房子的主人希望有一个落地的大窗户，让阳光更好地照进屋子里，而且特意在房子的设计图纸中画了出来，并且加以说明。结果，他看到的是四面全是墙壁、只有一个小门的房子。那么对于测试工程师来说，它就是一个缺陷。

（2）软件实现需求说明书中描述的不应有的功能：由于房子的主人生活在南方，天气温暖，而请来的泥瓦匠是北方的，结果给主人建造的房子有一个取暖的烟囱，而且主人特意在房子的设计图纸中说明自己的房子不需要烟囱。那么对于测试工程师来说，这是个缺陷。

（3）软件执行需求说明书没讲的操作：与第二条类似，不同的是第二条是主人已经明确说自己不要烟囱，而这一条强调的是在主人没说的情况下，泥瓦匠自作聪明地加了一个烟囱。对于测试工程师来说，画蛇添足的功能同样被视为缺陷。

（4）软件没有实现需求说明书没讲但应该实现的功能：房子的主人对屋子的高度、格局、材料、颜色有详细的描述。泥瓦匠在建造房子时发现，主人没有提屋顶这回事，虽然主人没有说，但屋顶肯定要有。如果因为没有描述就没有去做，但这又是一件必须去做的事，对于测试工程师来说，就可以视为缺陷。

（5）从测试工程师的角度看，软件难以理解、不易使用、运行缓慢，或者最终用户认为不对：测试工程师除测试软件运行的缺陷，同样也是作为一个用户在对软件进行使用。如果自己感觉都很难使用，或软件效率非常低且界面不美观，也可以认为其存在缺陷；或者是最终用户拿到产品时发现这不是自己想要的东西，也可以视其缺陷。当然，用户说这不是自己想要的东西，也不能仅仅凭借一面之词，可以依据合约、需求说明书进行评估。

任务 3.2　了解缺陷产生原因

任务介绍

在软件开发过程中，软件缺陷的产生是不可避免的。从软件本身、团队工作和技术问题等角度分析，就可以了解造成软件缺陷的主要因素。本任务针对缺陷产生原因进行介绍。

任务目标

了解缺陷产生原因。

知识储备

软件缺陷的产生主要是由软件产品的特点和开发过程决定的。

1. 软件本身

- 需求不清晰，导致设计目标偏离客户的需求，从而引起功能或产品特征上的缺陷；
- 系统结构非常复杂，而又无法设计成一个很好的层次结构或组件结构，结果导致意想不到的问题或系统维护、扩充上的困难；即使设计成良好的面向对象的系统，由于对象、类太多，很难完成对各种对象、类相互作用的组合测试，而隐藏着一些参数传递、方法调用、对象状态变化等方面问题；
- 对程序逻辑路径或数据范围的边界考虑不够周全，漏掉某些边界条件，造成容量或边界错误；
- 对一些实时应用，要进行精心设计和技术处理，保证精确的时间同步，否则容易引起时间上不协调、不一致带来的问题；
- 没有考虑系统崩溃后的自我恢复或数据的异地备份、灾难性恢复等问题，从而存在系统安全性、可靠性隐患；
- 系统运行环境的复杂，不仅用户使用的计算机环境千变万化，包括用户的各种操作方式或各种不同的输入数据，容易引起一些特定用户环境下的问题；在系统实际应用中，数据量很大，从而会引起强度或负载问题；
- 由于通信端口多、存取和加密手段的矛盾性等，会造成系统安全性或适用性等问题；
- 新技术的采用可能涉及技术或系统兼容的问题，有可能事先没有考虑到。

2. 团队工作

- 系统需求分析时对客户的需求理解不清楚，或者和用户的沟通不足。
- 不同阶段的开发工程师相互理解不一致。例如，产品经理对需求分析的理解有偏差，开发工程师对系统设计规格说明书某些内容重视不够，或存在误解。
- 对于设计或编程上的一些假定或依赖性，相关人员没有充分沟通。
- 项目组成员技术水平参差不齐，新员工较多，或培训不到位等原因也容易引起问题。

3. 技术问题

- 算法错误：在给定条件下没能给出正确或准确的结果；
- 语法错误：对于编译性语言程序，编译器可以发现这类问题；但对于解释性语言程序，只能在测试运行时发现；
- 计算和精度问题：计算的结果没有满足所需要的精度；
- 系统结构不合理、算法选择不科学，造成系统性能低下；
- 接口参数传递不匹配，导致模块集成出现问题。

4. 项目管理问题

- 缺乏质量文化，不重视质量计划，对质量、资源、任务、成本等的平衡性把握不好，容易挤掉需求分析、评审、测试等时间，遗留的缺陷比较多；
- 系统分析时对客户的需求不是十分清楚，或者和用户的沟通不足；
- 开发周期短，需求分析、设计、编程、测试等各项工作不能完全按照定义好的流程来进行，工作不够充分，结果也就不完整、不准确，错误较多；周期短，易给开发工程师造成压力，引起一些人为错误；

- 开发流程不够完善，存在太多的随机性和缺乏严谨的内审或评审机制，容易产生问题；
- 文档不完善，风险估计不足等。

任务 3.3 了解缺陷元素

任务介绍

缺陷元素通常包括缺陷编号、缺陷标题、缺陷的发现者/提交者、发现缺陷的日期、缺陷所属模块、发现缺陷的版本、指派给谁处理、缺陷类型、缺陷状态、缺陷严重程度、缺陷优先级、缺陷描述、缺陷附件等。本任务针对缺陷元素进行介绍。

任务目标

了解缺陷元素常见情况。

知识储备

1. 缺陷编号

定义：表明提交Bug的顺序。

说明：如果使用缺陷管理工具，编号会自动生成；实际中是整个项目组统一编号。

2. 缺陷标题

定义：简明扼要地描述该Bug，根据标题能够使读者迅速理解Bug大致情况。

3. 缺陷的发现者 / 提交者

定义：一般情况为自己，或他人要求帮忙提Bug。

4. 发现缺陷的日期

定义：一般为当天，或过去的某个时间点。

5. 缺陷所属模块

定义：在测试哪个功能模块时发现的Bug。

6. 发现缺陷的版本

定义：在测试程序的哪个版本的时候发现的Bug（项目产品往往设定不同的版本号）。

7. 指派给谁处理

定义：测试工程师一般指派给开发经理，开发经理根据Bug所在的模块，再次派给具体的开发工程师。

8. 缺陷类型

- 功能问题：影响重要的特性、用户界面、产品接口、硬件结构接口和全局数据结构，并且设计文档需求正式的变更，如指针循环，递归，功能等缺陷；
- 接口问题：与其他组件、模块或设备驱动程序、调动参数、控制块或参数列表互相影响的缺陷；
- 逻辑问题：需要进行逻辑分析，进行代码修改，如循环条件等；
- 计算问题：等式、操作符或操作数错误，精度不够、不适当的数据验证等缺陷；

- 数据问题：需要改少量代码，如初始化或控制块，如声明、重复命名、限定等缺陷；
- 用户界面问题：屏幕格式、确认用户输入、功能特性、页面排版等方面的缺陷；
- 性能问题：由于配置库、变更管理或版本控制引起的错误；
- 标准问题：不符合各种标准的要求，如编码标准、设计符号等缺陷；
- 兼容问题：软件之间不能正确地交互共享信息；
- 安全问题：涉及用户安全，如密码明文显示；
- 建议性问题：满足功能需求逻辑，但影响用户体验，可改可不改的易用性优化；
- 产品设计修正问题：产品需求错误进行修改而造成的缺陷；
- 其他问题：以上问题所不包含的问题。

9. 缺陷状态

定义：表明缺陷此时所处的状况或处理情况，状态的取值取决于公司所使用的缺陷管理工具。

说明：以禅道为例（仅供参考，各个公司实际标准不同）。

- 测试工程师发现Bug，提交缺陷报告给开发经理，把缺陷状况写成New；
- 开发经理验证提交的Bug，如果是真正的Bug，把缺陷的状况改为Open，指派相应的开发工程师进行修改，如果不是Bug，把缺陷的状态改为Rejected；
- 开发工程师看到指派给自己解决的Bug，进行Bug修改，修改完后，把缺陷的状态改成Fixed。
- 测试工程师进行返测，如果返测通过，把缺陷的状态改为Closed，如果返测失败，把缺陷的状态改为Reopen；

以上过程称为"缺陷报告处理流程""缺陷跟踪管理过程""缺陷的声明周期"，即New—Open—Fixed—Closed。

10. 缺陷严重程度

定义：表明该Bug有多糟糕或者对软件造成的影响有多大。

说明：以禅道为例（仅供参考，各个公司实际标准不同）

- 致命：致命的Bug，造成系统崩溃、死机等问题；
- 严重：重要逻辑问题错误、影响测试流程错误、权限错误、安全错误、性能错误等；
- 高：主要功能规则错误、模块关联性错误等；
- 中：次要功能规则错误等；
- 低：文字、UI错误等。

11. 缺陷优先级

定义：测试工程师希望开发工程师在哪个版本中或什么时间解决该Bug。

说明：以Mantis为例（仅供参考，各个公司实际标准不同）

- 加急：立即解决，否则影响开发/测试进度；
- 高：本版本解决；
- 中：下一版本解决；
- 低：发布之前解决。

严重程度和优先级不要混淆，以下为影响优先级的主要因素：

- Bug的严重程度：一般情况下，严重程度越高，优先级越高；

- Bug的影响范围：一般影响范围越广，优先级越高；
- 开发组的任务压力：一般进度压力越小，优先级越高；
- 解决Bug的成本：一般成本越低，优先级越高。

12. 缺陷描述

定义：把发现Bug的步骤、过程、使用数据记录下来，开发工程师通过描述能够再现该Bug。

说明：通用缺陷描述模板如下所示。

- 操作步骤：正确进入×页面/窗口；
  输入×××数据；
  进行×××操作。
- 预期结果：××××提示错误。
- 实际结果：××××提示正确。

13. 缺陷附件

定义：把发现Bug的位置进行截图，以便开发工程师根据图文结合更好地再现Bug。

任务 3.4 缺陷编写

任务介绍

测试工程师发现Bug后需要将Bug详细描述给开发工程师，一般不会使用QQ、微信等通信工具直接发送，也不会用Excel等发送，这样不够严谨，也不方便跟踪。目前市场上有很多通用的项目管理工具或缺陷管理工具，企业通常直接使用相关工具进行缺陷管理。本任务针对缺陷编写进行介绍。

任务目标

了解缺陷编写情况。

知识储备

不同企业根据不同的需求会使用不同的管理工具，市场上常见的有禅道、Mantis、QC、TestLink、Bugzilla等，还有的企业会基于开源的管理工具自行二次开发以满足需求。虽然软件很多，但是缺陷的表达方式、元素不会有太大改变。

一般只有缺陷摘要以及缺陷描述需要测试工程师自己编写，其他元素基本是通过下拉框选择。在编写缺陷摘要和缺陷描述的时候要注意以下问题：

- 缺陷摘要尽可能简单地说明什么功能出现什么问题，便于开发快速定位。
- 缺陷描述中包含三要素：操作步骤、预期结果、实际结果。这样的编写方式有利于开发复现问题以及进行修改，节省时间。

在单元工具使用与配置中针对如何使用禅道、Mantis管理缺陷进行了介绍，此处不再赘述。

模块 4　测试文档设计

软件测试文档一般是提供测试信息的一组文档，可以作为测试人员的工具，也可以作为项目开发团队的开发辅助工具。本模块针对测试计划、测试总结报告等方面进行测试文档设计介绍。

任务 4.1　测试计划设计

任务介绍

项目管理有项目计划，开发系统有开发计划，测试有测试计划来确定测试项、被测特性、测试任务、谁执行任务，以及各种可能的风险。测试计划可以有效预防计划的风险，保障计划的顺利实施。本任务针对测试计划进行介绍。

任务目标

设计人力资源综合服务系统测试计划。

知识储备

1. 测试计划的作用

软件项目的测试计划是描述测试目的、范围、方法和测试重点等的文档。详细的测试计划可以帮助测试项目组之外的人了解为什么和怎样验证产品。软件测试计划作为软件项目计划的子计划，在项目启动初期必须规划。

软件测试计划是指导测试过程的纲领性文件，包含产品概述、测试策略、测试方法、测试区域、测试配置、测试周期、测试资源、测试交流、风险分析等内容。借助软件测试计划，参与测试的项目成员，尤其是测试管理者，可以明确测试任务和测试方法，保持测试实施过程的顺畅沟通，跟踪和控制测试进度，应对测试过程中的各种变更。

一个好的测试计划可以起到如下作用：
- 使测试工作和整个开发工作融合起来；
- 使资源和变更事先作为一个可控的风险。

2. 测试计划制订原则

5W/1H规则是指"What（做什么）""Why（为什么做）""When（何时做）""Where（在哪里）""Who（谁做）""How（如何做）"。利用5W1H规则创建软件测试计划，可以帮助测试团队理解测试的目的（Why），明确测试的范围和内容（What），确定测试的开始和结束日期（When），指出测试的方法和工具（How），确定执行人（Who）给出测试文档和软件的存放位置（Where）。为使5W1H规则更具体化，需要准确理解被测软件的功能特征、应用行业的知识和软件测试技术，在需要测试的内容里面突出关键部分，列出关键及风险内容、属性、场景或者测试技术。对测试过程的阶段划分、文档管理、缺陷管理、进度管理给出切实可行的方法。

编写软件测试计划要避免测试计划"大而全",篇幅冗长,重点不突出,既浪费写作时间,也浪费测试工程师的阅读时间。

"大而全"的一个常见表现是测试计划文档包含详细的测试技术指标、测试步骤和测试用例。最好的方法是把详细的测试技术指标包含到独立创建的测试详细规格文档,把用于指导测试小组执行测试过程的测试用例放到独立创建的测试用例文档或测试用例管理数据库中。测试计划和测试详细规格、测试用例之间是战略和战术的关系,测试计划主要从宏观上规划测试活动的范围、方法和资源配置,而测试详细规格、测试用例是完成测试任务的具体战术。

3. 测试计划的组成

制订测试计划,目的是确定测试目标、测试范围和任务,掌握所需的各种资源和投入,预见可能出现的问题与风险,采取正确测试策略,以指导测试执行,最终按时按量地完成测试任务,达到测试目标。

在掌握项目足够信息后,开始起草测试计划。起草测试计划,可以参考相关的测试计划模板。测试计划以测试需求和范围的确定、测试风险的识别、资源和时间的估算等为中心工作,完成一个现实可行的、有效的计划。一个良好的测试计划,其主要内容如下:

- 测试目标:包括总体测试目标以及各阶段测试对象、目标及其限制;
- 测试需求和范围:确定哪些功能特性需要测试,哪些功能特性不需要测试,包括功能特性分解,具体测试任务确定,如功能测试、用户界面测试、性能测试和安全性等;
- 测试风险:潜在测试风险分析、识别,以及风险回避、监控和管理;
- 项目估算:根据历史数据和采用恰当的评估技术,对测试工作量、测试周期以及所需资源做出合理的估算;
- 测试策略:根据测试需求和范围、测试风险、测试工作量和测试资源限制等来决定测试策略,是测试计划的关键内容;
- 测试阶段划分:合理阶段划分,并定义每个测试阶段人员要求及完成的标准;
- 项目资源:各个测试阶段资源分配,软硬件资源和人力资源的组织和建设,包括测试人员角色、责任和测试任务;
- 日程:确定各个测试阶段结束日期及最后测试报告提交日期,采用时限图、甘特图等方法制定详细的时间/表;
- 跟踪和控制机制:问题跟踪报告、变更控制、缺陷预防和质量管理等,如可能会导致测试计划变更的事件,包括测试工具改进、测试环境影响和新功能变更等。

4. 制订测试计划

测试计划模板每一个公司因为行业性的差异都会有些许不同,但是关键内容基本一致。下面给出较为通用的测试计划模板。

XXX 系统测试计划

1 概述

1.1 编写目的

[说明编写本测试计划的目的和读者]

1.2 项目背景

[项目背景说明]

2 测试任务

2.1 测试目的
[说明进行项目测试的目标或所要达到的目标]

2.2 测试参考文档
[本次测试的参考文档说明]

2.3 测试范围
[本测试报告的具体测试方向,根据什么测试,指出需要测试的主要功能模块]

3 测试资源

3.1 硬件配置

关键项	数量	配置
测试PC(客户端)	××	CPU:××;内存:××GB;硬盘:×××GB

3.2 软件配置

资源名称/类型	配置
操作系统环境	操作系统主要为Windows X
浏览器环境	主流浏览器:×××浏览器
功能性测试工具	×××

3.3 人力资源分配
[在此介绍××系统的整体人员责任工作任务分配情况]

角色	人员	主要职责
测试负责人	01_张三	协调项目人员安排……
…	…	…

4 功能测试计划
[在此介绍××系统的功能模块]

需求编号	角色	一级模块	二级模块	三级模块	测试人员
ERP—001	管理员/操作用户	登录	登录	—	01—张三
ERP—002	管理员/操作用户	首页	首页	—	01—张三
ERP—003	管理员/操作用户	结算管理	账套信息管理	—	01—张三
ERP—004	管理员/操作用户	结算管理	门店付款管理	—	01—张三
ERP—005	管理员/操作用户	结算管理	供应商对账	—	01—张三
…	…	…	…	…	…

5 测试整体进度安排
[在此介绍××系统的整体进度情况,各个阶段的时间、人员、工作内容、产出物等]

测试阶段	时间安排	参与人员	测试工作内容安排	产出
需求分析	开始时间—××：××	01_张三、……	进行需求分析理解	
…	…	…	…	…

6 相关风险及解决计划

[列出在此项目的测试工作所存在的各种风险的假定，需要考虑项目测试过程中可能发生的具体事务，分别分析并加以应对]

6.1 风险

6.2 解决计划

5. 测试计划与测试方案

测试计划是指描述要进行的测试活动的范围、方法、资源和进度的文档。它主要包括测试项、被测特性、测试任务、谁执行任务和风险控制等。

测试方案是指描述需要测试的特性、测试的方法、测试环境的规划、测试工具的设计和选择、测试用例的设计方法、测试代码的设计方案。

测试计划好比电视机组装的进度、人员分配、风险，测试方案好比电视机组装的具体方法，什么顺序、某个电路板如何连接，前者负责大体工作，后者负责细节工作，如表3-4-1-1所示。

表 3-4-1-1

项 目	测 试 计 划	测 试 方 案
目标	对测试全过程的组织、资源、原则等进行规定和约束，并制订测试全过程各个阶段的任务以及时间进度安排，提出对各项任务的评估、风险分析和需求管理	描述需要测试的特性、测试的方法、测试环境的规划、测试工具的设计和选择、测试用例的设计方法、测试代码的设计方案
关注点	组织管理层面的文件，从组织管理的角度对一次测试活动进行规划	技术层面的文档，从技术的角度度一次测试活动进行规划
具体内容	（1）明确测试组织的组织形式：①测试组织和其他部门关系，责任划分；②测试组织内的机构和责任安排 （2）明确测试的测试对象（明确测试项，用于后面划分任务，估计工作量等） （3）完成测试的需求跟踪 （4）明确测试中需要遵守的原则：①测试通过/失败标准；②测试挂起和回复的必要条件 （5）明确测试工作任务分配是测试计划的核心。①进行测试任务划分；②进行测试工作量估计；③人员资源和物资源分配；④明确任务的时间和进度安排；⑤风险的估计和规避措施；⑥明确测试结束后应交付的测试工作产品	（1）明确策略 （2）细化测试特性（形成测试子项） （3）测试用例的规划 （4）测试环境的规划 （5）自动化测试框架的设计 （6）测试工具的设计和选择
关系	测试方案需要在测试计划的指导下进行，测试计划提出"做什么"，而测试方案明确"怎么做"	

不同的测试类型对应的测试方案不尽相同，自动化测试、性能测试、接口测试等不同的测试对应的测试方案差别也较大，所以这里对测试方案的模板不进行实例介绍。

人力资源综合服务系统测试计划

1 概述

1.1 编写目的

本文档为人力资源综合服务系统的测试计划文档,在对《人力资源综合服务系统需求说明书》进行分析的前提下,进行项目信息收集和测试任务的分配,规范测试流程,编写本文档以便达到以下目的:

(1)确定被测项目的信息和了解被测系统的构件,方便开展测试;

(2)分析测试对象,确定测试范围,列出测试需求;

(3)明确测试项目分工,进行项目总体进度安排,预估测试任务的工作量;

(4)确定测试所需的软硬件资源以及人力资源,确保测试项目的顺利开展;

(5)列出测试可采用的策略和测试方法,便于科学有效地进行测试;

(6)列出测试项目产出的可交付文档;

(7)预估项目的风险和成本,并制定应对措施。

本文档可能的合法读者为软件开发工程师、软件测试工程师、项目经理、软件测试组等项目相关的干系人。

1.2 项目背景

随着信息化时代的到来,实现人力资源综合服务系统的数字化网络化管理是任何一个事业单位及企业的需求。通过计算机软件,可以提高人力资源综合服务系统的准确性。而人力资源综合服务系统是一个综合性Web端系统。在吸收先进管理思想的基础上,综合运用各种现代信息技术,可以有力地促进整体管理水平的提高。

2 测试任务

2.1 测试目的

对人力资源综合服务系统进行测试的目的是测试系统是否满足需求说明书中的要求,主要包括以下几点:

(1)测试系统的功能是否实现,以及是否与需求保持一致;

(2)验证系统业务逻辑是否正确;

(3)尽可能多地发现系统存在的缺陷;

(4)反馈软件产品存在的缺陷,使产品质量在上线发布前得到保障。

2.2 测试参考文档

文档名称	版本	日期	作者
人力资源综合服务系统需求说明书	无	2018-××-××	官方

2.2 测试范围

测试主要根据人力资源综合服务系统系统—需求说明书进行功能、UI、兼容性测试。

主要模块包括:登录、首页、系统用户管理、类别维护、组织机构管理、岗位管理、员工基本信息管理、劳动合同管理、招聘管理、薪酬管理、证书管理、培训进修管理、奖惩管理、人事管理统计报表、考核测评管理、调查问卷管理、论坛后台管理、门户后台管理、个人信息维护、个人薪酬、劳动合同、培训进修、个人证书、个人奖励信息、考核成绩录入、调查问卷、论坛首页、门户首页。

3 测试资源

3.1 硬件配置

关 键 项	数 量	配 置
测试 PC（客户端）	4	i7，硬盘 500 GB，内存 8 GB，此配置是实际用机

3.2 软件配置

资源名称/类型	配 置
操作系统环境	操作系统主要为：Windows 7 64 bit
浏览器环境	主流浏览器：Google Chrome、IE
功能性测试工具	手工测试

3.3 人力资源分配

角 色	人 员	主 要 职 责
测试负责人	Tester01	（1）设定测试流程和管理流程 （2）跟踪测试进度，协调项目安排 （3）需求分析 （4）撰写测试计划 （5）负责编写测试用例并执行 （6）汇总 Bug 数据，分析测试结果 （7）撰写测试总结报告 （8）整理并提交产出文档
测试工程师	Tester02	（1）需求分析 （2）负责测试用例编写 （3）执行测试用例，测试对应模块 （4）提交 Bug 缺陷，统计 Bug 和用例数量并提交
测试工程师	Tester03	（1）需求分析 （2）负责测试用例编写 （3）执行测试用例，测试对应模块 （4）提交 Bug 缺陷，统计 Bug 和用例数量并提交
测试工程师	Tester04	（1）需求分析 （2）负责测试用例编写 （3）执行测试用例，测试对应模块 （4）提交 Bug 缺陷，统计 Bug 和用例数量并提交

4 功能测试计划

需 求 编 号	模 块 名 称	功 能 名 称	测 试 人 员
001	登录	登录系统	Tester01
…	…	…	…

5 测试整体进度安排

测 试 阶 段	参 与 人 员	测试工作内容安排	产　　出
需求评审和分析	产品经理 开发人员 Tester01 Tester02	（1）了解被测项目背景 （2）评审需求说明书 （3）记录需求问题 （4）分析项目测试需求	（1）需求问题记录 （2）测试需求点
编写测试计划	Tester01	（1）确定测试策略 （2）根据需求分析结果编写测试计划	《测试计划》
编写测试用例	Tester01 Tester02	（1）根据分工开展测试 （2）设计负责模块的测试用例	《测试用例》
测试用例评审	产品经理 开发人员 Tester01 Tester02	（1）评审测试用例 （2）记录用例问题	《测试用例》
测试执行和 Bug 提交	Tester01 Tester02	（1）执行测试用例 （2）发现 Bug 并提交	《Bug 缺陷报告》
交叉自由测试	Tester01 Tester02	交换模块自由测试	《Bug 缺陷报告》
回归测试	Tester01 Tester02	开发人员修改 Bug 后回归再次验证	《Bug 缺陷报告》
编写测试总结	Tester01	（1）汇总测试数据 （2）分析测试结果 （3）编写测试总结报告	《测试总结报告》
整理提交文档	Tester01 Tester02	（1）整合产出文档 （2）做好文档提交	完成文档提交

6 相关风险及解决计划

在软件系统的测试中，测试风险是不可避免的，因此对测试风险的管理非常重要，项目组必须尽力降低测试过程中存在的风险，最大限度地保证质量，使其满足客户的需求。

人力资源综合服务系统测试中可能存在的风险、相关风险的应对措施以及相应风险的跟进负责人参考下表。

风险编号	风 险 描 述	应 对 措 施	负责人
1	需求说明书内容不全面	（1）测试项目初期评审需求说明书 （2）进行协调沟通，明确测试需求	Tester01
2	软件资源无法满足测试需求 硬件资源无法满足测试需求	（1）分析测试所需的软件资源 （2）分析测试所需的硬件资源 （3对现有软硬件资源进行评估	Tester01
3	人力资源不足，可能影响测试进度	（1）保证稳定的人员安排 （2）合理分配测试任务	Tester01
4	项目时间不充足，可能导致测试不够充分	（1）制订详细的测试计划 （2）及时监控测试进度 （3）根据实际情况做出合理调整，确保测试任务按照预期开展	Tester01
5	需求说明书变更	（1）按照新的需求尽快进行修改补充 （2）赶工进行测试	Tester01

任务 4.2　测试总结报告设计

任务介绍

测试报告是测试阶段最后的文档产出物。优秀的测试经理或测试工程师应该具备良好的文档编写能力。一份详细的测试报告包含足够的信息，包括产品质量和测试过程的评价，测试报告基于测试中的数据采集以及对最终的测试结果分析。本任务针对测试总结报告进行介绍。

任务目标

设计人力资源综合服务系统测试总结报告。

知识储备

1. 测试报告的作用

产品测试完毕后，测试主管建议测试团队开一个"事后诸葛亮"会议。会议的核心问题是："如果你可以重新来过，哪些方面可以做得更好？"另外，在会议上问"为什么"的时候，要多问几次，层层推进，找到问题的根源。

例如，测试后期发现一个很严重的Bug。

（1）为什么这么晚才发现？

因为程序没有考虑某种边界条件。

（2）为什么在测试阶段没有测试出来？

因为这个代码是测试的最后阶段才加进去的。

（3）为什么不通知产品和测试工程师？

因为开发认为这是常识性问题，是很简单的修改，不需要告知。

问到这个层次，就把问题根源很明显地暴露出来了，要做的就是在之后的项目中针对问题进行改正。

在测试过程中，一个测试工程师或者一个测试团队在现实工作过程基本不可能完全和测试计划时所预计的一致，总会产生一些偏差等。测试总结报告的作用就是回顾过去、发现问题、解决问题。测试总结报告的读者是测试工程师、开发工程师、产品经理、项目经理等，他们都可以根据测试总结来发现自身工作过程中的问题。

2. 测试报告制订原则

（1）要有明确的结论。一个有效的测试报告，关键是有一个建立在真实测试数据上，客观、公正的明确结论。

（2）每一条结论都建立在事实、数据上。前面已经提到，测试报告中最重要的就是要有明确的结论。这些结论不管以何种形式展现出来，每条结论必须建立在事实、数据上。测试结论不能依照少量的不可靠的数据进行推测，更不能凭空捏造。

（3）测试报告中结果应尽可能地以图文结合方式展现出来。测试报告的读者往往是项目经理，或者公司高层，以及客户，所以测试报告应尽可能以直观的形式展现出来。比如，数据最好以列表的形式展现出来；测试迭代情况最好以折线图展现出来，并在图表下配以文字说明。

（4）测试报告中，必须客观填写，在结尾给予一定的建议。测试报告中必须客观真实地反应软件测试的质量检测结果，所以应该排除个人因素，客观地去填写结果、说明和报告。如果有一些建议，也可以在报告结论之后进行附加说明。

3. 测试报告组成

- 编写目的：本测试报告具体编写目的，指出相关阅读人员。
- 项目背景：对项目目标和目的进行简要说明。必要时包括简史，这一部分直接从需求或者招标文件中复制即可。
- 测试参考文档：根据被测系统实际情况，参考被测系统中需要用到的各种资料，方便后续测试工作。
- 项目组成员：列出参与此项目的人员及对应角色，描述各个人员的主要职责。
- 测试方法：通过对被测系统测试，找出相应测试方法，并对测试方法进行简要描述。
- 测试用例设计方法：简要介绍测试用例的设计方法。例如，等价类划分、边界值、因果图等，并对各种方法简单描述给出实例。
- 测试环境与配置：简要介绍测试系统时所需资源类型，以及相关资源类型配置要求。
- 测试进度回顾：列出测试阶段、各个阶段所需时间，以及参与人员以及对应时间安排。
- 测试进度总结：在测试进度过程中，将用例、Bug等情况进行汇总及分析，确认问题。
- 用例汇总：通过表格形式，将被测系统中各个模块编写测试用例条数进行汇总，同时写出各个模块编写人员和执行人员。
- Bug汇总：通过表格形式，将被测系统中各个模块通过执行测试用例发现的Bug进行汇总，并区分严重程度和Bug类型。
- 测试结论：被测系统测试完成后，根据整体测试流程发现的问题进行问题总结和问题说明，对软件质量进行评估，并且总结个人收获等。
- 对于大系统/项目来说最终要统计资源的总投入，必要时要增加成本一栏，以便管理者了解测试成本。

4. 制订测试报告

测试报告模板每一个公司因为行业性的差异都会有些许不同，但是关键内容基本一致。下面给出较为通用的测试报告模板。

×××系统测试报告

1 测试概述
1.1 编写目的
[本测试报告的具体编写目的，指出预期的读者范围]
1.2 项目背景
[项目背景说明]
2 测试参考文档
[测试参考文档]
3 项目组成员

角 色	人 员	主要职责
测试负责人	01_ 张三	协调项目人员安排……
…	…	…

4 测试设计介绍

4.1 测试用例设计方法

[简要介绍测试用例的设计方法。例如：等价类划分]

4.2 测试环境与配置

资源名称/类型	配 置
PC	操作系统主要为 Windows X；浏览器有：×× ×

4.3 测试方法

[测试过程使用的测试方法介绍]

5 测试进度

5.1 测试进度回顾

[描述测试过程中的测试进度以及总结]

测试阶段	实际时间安排	参与人员	实际测试工作安排
需求分析	开始时间—××：××	01_ 张三、01_ 李四、01_ 王五	进行需求分析理解
…	…	…	…

5.2 测试进度总结

[描述测试过程中的测试过程以及结果]

6 用例汇总

功能模块	测试用例总数	用例编写人	执行人
登录	…	01_ 张三	01_ 张三
…	…	…	…
用例合计（个）	…	…	—

7 Bug汇总

[对发现的Bug按照不同标准进行汇总]

功能模块	按Bug严重程度个数					Bug类型				
	严重	很高	高	中	低	合计	功能Bug	UI Bug	建议性Bug	兼容性Bug	合计
登录											
…											
合计（个）											

8 测试结论

[最终测试结果总结说明，测试过程中遇到的重要问题以及如何解决、被测系统的质量总结，个人的收获以及团队的得失等]

任务实施

人力资源综合服务系统测试报告

1 测试概述

1.1 编写目的

本测试报告为人力资源综合服务系统的测试报告,目的在于总结测试阶段的测试情况,描述系统是否符合用户需求,是否已达到用户预期的功能目标,并对测试质量进行分析。测试报告参考文档提供给测试工程师、开发工程师、产品经理、项目经理、其他管理人员和需要阅读本报告的人员阅读。

1.2 项目背景

随着信息化时代的到来,实现人力资源综合服务系统的数字化网络化管理是任何一个事业单位及企业的需求。通过计算机软件,可以提高人力资源综合服务系统的准确性。人力资源综合服务系统是一个综合性Web端系统。在吸收先进管理思想的基础上,综合运用各种现代信息技术,可以有力地促进整体管理水平的提高。

2 测试参考文档

需求说明书、测试计划、测试用例、测试Bug缺陷报告清单。

3 项目组成员

角 色	人 员	主 要 职 责
测试负责人	Tester01	(1)设定测试流程和管理流程 (2)跟踪测试进度,协调项目安排 (3)需求分析 (4)撰写测试计划 (5)负责编写测试用例并执行 (6)汇总Bug数据,分析测试结果 (7)撰写测试总结报告 (8)整理并提交产出文档
测试工程师	Tester02	(1)需求分析 (2)负责测试用例编写 (3)执行测试用例,测试对应模块 (4)提交Bug缺陷,统计Bug和用例数量并提交
测试工程师	Tester03	(1)需求分析 (2)负责测试用例编写 (3)执行测试用例,测试对应模块 (4)提交Bug缺陷,统计Bug和用例数量并提交
测试工程师	Tester04	(1)需求分析 (2)负责测试用例编写 (3)执行测试用例,测试对应模块 (4)提交Bug缺陷,统计Bug和用例数量并提交

4 测试设计介绍

4.1 测试用例设计方法

测试用例的设计采用等价类划分法、边界值法、错误推测法、因果图法、场景法。

(1)等价类划分法:是指某个输入域的子集合。

（2）边界值法：是指对输入或输出的边界值进行测试的一种黑盒测试方法。

（3）错误推测法：基于经验和直觉推测程序中所有可能存在的各种错误，从而有针对性地设计测试用例方法。

（4）因果图法：一种利用图解法分析输入的各种组合情况，从而设计测试用例的方法，它适合于检查程序输入条件的各种组合情况。

（5）场景法：现在的软件几乎都是用事件触发来控制流程的，事件触发时的情景便形成场景，而同一事件不同的触发顺序和处理结果就形成事件流。

4.2 测试环境与配置

资源名称/类型	配 置
PC	操作系统主要为 Windows 7；浏览器有 Chrome 浏览器、IE

4.3 测试方法

UI测试：用户界面测试是指测试用户界面的风格是否满足客户要求，文字是否正确，页面是否美观，文字、图片组合是否完美，操作是否友好等。UI测试的目标是确保用户界面会通过测试对象的功能来为用户提供相应的访问或浏览功能；确保用户界面符合公司或行业的标准，包括用户友好性、人性化、易操作性测试。

黑盒测试：软件测试工程师从用户的角度，通过各种输入和观察软件的各种输出结果来发现软件存在的缺陷，而不关心程序具体如何实现的一种软件测试方法。

……

5 测试进度

5.1 测试进度回顾

测 试 阶 段	实际时间安排	参 与 人 员	实际测试工作安排
需求分析	开始时间—××:××	01_张三、01_李四、01_王五	进行需求分析理解
编写测试计划		01_张三	测试计划文档编写
编写测试用例		01_张三、01_李四、01_王五	测试用例编写
第一遍全面测试		01_张三、01_李四、01_王五	执行测试用例
兼容性测试		01_王五	兼容性测试
交叉自由测试		01_张三、01_李四、01_王五	执行测试用例
回归测试		01_张三、01_李四、01_王五	执行测试用例
测试总结报告	××:××—结束时间	01_张三	测试总结报告编写

5.2 测试进度总结

测试用例共计×××条，功能测试过程中执行用例×××条，测试通过×××条，测试未通过×××条，功能测试用例通过率为××%，本系统功能问题较多少，请开发工程师尽快改正。

6 用例汇总

功 能 模 块	测试用例总数	用例编写人	执 行 人
登录首页	××	01_张三	01_张三
…	…	…	…
用例合计（个）	…	…	…

7 Bug汇总

功能模块	按 Bug 严重程度						按 Bug 类型					
	严重	很高	高	中	低	合计	功能 Bug	UI Bug	建议性 Bug	性能 Bug	安全性 Bug	合计
登录	0	0	×	×	×	×	×	×	0	0	×	×
…	…	…	…	…	…	…	…	…	…	…	…	…
合计(个)	…	…	…	…	…	…	…	…	…	…	…	…

8 测试结论

1）最终测试结果总结说明

对系统进行功能性、UI测试，测试××个模块，编写×××用例，发现××个Bug。

主流浏览器中，主要为功能性Bug。

2）测试过程中遇到的问题总结

（1）小组负责人时间预估不足，对需求说明书讨论的时间过长，导致编写用例的时间过于紧张；

（2）需求不清楚；

（3）用例不充分。

3）被测系统的质量评价

系统共计Bug有×××个，其中功能性Bug有×××个，其中存在影响系统正常运行以及影响用户使用体验的Bug。

整体功能性问题较多，需要开发工程师改Bug后测试工程师回归，当前系统无法上线。

4）个人和团队的收获

测试过程中团队有一些不太统一的意见，经过协商和讨论，最终达成一致，组员和组员之间的合作效率大大加快，有质有量地完成此次测试。对整个测试项目的周期有充分的了解，用例编写的效率大大提升，对复杂Bug有更好的理解，对计划和总结的编写有正确的认知。

单元项目实战 1　人力资源综合服务系统（薪酬管理模块）功能测试

文本
单元项目实战1 人力资源综合服务系统（薪酬管理模块）功能测试

 项目介绍

在全球一体化浪潮和新技术革命的不断推动下，人力资源在人类社会经济生活中处于越来越核心的地位；未来的经济竞争，不再局限于物质资源和物质资本，人力资源成为最根本的竞争优势。如何围绕企业宗旨、针对各类人员特点及企业的管理现状，"设计出实用有效的人力资源管理系统，从而实现由人工管理向计算机管理的转型，使人力资源管理工作变得更为客观有效，优化配置、提高办学效益"，成为企业人力资源管理系统设计面临的首要问题。

某公司开展人力资源综合服务系统开发项目，目前已完成产品设计、系统开发，即将开展测试工作。

项目目标

作为测试人员需针对"人力资源综合服务系统—薪酬管理模块"展开功能测试，检查模块中的功能

是否符合需求说明书的要求，运用测试用例设计方法结合对需求说明书的分析，设计测试用例，并依据测试用例，在系统中执行测试用例，发现系统缺陷，编写缺陷报告，回归系统缺陷，确保系统缺陷被修复，请按照项目步骤展开相关工作。

项目步骤

- 步骤1：需求分析；
- 步骤2：测试用例设计；
- 步骤3：测试用例执行；
- 步骤4：回归测试。

单元项目实战 2　人力资源综合服务系统（履行中合同管理模块）功能测试

文本
单元项目实战2：人力资源综合服务系统（履行中合同管理模块）功能测试

项目介绍

在全球一体化浪潮和新技术革命的不断推动下，人力资源在人类社会经济生活中处于越来越核心的地位；未来的经济竞争，不再局限于物质资源和物质资本，人力资源成为最根本的竞争优势。如何围绕企业宗旨、针对各类人员特点及企业的管理现状，"设计出实用有效的人力资源管理系统，从而实现由人工管理向计算机管理的转型，使人力资源管理工作变得更为客观有效，优化配置、提高办学效益"，成为企业人力资源管理系统设计面临的首要问题。

某公司开展人力资源综合服务系统开发项目，目前已完成产品设计、系统开发，即将开展测试工作。

项目目标

作为测试人员需针对"人力资源综合服务系统—劳动合同管理—履行中合同管理模块"展开功能测试，检查模块中的功能是否符合需求说明书的要求，运用测试用例设计方法结合对需求说明书的分析，设计测试用例，并依据测试用例，在系统中执行测试用例，发现系统缺陷，编写缺陷报告，回归系统缺陷，确保系统缺陷被修复，请按照项目步骤展开相关工作。

项目步骤

- 步骤1：需求分析；
- 步骤2：测试用例设计；
- 步骤3：测试用例执行；
- 步骤4：回归测试。

单元 4 自动化测试

近年来，软件测试领域不断地发展，从最开始没有专门测试人员，到终于认可测试人员的价值。开始的时候测试人员仅执行烦琐的手工测试，到后期由于软件需求的不断增加，造成软件越来越大，所以需要对原来的需求进行回归测试。回归测试开始时使用大量人工进行测试，到后来逐渐发展到自动化测试，并逐步得到应用和普及。随着软件自动化测试的应用和普及，自动化测试工具也如雨后春笋般出现。

随着时间的发展，出现多种自动化测试工具，比如 Web 端自动化测试工具 Selenium、移动端自动化测试工具 Appium、接口自动化测试工具 Postman、性能自动化测试工具 LoadRunner、JMeter 等，可以利用这些工具完成对应的自动化测试。

本单元将针对自动化需求分析、自动化测试用例设计、自动化测试脚本设计、自动化测试脚本执行等方面进行讲解，使读者熟练使用自动化技术提高测试效率，掌握自动化测试工具的使用方法。

学习目标

- 分析系统的 UI 界面、业务逻辑、交互模式并确定自动化测试范围；
- 通过自动化测试范围确定自动化测试功能点并设计自动化测试用例；
- 运用等价类划分法、边界值法、因果图/决策表设计自动化测试用例；
- 设计浏览器打开、跳转等操作的自动化测试脚本；
- 通过查找 id、name 等方式捕捉并定位元素；
- 设计模拟鼠标操作、键盘操作、文件上传、sumbit() 方法等操作的自动化测试脚本；
- 执行自动化测试脚本并调试；
- 分析自动化测试脚本执行结果并发现缺陷，跟踪缺陷并进行回归测试。

模块 1　自动化测试需求分析

在展开自动化测试之前，需要设计测试计划，明确测试对象、测试目的、测试项目内容、测试方法、测试进度要求，并确保测试所需的人力、硬件、数据等资源都准备充分。制订好测试计划后，下发给测试用例设计者。

测试用例设计者根据测试计划和需求说明书，分析测试需求，设计测试需求树，以便测试用例设计时能够覆盖所有需求点。通常需要覆盖以下方面：

- 页面链接测试，确保各个链接正常；
- 页面控件测试，确保各个控件可靠；
- 页面功能测试，确保各项操作正常；
- 数据处理测试，确保数据显示准确、处理精确可靠；
- 模块业务逻辑测试，确保各个业务流程畅通。

自动化需求分析和功能测试中的需求分析一样，需要对需求文档进行分析，确定自动化测试范围和对应的测试点，在分析需求前需要对自动化测试的理论知识有一定的认识。本模块针对自动化测试定义、自动化测试分类、自动化测试模型等方面进行介绍。

任务 1.1　了解自动化测试

任务介绍

自动化测试是把以人为驱动的测试行为转化为机器执行的一种过程，即模拟手工测试步骤通过执行程序语言编制的测试脚本自动地测试软件，包括所有测试阶段。它是跨平台兼容的，并且是进程无关的。

实际上严格地说，自动化测试是分广义和狭义的。广义的就是测试自动化，它强调的是整个测试过程都由计算机系统完成，范围更广。狭义的就是通常所说的自动化测试，主要是指通过某个自动化工具自动执行某项测试任务，处理范围比较小。本任务针对什么是自动化测试进行介绍。

任务目标

了解什么是自动化测试。

知识储备

1. 实现自动化测试的前提条件

1）需求变动不频繁

测试脚本的稳定性决定自动化测试的维护成本。如果软件需求变动过于频繁，测试人员需要根据变动的需求来更新测试用例以及相关的测试脚本，而脚本的维护本身就是一个代码开发的过程，需要修改、调试，必要的时候还要修改自动化测试的框架，如果所花费的成本不低于利用其节省的测试成本，那么自动化测试便是失败的。

项目中的某些模块相对稳定，而某些模块需求变动性很大。可对相对稳定的模块进行自动化测试，对变动较大的仍用手工测试。

2）项目周期足够长

自动化测试需求的确定、自动化测试框架的设计、测试脚本的编写与调试均需要相当长的时间来完成，这样的过程本身就是一个测试软件的开发过程，需要较长的时间来完成。如果项目的周期比较短，没有足够的时间去支持这样一个过程，那么就不适合使用自动化测试。

3）自动化测试脚本可重复使用

如果费尽心思开发一套近乎完美的自动化测试脚本，但是脚本的重复使用率很低，致使其间所耗费的成本大于所创造的经济价值，自动化测试也就不会成为真正可产生效益的测试手段。

另外，在手工测试无法完成，需要投入大量时间与人力时也需要考虑引入自动化测试。比如，性能测试、配置测试、大数据量输入测试等。

2. 自动化测试的优缺点

1）自动化测试的优点

- 对回归测试更方便：进行回归测试，要测试系统的所有功能模块，周期较长的回归测试工作量大，测试比较频繁，适合自动化测试。由于测试的脚本和用例都是设计好的，测试期望的结果也可以预料，将回归测试自动化可以极大地提高效率，缩短回归时间。
- 模拟真实情况：可以执行手工测试无法执行的测试，比如，同时并发上千用户测试系统的负载量，测试人员无法达到测试目的，而使用自动化测试工具可以模拟多用户的并发过程。
- 有效利用人力物力资源：频繁地机器化的动作可以用自动化测试执行，减少错误的发生，更好地利用人力物力资源。
- 测试的重复利用：由于自动测试通常使用的是自动化脚本技术，这样就可以只需要做较少的修改，甚至不修改就可以实现在不同的测试过程中。
- 减少人为错误：自动化测试是机器完成，不存在执行过程中人为的疏忽，测试设计完全决定测试的质量，可以降低减少人为造成的错误。

2）自动化测试的缺点

- 自动化测试是工具执行，没有思维，无法进行主观判断，对界面色彩、布局和系统的崩溃现象无法发现，而这些错误通过人眼很容易发现；
- 自动化测试工具本身是一个产品，在不同的系统平台或硬件平台可能会受影响，在运行时可能影响被测程序的测试结果；
- 对于需求更改频繁的软件，测试脚本的维护和设计比较困难；
- 自动化测试是机器执行，发现的问题比手工测试要少很多，通过测试工具没有发现缺陷，并不能说明系统不存在缺陷，只能通过工具评判测试结果和预期效果之间的差距；
- 自动化测试要编写测试脚本、设计场景，这些对测试人员的要求比较高，测试的设计直接影响测试的结果。

3. 自动化测试和手工测试的区别

并不是所有的功能自动化测试都可以实现，它的效率也不高，但是可以完成一部分场景的功能回归。

1)手工测试的特点

手工测试能通过人为的逻辑判断检验当前的步骤是否正确,同时用例的执行具有一定跳跃性,能够清楚地知道逻辑,细致定位问题。如果修改Bug所需时间稍长,那么想将手工测试应用于回归测试将变得异常困难。这是因为需要测试的测试用例太多,所以需要引入自动化测试。

2)自动化测试的特点

执行的对象是脚本,能通过自动逻辑判断检验当前的步骤是否正确实现,用例步骤之间关联性强,不像手工测试用例那么跳跃。另外,自动测试可以保证产品主体功能正确和完整,让测试人员从繁重的工作中解脱出来。

可以更好地利用资源。可以在夜间执行自动测试用例。测试具有移植性和可重复性。好的测试脚本往往具有较好的平台移植性。可以更快地将软件推向市场,因为自动化测试可以节省大量的时间。但是,自动化测试要求的先期投入比较大,而且要求人员必须经过严格的培训。

3)自动化测试与手工测试的关系

自动化测试不能完全替代手工测试,自动化测试的目的仅仅是让测试人员从烦琐重复的测试流程中解脱出来,把更多的时间和精力放在更有价值的测试中,例如探索性测试。

任务1.2 自动化测试分类说明

任务介绍

自动化测试分类从不同的角度有着多种分类方式,这里主要介绍按测试目的分类以及按测试对象分类。本任务针对自动化测试分类进行介绍。

任务目标

了解自动化测试分类常见情况。

知识储备

1. 按测试目的分类划分

功能自动化:测试目的是发现软件中实现功能是否符合用户需求规格。很多人可能会片面地认为是针对用户界面功能是否满足需求的测试,其实不然,功能自动化测试的入口点有很多,不要将思维局限于用户界面,而应该放眼于软件系统的各个组成部分。实践证明,基于系统UI的自动化测试只能发现软件中极少的缺陷,往往我们实施UI自动化测试的目的不是去发现软件系统中的缺陷,而是验证系统是否可以正常运行,这对实施自动化测试工作尤为重要。

除可以基于UI进行自动化测试,还可以基于网络服务接口提供者进行测试,比如Grpc服务、Webservice接口、Restfull等。基于接口进行功能测试较为常见,也是非常有效的手段。另外,还可以基于系统基础代码进行测试,比如单元测试和集成测试阶段,这一阶段的测试也称白盒测试。可以直接对DAO和Service服务进行测试,常用的测试技术包括Junit、TestNG、Mock、Stub等。由于企业所应用的软件开发模型所限,本阶段的测试在实际工作场景中应用较少,更多的是开发人员亲自完成。

性能自动化：性能自动化测试是通过测试工具模拟高并发负载进行压力测试，以发现软件系统在高负载情况下的运行瓶颈。这里的系统瓶颈包含多部分，如应用程序本身的性能瓶颈、网络瓶颈、服务器硬件资源瓶颈（CPU、MEM、DISK）、数据存储服务器等。这一测试活动通常借助自动化测试工具完成，常见的性能测试工具包括Loadrunner、Jmeter、Ngrinder、Gatling等。不管哪一款测试工具，基本都是由测试脚本管理、测试场景配置、监控结果三部分组成。

与功能自动化类似的是，性能测试工作对象也可以面向用户UI层或服务接口提供方，甚至可以直接面向底层基础业务逻辑层。绝大多数通过用户层进行性能测试模拟的是最接近真实用户场景的测试，也是性能测试必然实施的阶段。另外，面向接口的性能测试也是发现系统性能瓶颈很有效的阶段，应当结合实际工作需求有选择性地开展。

2. 按测试对象划分

单元测试：关注某一个函数或模块的正确性，一般需要开发人员编写相关的测试代码来进行自动化测试。可以使用对应的测试驱动开发（TDD）框架，如Java的JUnit和TestNG等，相应Python语言中有Unittest和Nose等。

集成测试：也称组装测试或联合测试。在单元测试的基础上，将所有模块按照设计要求组装成为子系统或系统，进行集成测试。实践表明，一些模块虽然能够单独工作，但并不能保证连接起来也能正常工作。程序在某些局部反映不出来的问题，在全局上很可能暴露出来，影响功能的实现。这个阶段，可以尝试接口自动化测试，同样可以利用单元测试框架编写针对API调用的测试代码。另外，也可以利用Selenium和Appium等测试工具进行UI相关测试。

用户验收测试：也称用户可接受测试，一般在项目流程的最后阶段，这时相关的产品经理、业务人员、用户或测试人员根据测试计划和结果对系统进行测试和验收，来决定是否接收系统。它是一项确定产品是否能够满足合同或用户所规定需求的测试。本阶段主要是UI相关的测试，编写自动化测试脚本的难度比较大。同样可以利用Selenium和Appium等测试工具来编写测试脚本。

回归测试：指修改旧代码后，重新进行测试以确认修改没有引入新的错误或导致其他代码产生错误。自动回归测试将大幅降低系统测试、维护升级等阶段的成本。

回归测试作为软件生命周期的一个组成部分，在整个软件测试过程中占有很大的比重，软件开发的各个阶段都会进行多次回归测试。在渐进和快速迭代开发中，新版本的连续发布使回归测试进行得更加频繁，而在极端编程方法中，更是要求每天都进行若干次回归测试。因此，通过选择正确的回归测试策略来改进回归测试的效率和有效性是很有意义的。

任务1.3 自动化测试模型说明

任务介绍

自动化测试模型可以看作自动化测试框架与工具设计的思想。自动化测试不仅仅是单纯编写脚本运行，还需要考虑如何使脚本运行效率提高，以及代码复用、参数化等问题。本任务针对自动化测试模型进行介绍。

任务目标

了解自动化测试模型常见情况。

知识储备

自动化测试模型分为线性模型、模块化驱动模型、数据驱动模型、关键词驱动模型四类。

1. 线性模型

概念：通过录制或编写对应用程序操作步骤产生的线性脚本，单纯地模拟用户完整的操作场景，操作、重复操作、数据混合在一起。

优点：线性脚本中每个脚本相互独立，且不会产生其他依赖与调用。

缺点：开发成本高，用例之间存在重复操作。比如，重复的用户登录和退出；维护成本高，由于重复的操作，当重复的操作发生改变时，需要逐一进行脚本的修改。

2. 模块化驱动模型

概念：将重复的操作独立成公共模块，当用例执行过程中需要用到这一模块操作时则被调用。操作、重复操作、数据混合在一起。

优点：由于最大限度地消除了重复操作，从而提高了开发效率和测试用例的可维护性。

缺点：虽然模块化的步骤相同，但是测试数据不同。比如，重复的登录模块，如果登录用户不同，依旧要重复编写登录脚本。

3. 数据驱动模型

概念：它将测试中的测试数据和操作分离，数据存放在另外一个文件中单独维护。通过数据的改变从而驱动自动化测试的执行，最终引起测试结果的改变。操作、重复操作、数据分开。

优点：通过这种方式，将数据和重复操作分开，可以快速增加相似测试，完成不同数据情况下的测试。

4. 关键字驱动模型

概念：将测试用例的每个步骤单独封装成一个函数，以这个函数名作为关键字，将函数名及传参写入文件中，每个步骤映射一行文件。通过解析文件的每行内容，将内容经过eval函数拼成一个函数调用，调用封装好的步骤函数，就可以一步步执行测试实例。

优点：读取写有测试步骤的配置文件，根据参数值的不同，拼装成不同的函数调用字符串，利用eval函数执行字符串，就可以调用已经封装好的关键字函数，进而一步步执行测试步骤。

文本
模块综合练习
自动化需求分析

模块综合练习 | 自动化需求分析

分析以下需求说明书部分内容，找出其中的自动化测试点，为下面的自动化测试用例设计做准备。

添加岗位（注意，必填项使用红色星号"*"标注）

在岗位管理列表页，单击"添加岗位"按钮，弹出"添加岗位"窗口，如图4-1-4-1所示。

- 岗位名称：必填项，相同岗位类别下的岗位名称必须唯一，字符长度要求50字符（含）以内；

- 岗位类别：必填项，默认"请选择"；下拉选项取自岗位类别字典，显示顺序遵照字典设置；
- 岗位说明书：非必填项，支持Word/PDF类型文件，大小在10 MB（含）以内；
- 单击"保存"按钮，保存当前新增内容，关闭当前窗口，回到列表页，在列表页新增一条记录；
- 单击"取消"按钮，不保存当前新增内容，关闭当前窗口，回到列表页。

图 4-1-4-1

模块 2　自动化测试用例设计

通过分析测试需求，设计出能够覆盖所有需求点的测试用例，形成专门的测试用例文档。由于不是所有的测试用例都能用自动化来执行，所以需要将能够执行自动化测试的用例汇总成自动化测试用例。必要时，要将登录系统的用户、密码、产品、客户等参数信息独立出来形成测试数据，便于脚本开发。

在进行功能测试前需要根据功能测试点设计对应的测试用例。同样在进行自动化测试的时候，也需要对自动化测试功能点进行测试用例设计，为自动化测试脚本提供编写依据。在设计自动化测试用例的时候不可完全照抄功能测试用例，要有自动化测试用例设计的原则，以及测试用例设计方法。本模块针对自动化测试用例设计原则、自动化测试用例编写等方面进行介绍。

任务 2.1　了解自动化测试用例设计原则

任务介绍

很多公司在实施自动化测试的过程中，往往会把所有的手工测试用例作为自动化测试用例，并且直接进行脚本开发工作，甚至有些公司不写自动化测试用例，直接开发测试脚本。这些都是极其不规范的做法，甚至很有可能导致最后自动化测试项目失败。本任务针对自动化测试用例设计原则进行介绍。

任务目标

了解自动化测试用例设计原则常见情况。

知识储备

为什么不能使用手工测试用例完全替代自动化测试用例呢？有以下几点原因，同时也是自动化测试用例的设计原则：

- 自动化测试用例范围往往是核心业务、流程或者重复执行率较高的；
- 自动化测试用例的选择一般以"正向"为主；

- 不是所有手工用例都可以使用自动化测试来执行；
- 手工测试用例往往不需要回归原点，而对自动化测试用例而言往往是必需的；
- 自动化测试用例和手工用例不同，不需要每个步骤都写出预期结果；
- 保持Case之间的独立性。

根据上面的测试用例设计原则，发现自动化测试用例虽然可以直接使用手工用例，但是在使用的时候要对测试用例进行更改，而且不是所有的测试用例都可以自动化，因为需要重新对其进行整理和重新规划，在整理和规划时可以借助于编写手工测试用例的设计方法，尽量保证自动化测试用例的完整性。

对于这些测试用例的设计方法，由于在上面功能测试的时候已经进行讲解，所以这里不再进行重复叙述。

任务 2.2 自动化测试用例编写

任务介绍

上文对测试用例包含的元素以及各种测试用例设计方法都进行了讲解，结合需求分析的知识，现在可以进行自动化测试用例的编写工作。本任务针对自动化测试用例编写进行介绍。

任务目标

根据需求说明，设计自动化测试用例。

任务实施

以人力资源综合服务系统人资工作台中的组织机构管理页面为例，对该页面的添加功能进行测试用例编写。

添加部门（注意，必填项使用红色星号"*"标注）

在组织机构管理列表页，首先单击左侧组织机构树中的父节点，右侧显示该节点下的所有子部门，单击"添加部门"按钮，弹出"添加部门"窗口，如图4-2-2-1所示。

- 所属部门：显示父节点部门名称；
- 部门名称：必填项，与系统内的部门名称不能重复，字符长度要求64字符（含）以内；
- 部门职责：非必填项，字符长度要求500字符（含）以内，支持换行；
- 显示顺序：给出默认值，初始值为1，同一层级下每次新增部门时，显示顺序自动增1；显示顺序限制为正整数，数值越小，排序越靠前靠上；同级的部门显示顺序可以相同，此时按照创建时间降序排列；
- 单击"保存"按钮，保存当前新增部门，关闭当前窗口，回到列表页；仍展示所选父节点的部门管理列表，新增的部门按照设置的显示顺序显示在正确的位置；

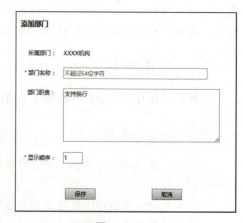

图 4-2-2-1

● 单击"取消"按钮,不保存当前新增内容,关闭当前窗口,回到列表页;仍展示所选父节点的部门管理列表。

为了区别手工功能测试用例和自动化测试用例的区别,下面分别根据需求进行测试用例编写。

手工功能测试用例如表4-2-2-1所示。

表 4-2-2-1

测试用例编号	模块名称	页面位置	测试功能点	测试标题	重要级别	预置条件	输入	执行步骤	预期输出
001	组织机构管理	组织机构管理页面	验证添加部门功能	验证添加部门按钮功能	中	正确进入组织机构管理页面	无	(1)选择组织树节点 (2)单击添加部门按钮	(1)弹出"添加部门"对话框 (2)自动带入所属部门(选择的组织树节点) (3)显示部门名称、部门职责、显示顺序输入项 (4)显示"保存""取消""×"按钮
002	组织机构管理	组织机构管理页面	验证添加部门功能	验证必填项使用红色星号"*"标注	中	正确弹出"添加部门"对话框	无	查看必填项标注	必填项:部门名称、显示顺序使用红色星号"*"标注
003	组织机构管理	组织机构管理页面	验证添加部门功能	验证正确添加部门	中	正确弹出"添加部门"对话框	(1)部门名称:测试部门添加 (2)部门职责:测试部门测试部门添加功能 (3)显示顺序:1	单击"保存"按钮	(1)提示添加部门成功 (2)返回部门列表 (3)列表中显示添加成功的部门信息
004	组织机构管理	组织机构管理页面	验证添加部门功能	验证部门名称为空	中	正确弹出"添加部门"对话框	(1)部门名称: (2)部门职责:测试部门测试部门添加功能 (3)显示顺序:1	单击"保存"按钮	提示:请输入部门名称
005	组织机构管理	组织机构管理页面	验证添加部门功能	验证部门名称在同层节点已存在	中	正确弹出"添加部门"对话框	(1)部门名称:同层节点中已存在的部门名称 (2)部门职责:测试部门测试部门添加功能 (3)显示顺序:1	单击"保存"按钮	提示:部门名称已存在
006	组织机构管理	组织机构管理页面	验证添加部门功能	验证部门名称在系统中已存在(在同层节点不存在)	中	正确弹出"添加部门"对话框	(1)部门名称:系统中已存在的部门名称 (2)部门职责:测试部门测试部门添加功能 (3)显示顺序:1	单击"保存"按钮	提示:部门名称已存在

续表

测试用例编号	模块名称	页面位置	测试功能点	测试标题	重要级别	预置条件	输入	执行步骤	预期输出
007	组织机构管理	组织机构管理页面	验证添加部门功能	验证部门名称包含数字、字母、汉字、特殊字符	中	正确弹出"添加部门"对话框	（1）部门名称：测试Aabv123@#￥（2）部门职责：测试部门测试部门添加功能（3）显示顺序：1	单击"保存"按钮	（1）提示添加部门成功（2）返回部门列表（3）列表中显示添加成功的部门信息
008	组织机构管理	组织机构管理页面	验证添加部门功能	验证部门名称长度超过64字符	中	正确弹出"添加部门"对话框	（1）部门名称：长度超过64字符（2）部门职责：测试部门测试部门添加功能（3）显示顺序：1	单击"保存"按钮	提示：部门名称长度不能超过64字符
009	组织机构管理	组织机构管理页面	验证添加部门功能	验证部门职责为空	中	正确弹出"添加部门"对话框	（1）部门名称：测试部门2（2）部门职责：（3）显示顺序：1	单击"保存"按钮	（1）提示添加部门成功（2）返回部门列表（3）列表中显示添加成功的部门信息
010	组织机构管理	组织机构管理页面	验证添加部门功能	验证部门职责包含数字、字母、汉字、特殊字符、换行	中	正确弹出"添加部门"对话框	（1）部门名称：测试部门3（2）部门职责：部门职责测试123assAAA123！@￥#%……（3）显示顺序：1	单击"保存"按钮	（1）提示添加部门成功（2）返回部门列表（3）列表中显示添加成功的部门信息
011	组织机构管理	组织机构管理页面	验证添加部门功能	验证部门职责长度超过500字符	中	正确弹出"添加部门"对话框	（1）部门名称：测试部门2（2）部门职责：长度超过500字符（3）显示顺序：1	单击"保存"按钮	提示：部门职责长度不能超过500字符
012	组织机构管理	组织机构管理页面	验证添加部门功能	验证显示顺序初始值	中	该组织机构节点未增加部门	无	单击"添加部门"按钮	"添加部门"对话框的显示顺序显示1
013	组织机构管理	组织机构管理页面	验证添加部门功能	验证显示顺序自增功能	中	该组织机构节点已增加1部门，显示顺序是1	无	单击"添加部门"按钮	"添加部门"对话框的显示顺序自动增1，显示2
014	组织机构管理	组织机构管理页面	验证添加部门功能	验证显示顺序自增功能	中	该组织机构节点已增加2部门，显示顺序是2	无	单击"添加部门"按钮	"添加部门"对话框的显示顺序自动增1，显示3
015	组织机构管理	组织机构管理页面	验证添加部门功能	验证显示顺序自增功能	中	该组织机构节点已增加1部门，显示顺序是5	无	单击"添加部门"按钮	"添加部门"对话框的显示顺序自动增1，显示6

续表

测试用例编号	模块名称	页面位置	测试功能点	测试标题	重要级别	预置条件	输入	执行步骤	预期输出
016	组织机构管理	组织机构管理页面	验证添加部门功能	验证显示顺序重复	中	正确弹出"添加部门"对话框	（1）部门名称：测试3（2）部门职责：测试部门测试部门添加功能（3）显示顺序：输入已添加过的顺序数	单击"保存"按钮	（1）提示添加部门成功（2）返回部门列表（3）列表中显示添加成功的部门信息（4）显示顺序相同的部门，按照创建时间降序排列
017	组织机构管理	组织机构管理页面	验证添加部门功能	验证显示顺序排序规则	中	添加不同显示顺序的部门	无	查看列表排序规则	显示顺序数值越小，排序越靠前靠上
018	组织机构管理	组织机构管理页面	验证添加部门功能	验证显示顺序为空	中	正确弹出"添加部门"对话框	（1）部门名称：测试11（2）部门职责：测试部门测试部门添加功能（3）显示顺序：	单击"保存"按钮	提示：请输入显示顺序
019	组织机构管理	组织机构管理页面	验证添加部门功能	验证显示顺序输入0	中	正确弹出"添加部门"对话框	（1）部门名称：测试4（2）部门职责：测试部门测试部门添加功能（3）显示顺序：0	单击"保存"按钮	提示：显示顺序只能是正整数
020	组织机构管理	组织机构管理页面	验证添加部门功能	验证显示顺序输入负数	中	正确弹出"添加部门"对话框	（1）部门名称：测试5（2）部门职责：测试部门测试部门添加功能（3）显示顺序：-10	单击"保存"按钮	提示：显示顺序只能是正整数
021	组织机构管理	组织机构管理页面	验证添加部门功能	验证显示顺序输入小数	中	正确弹出"添加部门"对话框	（1）部门名称：测试6（2）部门职责：测试部门测试部门添加功能（3）显示顺序：1.5	单击"保存"按钮	提示：显示顺序只能是正整数
022	组织机构管理	组织机构管理页面	验证添加部门功能	验证显示顺序输入非数字	中	正确弹出"添加部门"对话框	（1）部门名称：测试6（2）门职责：测试部门测试部门添加功能（3）显示顺序：a	单击"保存"按钮	提示：显示顺序只能是正整数
023	组织机构管理	组织机构管理页面	验证添加部门功能	验证取消按钮功能	中	正确弹出"添加部门"对话框	（1）部门名称：测试6（2）部门职责：测试部门测试部门添加功能（3）显示顺序：1	单击"取消"按钮	（1）不添加部门（2）返回部门列表，仍展示所选父节点的部门管理列表
024	组织机构管理	组织机构管理页面	验证添加部门功能	验证×按钮功能	中	正确弹出"添加部门"对话框	（1）部门名称：测试6（2）部门职责：测试部门测试部门添加功能（3）示顺序：1	单击"×"按钮	（1）不添加部门（2）返回部门列表，仍展示所选父节点的部门管理列表

自动化测试用例如表4-2-2-2所示。

表 4-2-2-2

测试用例编号	模块名称	页面位置	测试功能点	测试标题	重要级别	预置条件	输入	执行步骤	预期输出
001	组织机构管理	组织机构管理页面	验证添加部门功能	验证正确添加部门	中	正确弹出"添加部门"对话框	（1）部门名称：测试部门添加 （2）部门职责：测试部门测试部门添加功能 （3）显示顺序：1	单击"保存"按钮	（1）提示添加部门成功 （2）返回部门列表 （3）列表中显示添加成功的部门信息
002	组织机构管理	组织机构管理页面	验证添加部门功能	验证部门名称为空	中	正确弹出"添加部门"对话框	（1）部门名称： （2）部门职责：测试部门测试部门添加功能 （3）显示顺序：1	单击"保存"按钮	提示：请输入部门名称
003	组织机构管理	组织机构管理页面	验证添加部门功能	验证部门名称在同层节点已存在	中	正确弹出"添加部门"对话框	（1）部门名称：同层节点中已存在的部门名称 （2）部门职责：测试部门测试部门添加功能 （3）显示顺序：1	单击"保存"按钮	提示：部门名称已存在
004	组织机构管理	组织机构管理页面	验证添加部门功能	验证部门名称在系统中已存在（在同层节点不存在）	中	正确弹出"添加部门"对话框	（1）部门名称：系统中已存在的部门名称 （2）部门职责：测试部门测试部门添加功能 （3）显示顺序：1	单击"保存"按钮	提示：部门名称已存在
005	组织机构管理	组织机构管理页面	验证添加部门功能	验证部门名称包含数字、字母、汉字、特殊字符	中	正确弹出"添加部门"对话框	（1）部门名称：测试Aabv123@#￥ （2）部门职责：测试部门测试部门添加功能 （3）显示顺序：1	单击"保存"按钮	（1）提示添加部门成功 （2）返回部门列表 （3）列表中显示添加成功的部门信息
006	组织机构管理	组织机构管理页面	验证添加部门功能	验证部门名称长度超过64位字符	中	正确弹出"添加部门"对话框	（1）部门名称：长度超过64字符 （2）部门职责：测试部门测试部门添加功能 （3）显示顺序：1	单击"保存"按钮	提示：部门名称长度不能超过64字符
007	组织机构管理	组织机构管理页面	验证添加部门功能	验证部门职责为空	中	正确弹出"添加部门"对话框	（1）部门名称：测试部门2 （2）部门职责： （3）显示顺序：1	单击"保存"按钮	（1）提示添加部门成功 （2）返回部门列表 （3）列表中显示添加成功的部门信息
008	组织机构管理	组织机构管理页面	验证添加部门功能	验证部门职责包含数字、字母、汉字、特殊字符、换行	中	正确弹出"添加部门"对话框	（1）部门名称：测试部门3 （2）部门职责：部门职责测试123assAAA 123！@￥#%…… （3）显示顺序：1	单击"保存"按钮	（1）提示添加部门成功 （2）返回部门列表 （3）列表中显示添加成功的部门信息

续表

测试用例编号	模块名称	页面位置	测试功能点	测试标题	重要级别	预置条件	输入	执行步骤	预期输出
009	组织机构管理	组织机构管理页面	验证添加部门功能	验证部门职责长度超过500字符	中	正确弹出"添加部门"对话框	（1）部门名称：测试部门2 （2）部门职责：长度超过500位字符 （3）显示顺序：1	单击"保存"按钮	提示：部门职责长度不能超过500字符
010	组织机构管理	组织机构管理页面	验证添加部门功能	验证显示顺序为空	中	正确弹出"添加部门"对话框	（1）部门名称：测试11 （2）部门职责：测试部门测试部门添加功能 （3）显示顺序：	单击"保存"按钮	提示：请输入显示顺序
011	组织机构管理	组织机构管理页面	验证添加部门功能	验证显示顺序输入0	中	正确弹出"添加部门"对话框	（1）部门名称：测试4 （2）部门职责：测试部门测试部门添加功能 （3）显示顺序：0	单击"保存"按钮	提示：显示顺序只能是正整数
012	组织机构管理	组织机构管理页面	验证添加部门功能	验证显示顺序输入负数	中	正确弹出"添加部门"对话框	（1）部门名称：测试5 （2）部门职责：测试部门测试部门添加功能 （3）显示顺序：-10	单击"保存"按钮	提示：显示顺序只能是正整数
013	组织机构管理	组织机构管理页面	验证添加部门功能	验证显示顺序输入小数	中	正确弹出"添加部门"对话框	（1）部门名称：测试6 （2）部门职责：测试部门测试部门添加功能 （3）显示顺序：1.5	单击"保存"按钮	提示：显示顺序只能是正整数
014	组织机构管理	组织机构管理页面	验证添加部门功能	验证显示顺序输入非数字	中	正确弹出"添加部门"对话框	（1）部门名称：测试6 （2）部门职责：测试部门测试部门添加功能 （3）显示顺序：a	单击"保存"按钮	提示：显示顺序只能是正整数
015	组织机构管理	组织机构管理页面	验证添加部门功能	验证取消按钮功能	中	正确弹出"添加部门"对话框	（1）部门名称：测试6 （2）部门职责：测试部门测试部门添加功能 （3）显示顺序：1	单击"取消"按钮	（1）不添加部门 （2）返回部门列表，仍展示所选父节点的部门管理列表
016	组织机构管理	组织机构管理页面	验证添加部门功能	验证×按钮功能	中	正确弹出"添加部门"对话框	（1）部门名称：测试6 （2）部门职责：测试部门测试部门添加功能 （3）显示顺序：1	单击"×"按钮	（1）不添加部门 （2）返回部门列表，仍展示所选父节点的部门管理列表

对比自动化测试用例和手工功能测试用例发现，手工功能测试用例中编号001、002、005、012、013、014、015、016、017在自动化测试用例中没有出现，表明这些测试用例不适合进行自动化测试。其中，编号001和002是因为下面的用例编写脚本时必须要走前面的过程，因此下面用例在运行代码的时候就附带一起检测，无须再写一遍脚本。剩余编号的用例是因为存在顺序编号是变化的，导致在运行自动化测试脚本的时候容易报错，因此手工测试比自动化测试更加方便、准确。

文本
模块综合练习
自动化测试用例编写

模块综合练习 | 自动化测试用例编写

分析以下需求说明书部分内容，编写自动化测试用例。

添加岗位（注意，必填项使用红色星号"*"标注）

在岗位管理列表页，单击"添加岗位"按钮，弹出"添加岗位"窗口，如图4-2-3-1所示。

• 岗位名称：必填项，相同岗位类别下的岗位名称必须唯一，字符长度要求50字符（含）以内；

• 岗位类别：必填项，默认为"请选择"；下拉选项取自岗位类别字典，显示顺序遵照字典设置；

• 岗位说明书：非必填项，支持Word/PDF类型文件，大小在10 MB（含）以内；

• 单击"保存"按钮，保存当前新增内容，关闭当前窗口，回到列表页，在列表页新增一条记录；

• 单击"取消"按钮，不保存当前新增内容，关闭当前窗口，回到列表页。

图 4-2-3-1

模块 3　自动化测试脚本设计

根据自动化测试用例和问题的难易程度，采取适当的脚本开发方法编写测试脚本。一般先将公共的功能独立成共享脚本，方便以后进行调用，然后编写自动化测试用例脚本，编写完成后对其进行调试，最后使用自动化测试框架将这些编写好的测试用例进行整合，必要时对数据进行参数化和数据断言。脚本编写好之后，需要反复执行，不断调试，直到运行正常为止。脚本的编写和命名要符合规范，以便统一管理和维护。

自动化测试用例设计完毕后，在 Python+Selenium+PyCharm 环境下根据 Selenium 设计方法，对网页信息进行抓取分析，设计自动化测试脚本，自动在网页上模拟单击操作。本模块针对元素定位方法、鼠标键盘模拟操作、时间处理等待等方面进行学习。

任务 3.1 | 浏览器基本操作方法使用

任务介绍

利用自动化测试脚本可以对浏览器的窗口进行最大化、最小化、关闭、刷新等操作。本任务针对浏览器的基本操作进行介绍。

任务目标

掌握浏览器基本操作的使用方法。

知识储备

1. webdriver.浏览器名称、get()方法

"webdriver.浏览器名称"用于打开测试用到的浏览器。

driver.get(url)用来实现浏览器页面的跳转，只需将url当成参数即可。

2. forward()、back()、sleep()方法

在浏览器中，可以使用"前进""后退"等按钮进行导航，通过driver.forward()、driver.back()方法也可以进行实现。

driver.sleep()方法用于时间等待，使用时需要引入from time import sleep。

3. refresh()、maximize_window()、close()、quit()方法

driver.refresh()方法可以刷新整个页面（类似于按【F5】键），多用于执行某些操作后需要刷新的情况。

driver.maximize_window()方法用于将当前的浏览器窗口最大化。

driver.close()方法用于关闭浏览器当前窗口。

driver.quit()方法用于退出当前浏览器。

注意：close是关闭浏览器当前窗口，quit是退出浏览器。

视频
浏览器基本操作

任务实施

1. webdriver.浏览器名称、get()方法

实例1：打开谷歌浏览器。

代码如下所示：

```
from selenium import webdriver
#从selenium中引入webdriver
driver=webdriver.Chrome()
#打开谷歌浏览器
```

执行代码，如图4-3-1-1所示。

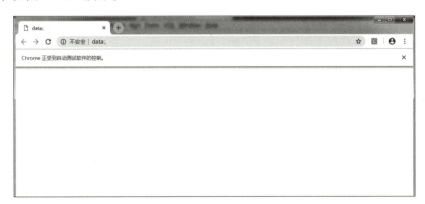

图 4-3-1-1

实例2：
（1）打开谷歌浏览器；
（2）进入百度主页。
代码如下所示：

```
from selenium import webdriver
driver=webdriver.Chrome()
driver.get("https://www.baidu.com")
#打开百度首页
```

执行代码，如图4-3-1-2所示。

图 4-3-1-2

2. forward( )、back( )、sleep( )方法

实例：
（1）打开hao123主页；
（2）进入百度主页；
（3）编写后退操作代码；
（4）编写前进操作代码；
（5）为防止操作过快，在每个操作后面加3 s的等待时间。
代码如下所示：

```
from time import sleep
from selenium import webdriver
driver=webdriver.Chrome()
driver.get("https://www.hao123.com")
sleep(3)
driver.get("https://www.baidu.com")
sleep(3)
driver.back()
#后退
sleep(3)
```

```
driver.forward()
#前进
```

执行后可以发现，程序依次执行hao123和百度两个页面，然后后退到hao123页面，再次前进到百度首页。

3. refresh()、maximize_window()、close()、quit()方法

实例：

（1）进入百度主页；

（2）刷新页面；

（3）将浏览器窗口最大化；

（4）关闭浏览器当前窗口。

代码如下所示：

```
from selenium import webdriver
driver=webdriver.Chrome()
driver.get("https://www.baidu.com")
driver.refresh()
#刷新
driver.maximize_window()
#窗口最大化
driver.close()
#关闭浏览器当前窗口
```

任务 3.2 八种基本元素定位方式方法使用

任务介绍

在编写自动化测试脚本时，元素的定位以及使用是基础操作，Selenium提供了id、name、xpath、css_selector、link_text、partial_link_text、class_name、tag_name八种基本元素定位方法。本任务针对八种基本元素定位方式进行介绍。

任务目标

掌握八种基本元素定位方式的使用方法。

知识储备

1. id 定位

日常生活中，身边可能存在相同名字的人，但是每个人的身份证号是唯一的；在Web界面元素中可以使用id值来区分不同的元素，然后进行定位操作。

以人力资源综合服务系统登录页面的用户名输入框为例，先打开人力资源系统登录页面，选择用户名输入框，右击查看元素，如图4-3-2-1所示。

视频
元素定位方式：id定位

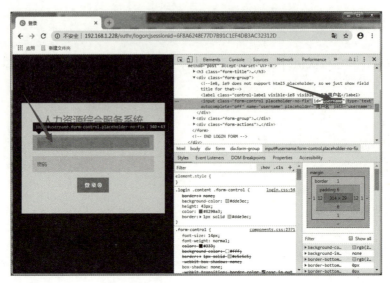

图 4-3-2-1

从上面定位到的元素属性中可以看到有个id属性：id="username"，这里可以通过id属性定位到这个元素。定位到用户名输入框后，需要对其赋值，这里用send_keys( )方法进行文本输入。如果需要对其单击操作，可以使用click( )方法。

格式：find_element_by_id("")

2. name 定位

视频
元素定位方式：name定位

在编写自动化脚本的时候，如果页面中某个元素没有id属性，那就没有办法通过id属性定位页面元素，但是如果页面中存在唯一的name属性，那么就可以使用name元素来定位。

以人力资源综合服务系统登录页面的用户名输入框为例，先打开人力资源系统登录页面，选择用户名输入框，右击查看元素，如图4-3-2-2所示。

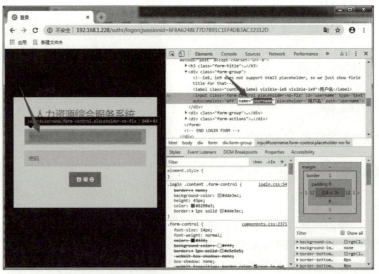

图 4-3-2-2

从定位到的元素属性可以看到有个name属性：name="username"，这里可以通过其name属性定位到这个元素。定位到用户名输入框后，需要对其赋值。

格式：find_element_by_name("")

3. xpath 定位

视频
元素定位方式：xpath定位

xpath定位是一种路径定位方式，主要依赖元素通过绝对路径或者相关路径来定位，当进行手动编写路径的时候，由于绝对路径需要从头到尾一级一级地往下编写，当遇到元素路径比较深的时候，写起来很麻烦，而且容易出错，且绝对路径xpath执行效率比较低，一般使用比较少。通常使用xpath相对路径和属性定位。由于这里用到有关于网页元素的相关知识（即XML知识），因此下面对这些知识进行讲解。

我们将在下面的例子中使用如下XML文档。

```
<?xml version="1.0" encoding="UTF-8"?>
<bookstore>
<book>
  <title lang="eng">Harry Potter</title>
  <price>29.99</price>
</book>
<book>
  <title lang="eng">Learning XML</title>
  <price>39.95</price>
</book>
</bookstore>
```

1）选取节点

xpath使用路径表达式在XML文档中选取节点，xpath路径表达式及其描述如表4-3-2-1所示。

表 4-3-2-1

路径表达式	描 述
nodename	选取此节点的所有子节点
/	从根节点选取
//	从匹配选择的当前节点选择文档中的节点，而不考虑它们的位置
.	选取当前节点
..	选取当前节点的父节点
@	选取属性

在表4-3-2-2中列出了一些路径表达式及其结果。

2）选取未知节点

xpath通配符可用来选取未知的XML元素，xpath通配符及其描述，如表4-3-2-3所示。

表 4-3-2-2

路径表达式	结果
bookstore	选取 bookstore 元素的所有子节点
/bookstore	选取根元素 bookstore。 注释：假如路径起始于正斜杠(/)，则此路径始终代表到某元素的绝对路径
bookstore/book	选取属于 bookstore 的子元素的所有 book 元素
//book	选取所有 book 子元素，而不管它们在文档中的位置
bookstore//book	选择属于 bookstore 元素的后代的所有 book 元素，而不管它们位于 bookstore 之下的什么位置
//@lang	选取名为 lang 的所有属性

表 4-3-2-3

通配符	描述
*	匹配任何元素节点
@*	匹配任何属性节点
node( )	匹配任何类型的节点

在表4-3-2-4中列出了一些路径表达式及其结果。

表 4-3-2-4

路径表达式	结果
/bookstore/*	选取 bookstore 元素的所有子元素
//*	选取文档中的所有元素
//title[@*]	选取所有带有属性的 title 元素

3）选取若干路径

通过在路径表达式中使用"|"运算符，可以选取若干路径。

在表4-3-2-5中列出了一些路径表达式及其结果。

表 4-3-2-5

路径表达式	结果
//book/title | //book/price	选取 book 元素的所有 title 和 price 元素
//title | //price	选取文档中的所有 title 和 price 元素
/bookstore/book/title | //price	选取属于 bookstore 元素的 book 元素的所有 title 元素，以及文档中所有的 price 元素

上面的定位方式都是通过元素的某个属性来定位的，还可以通过路径导航实现某个元素的定位，这个时候就可以用xpath解决。

xpath是一种路径语言，除了上面讲到的手工编写外，还可以直接复制到xpath的路径，然后编写脚本。

以人力资源综合服务系统登录页面为例，如图4-3-2-3所示。

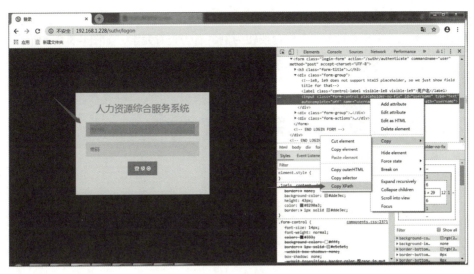

图 4-3-2-3

格式：find_element_by_xpath(" ")

4. css_selector 定位

css_selector定位是另外一种通过路径导航实现某个元素的定位方法，此方法比xpath更为简洁，运行速度更快。可以通过定位到某个页面元素后，直接右击选择相应命令，然后进行脚本编写。

以人力资源综合服务系统登录页面为例，如图4-3-2-4所示。

视频
元素定位方式：css-selector定位

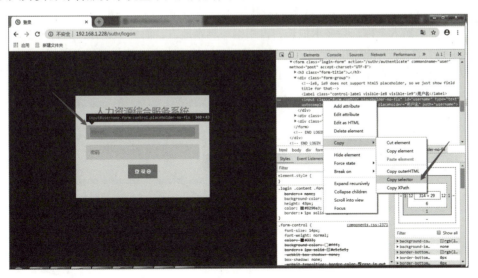

图 4-3-2-4

格式：find_element_by_css_selecto(" ")

5. link_text 定位

link_text是根据超链接的文本来定位，如果要单击超链接文本，进行从一个页面跳转到另

视频
link-text定位

外一个页面，那么可以使用此元素定位方式进行定位。

以人力资源综合服务系统中的人资工作台按钮为例，右击查看元素，如图4-3-2-5所示。

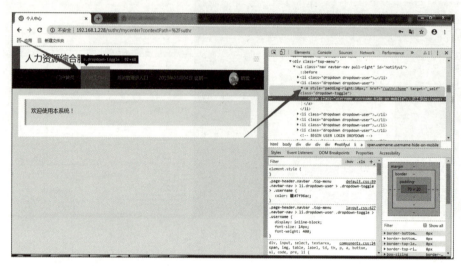

图 4-3-2-5

通过元素属性可以分析出，当标签属性为a，且href ="/suthr/home"，说明它是个超链接，对于这种元素，可以用link_text方法。

格式：find_element_by_link_text(" ")

6. partial_link_text 定位

上面讲的link_text定位方法是找到超链接文本进行定位，有时一个超链接文本的字符串可能比较长，如果输入全称，会显示很长，占用编写脚本地方，而且不好看，这时可以用partial_link_text定位。这是一种模糊匹配方式，只要截取超链接文本中一部分字符串即可。

以人力资源综合服务系统中的人资工作台按钮为例，右击查看元素，如图4-3-2-6所示。

视频
元素定位方式：partial-link-text定位

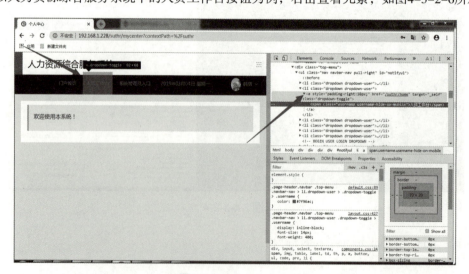

图 4-3-2-6

从图中可以看出，当要通过"人资工作台"进行定位的时候，只需输入"工作台"即可。

格式：find_element_by_partial_link_text("")

7. class_name 定位

在编写自动化脚本的时候，如果某个页面元素既没有id属性，也没有name属性，但可以在定位的页面中找到class=""元素，那么就可以使用class_name元素实现定位。

以人力资源综合服务系统页面左侧的"培训进修"按钮为例，右击查看元素，如图4-3-2-7所示。

图 4-3-2-7

从图中定位到的元素属性可以看到有个class属性：class="icon-badge"，这里可以通过它的class属性定位到这个元素。

格式：find_element_by_class_name("")

8. tag_name 定位

HTML的本质就是通过tag来定义实现不同的功能，每一个元素本质上也是一个tag。tag往往用来定义一类功能，所以通过tag识别某个元素的概率很低，因此用得比较少。例如，页面中存在大量的<div>、<input>、<a>等tag。

以人力资源综合服务系统登录页面的"登录"按钮为例，先打开人力资源系统登录页面，选择"登录"按钮，右击查看元素，如图4-3-2-8所示。

从图中定位到的元素属性可以看到有个area属性：<button type="submit" class="submit_btn" style="">登录</button>，area是页面中独一无二的元素，这里可以通过它的area属性定位到这个元素。

格式：find_element_by_tag_name("")

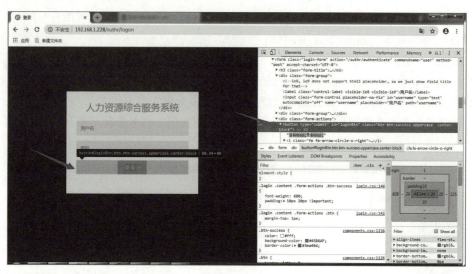

图 4-3-2-8

任务实施

1. id 定位

实例：

（1）进入人力资源综合服务系统登录页面；
（2）输入用户名。

在PyCharm中进行代码编写：

```
from selenium import webdriver
driver=webdriver.Chrome()
driver.get("http://192.168.X.XXX/suthr/logon")
#进入人力资源综合服务系统登录页面
driver.find_element_by_id("username").send_keys(" hrteacher")
#通过id()方法定位页面元素，输入用户名
```

2. name 定位

实例：

（1）进入人力资源综合服务系统登录页面；
（2）输入用户名。

在PyCharm中进行代码编写：

```
from selenium import webdriver
driver=webdriver.Chrome()
driver.get("http://192.168.X.XXX/suthr/logon")
#进入人力资源综合服务系统登录页面
driver.find_element_by_name("username").send_keys("hrteacher")
#通过name()方法定位页面元素，输入用户名
```

3. xpath 定位

实例：

（1）进入人力资源综合服务系统登录页面；

（2）输入用户名。

在PyCharm中进行代码编写：

```
from selenium import webdriver
driver=webdriver.Chrome()
driver.get("http://192.168.X.XXX/suthr/logon")
#进入人力资源综合服务系统登录页面
driver.find_element_by_xpath('//*[@id="username"]').send_keys("hrteacher")
#通过xpath()方法定位页面元素，输入用户名
```

4. css_selector 定位

实例：

（1）进入人力资源综合服务系统登录页面；

（2）输入用户名。

在PyCharm中进行代码编写：

```
from selenium import webdriver
driver=webdriver.Chrome()
driver.get("http://192.168.X.XXX/suthr/logon")
#进入人力资源综合服务系统登录页面
driver.find_element_by_css_selector('#password').send_keys("hrteacher")
#通过css_selector()方法定位页面元素，输入用户名
```

5. link_text 定位

实例：

（1）进入人力资源综合服务系统登录页面；

（2）输入用户名和密码；

（3）单击"登录"按钮；

（4）单击"人资工作台"按钮。

在PyCharm中进行代码编写：

```
from selenium import webdriver
driver=webdriver.Chrome()
driver.get("http://192.168.X.XXX/suthr/logon")
#进入人力资源综合服务系统登录页面
driver.find_element_by_id("username").send_keys("hrteacher")
#输入用户名
driver.find_element_by_id("password").send_keys("123456")
#输入密码
driver.find_element_by_id("loginBtn").click()
#单击"登录"按钮
```

```
driver.find_element_by_link_text("人资工作台").click()
#通过link_text()方法定位页面元素，进入人资工作台页面
```

6. partial_link_text 定位

实例：

（1）进入人力资源综合服务系统登录页面；
（2）输入用户名和密码；
（3）单击"登录"按钮；
（4）单击"人资工作台"按钮。

在PyCharm中进行代码编写：

```
from selenium import webdriver
driver=webdriver.Chrome()
driver.get("http://192.168.X.XXX/suthr/logon")
#进入人力资源综合服务系统登录页面
driver.find_element_by_id("username").send_keys("hrteacher")
#输入用户名
driver.find_element_by_id("password").send_keys("123456")
#输入密码
driver.find_element_by_id("loginBtn").click()
#单击"登录"按钮
driver.find_element_by_partial_link_text("工作台").click()
#通过partial_link_text()方法定位页面元素，进入人资工作台页面
```

7. class_name 定位

实例：

（1）进入人力资源综合服务系统登录页面；
（2）输入用户名和密码；
（3）单击"登录"按钮；
（4）单击页面左侧的"培训进修"按钮。

在PyCharm中进行代码编写：

```
from selenium import webdriver
driver=webdriver.Chrome()
driver.get("http://192.168.X.XXX/suthr/logon")
#进入人力资源综合服务系统登录页面
driver.find_element_by_name("username").send_keys("hrteacher")
#输入用户名
driver.find_element_by_name("password").send_keys("123456")
#输入密码
driver.find_element_by_id("loginBtn").click()
#单击"登录"按钮
driver.find_element_by_class_name("icon-badge").click()
#通过class_name()方法定位页面元素，进入培训进修页面
```

特殊情况：在HTML脚本中，会出现class属性中出现空格的情况，如图4-3-2-9所示。

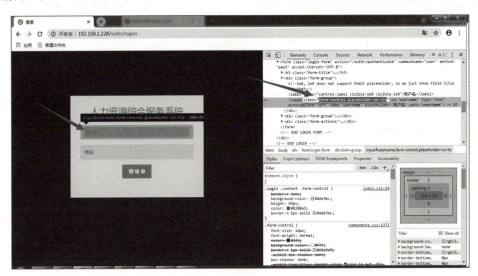

图 4-3-2-9

对于这种出现空格的情况，实际上是class属性中出现多个名字，空格前面一个名字，空格后面一个名字，在定位的时候用哪个名字都可以。

实例2：

（1）进入人力资源综合服务系统登录页面；

（2）输入用户名。

在PyCharm中进行代码编写：

```
from selenium import webdriver
driver=webdriver.Chrome()
driver.get("http://192.168.X.XXX/suthr/logon")
#进入人力资源综合服务系统登录页面
driver.find_element_by_class_name("form-control").send_keys("hrteacher")
#输入用户名
```

8. tag_name 定位

实例：

（1）进入人力资源综合服务系统登录页面；

（2）单击"登录"按钮。

在PyCharm中进行代码编写：

```
from selenium import webdriver
driver=webdriver.Chrome()
driver.get("http://192.168.X.XXX/suthr/logon")
#进入人力资源综合服务系统登录页面
driver.find_element_by_tag_name("button").click()
#单击"登录"按钮
```

任务 3.3 复数定位方式方法使用

任务介绍

八种基本元素定位方式都有对应的复数形式,也可以利用复数定位方式去定位单个元素。本任务针对复数定位方式进行介绍。

视频
复数元素定位方式

任务目标

掌握复数元素定位方式的使用方法。

知识储备

八种基本定位方式对应的复数形式如下:
- id复数定位find_elements_by_id( );
- name复数定位find_elements_by_name( );
- class复数定位find_elements_by_class_name( );
- tag复数定位find_elements_by_tag_name( );
- link复数定位find_elements_by_link_text( );
- partial_link复数定位find_elements_by_partial_link_text( );
- xpath复数定位find_elements_by_xpath( );
- css复数定位find_elements_by_css_selector( )。

这些复数定位方式每次取到的都是具有相同类型属性的一组元素,所以返回的是一个list队列,也可以利用这个队列去定位单个元素。

以人力资源综合服务系统登录页面为例,如图4-3-3-1所示。

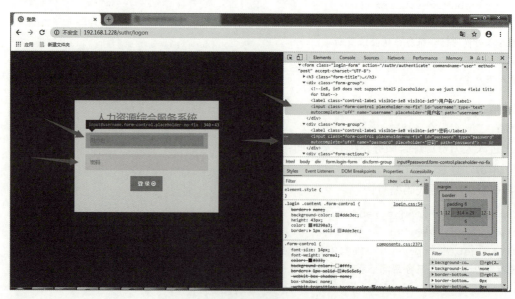

图 4-3-3-1

从图中我们可以看出，用户名输入框和密码输入框都有共同的标签input。定位到的元素属性中可以看到用户名输入框在页面排第一个，通过复数定位的代码为：

```
driver.find_elements_by_tag_name("input")[0].send_keys("hrteacher")
```

任务实施

实例：
（1）进入人力资源综合服务系统登录页面；
（2）输入用户名；
（3）输入密码。

在PyCharm中进行代码编写：

```
from selenium import webdriver
driver=webdriver.Chrome()
driver.get("http://192.168.X.XXX/suthr/logon")
#进入人力资源综合服务系统登录页面
driver.find_elements_by_tag_name("input")[0].send_keys("hrteacher")
#通过driver.find_elements_by_tag_name定位页面元素，输入用户名
driver.find_elements_by_tag_name("input")[1].send_keys("123456")
#通过driver.find_elements_by_tag_name定位页面元素，输入密码
```

任务 3.4 鼠标模拟操作方法使用

任务介绍

用Selenium进行自动化，有时候会遇到需要模拟鼠标操作才能进行的情况，比如单击、双击、右击、拖动等。而Selenium提供一个类来处理这类事件——ActionChains。本任务针对鼠标模拟操作进行介绍。

任务目标

掌握鼠标模拟操作的使用方法。

视频
鼠标模拟操作

知识储备

ActionChains基本能够满足所有对鼠标操作的需求。使用此类中的方法时，需要先引入此类，引入代码为：

```
selenium.webdriver.common.action_chains.ActionChains(driver)
```

需要了解ActionChains的执行原理，当调用ActionChains( )方法时，不会立即执行，而是会将所有的操作按顺序存放在一个队列里，当调用perform( )方法时，按照队列里面的顺序进行执行。其中调用的perform( )方法必须放在ActionChains方法最后。

这种情况下可以有两种调用方法：

1. 链式写法

```
menu=driver.find_element_by_css_selector(".nav")
hidden_submenu=driver.find_element_by_css_selector(".nav #submenu1")
ActionChains(driver).move_to_element(menu).click(hidden_submenu).perform()
```

2. 分步写法

```
menu=driver.find_element_by_css_selector(".nav")
hidden_submenu=driver.find_element_by_css_selector(".nav #submenu1")
actions=ActionChains(driver)
actions.move_to_element(menu)
actions.click(hidden_submenu)
actions.perform()
```

注意：两种写法本质是一样的，ActionChains都会按照顺序执行所有的操作。

ActionChains方法列表如表4-3-4-1所示。

表 4-3-4-1

方法	描述
click(on_element=None)	单击鼠标左键
click_and_hold(on_element=None)	单击鼠标左键，不松开
context_click(on_element=None)	单击鼠标右键
double_click(on_element=None)	双击鼠标左键
drag_and_drop(source, target)	拖动到某个元素然后松开
drag_and_drop_by_offset(source,xoffset,yoffset)	拖动到某个坐标然后松开
key_down(value, element=None)	按下某个键盘上的键
key_up(value, element=None)	松开某个键
move_by_offset(xoffset, yoffset)	鼠标指针从当前位置移动到某个坐标
move_to_element(to_element)	鼠标指针移动到某个元素
move_to_element_with_offset(to_element,xoffset,yoffset)	移动到距某个元素（左上角坐标）多少距离的位置
perform( )	执行链中的所有动作
release(on_element=None)	在某个元素位置松开鼠标左键
send_keys(*keys_to_send)	发送某个键到当前焦点的元素
send_keys_to_element(element, *keys_to_send)	发送某个键到指定元素

实例：

（1）进入人力资源综合服务系统登录页面；

（2）在用户名输入框中输入信息；

（3）双击信息；

（4）右击信息；

（5）输入密码，然后单击"登录"按钮；
（6）将鼠标指针悬停在系统首页右上角用户名处。

在PyCharm中进行代码编写：

```
import time
from selenium import webdriver
from selenium.webdriver import ActionChains
driver=webdriver.Chrome()
driver.get("http://192.168.X.XXX/suthr/logon")
#进入人力资源综合服务系统登录页面
driver.find_element_by_name("username").send_keys("hrteacher")
#输入用户名
time.sleep(5)
a=driver.find_element_by_name("username")
ActionChains(driver).double_click(a).perform()
#双击操作
time.sleep(5)
ActionChains(driver).context_click(a).perform()
#右击操作
time.sleep(5)
driver.find_element_by_name("password").send_keys("123456")
#输入密码
time.sleep(5)
b=driver.find_element_by_class_name("uppercase")
ActionChains(driver).click(b).perform()
#单击操作
time.sleep(5)
c=driver.find_element_by_xpath("/html/body/div[1]/div/div[2]/div[2]/ul/li[7]/a/span")
ActionChains(driver).move_to_element(c).perform()
#悬停操作
```

任务 3.5 键盘模拟操作方法使用

任务介绍

用Selenium进行自动化，有时候会遇到需要用到模拟键盘操作的情况，而Selenium提供了一个类来处理这类事件——Keys。本任务针对键盘模拟操作进行介绍。

视频
键盘模拟操作

任务目标

掌握键盘模拟操作的使用方法。

知识储备

Keys基本能够满足对键盘基本操作的需求。模拟键盘的操作需要先引入键盘模块，引入脚本为：

```
from selenium.webdriver.common.keys import Keys
```

在使用Keys方法时，可以分为两大类：

（1）先使用ActionChains类将鼠标移动到需要进行键盘操作的位置，然后进行键盘操作，如以下代码：

```
ActionChains(driver).send_keys(Keys.TAB).send_keys(Keys.ENTER).perform()
#对定位到的元素进行回车操作
```

（2）先通过元素定位方式进行元素定位，然后通过send_keys()进行键盘操作，如以下代码：

```
driver.find_element_by_id("kw").send_keys(Keys.ENTER)
#模拟Enter键操作回车按钮
```

Keys方法列表如表4-3-5-1所示。

表 4-3-5-1

方法	描述	方法	描述
回车键	Keys.ENTER	剪切 (Ctrl+X)	Keys.CONTROL,'x'
删除键	Keys.BACK_SPACE	粘贴 (Ctrl+V)	Keys.CONTROL,'v'
空格键	Keys.SPACE	【F1】键	send_keys(Keys.F1)
【Tab】键	Keys.TAB	【F2】键	send_keys(Keys.F2)
回退键	Keys.ESCAPE	【F3】键	send_keys(Keys.F3)
刷新键	Keys.F5	【F4】键	send_keys(Keys.F4)
【Shift】键	Keys.SHIFT	【F5】键	send_keys(Keys.F5)
【Esc】键	Keys.ESCAPE	【F6】键	send_keys(Keys.F6)
上键	Keys.ARROW_UP	【F7】键	send_keys(Keys.F7)
下键	Keys.ARROW_DOWN	【F8】键	send_keys(Keys.F8)
左键	Keys.ARROW_LEFT	【F9】键	send_keys(Keys.F9)
右键	Keys.ARROW_RIGHT	【F10】键	send_keys(Keys.F10)
【=】键	EQUALS	【F11】键	send_keys(Keys.F11)
全选 (Ctrl+A)	Keys.CONTROL,'a'	【F12】键	send_keys(Keys.F12)
复制 (Ctrl+C)	Keys.CONTROL,'c'	—	—

实例：

（1）进入人力资源综合服务系统登录页面；

（2）输入用户名和密码，单击"登录"按钮；

（3）单击系统页面中的"培训进修"按钮；

（4）在培训内容输入框中输入信息dd；
（5）全选信息；
（6）复制信息；
（7）粘贴信息两次；
（8）过鼠标的形式单击"查询"按钮。

在PyCharm中进行代码编写：

```
import time
from selenium import webdriver
from selenium.webdriver import ActionChains
from selenium.webdriver.common.keys import Keys
driver=webdriver.Chrome()
driver.get("http://192.168.X.XXX/suthr/logon")
#进入人力资源综合服务系统登录页面
driver.find_element_by_name("username").send_keys("hrteacher")
#输入用户名
driver.find_element_by_name("password").send_keys("123456")
#输入密码
driver.find_element_by_class_name("uppercase").click()
#单击"登录"按钮
driver.find_element_by_link_text("培训进修").click()
#单击"培训进修"按钮
driver.find_element_by_id("content").send_keys("dd")
#在培训内容输入框输入信息
time.sleep(3)
driver.find_element_by_id("content").send_keys(Keys.CONTROL,'a')
time.sleep(3)
#全选信息
driver.find_element_by_id("content").send_keys(Keys.CONTROL,'c')
time.sleep(3)
#复制信息
driver.find_element_by_id("content").send_keys(Keys.CONTROL,'v')
time.sleep(3)
#粘贴信息
driver.find_element_by_id("content").send_keys(Keys.CONTROL,'v')
time.sleep(3)
#粘贴信息
ActionChains(driver).send_keys(Keys.TAB).send_keys(Keys.TAB).send_keys(Keys.TAB).send_keys(Keys.ENTER).perform()
#单击"查询"按钮
```

任务 3.6 时间等待处理方法使用

任务介绍

测试过程中，会发现脚本执行的时候展现出来的效果都是很快结束，此时可以增加一个等待时间来观察执行效果。这种等待时间只是为了便于观察，这种情况下是否包含等待时间不会影响执行结果，但是有一种情况会直接影响执行结果。在打开一个网站的时候，由于环境的因素导致页面没有加载完成，此时去定位元素无法找到元素，这种情况下增加等待时间就会显得万分重要。本任务针对时间等待处理进行介绍。

视频
时间等待处理

任务目标

掌握时间等待处理的使用方法。

知识储备

Selenium主要提供WebDriverWait和Implicit Wait两种模式的等待，但是Python time模块也提供一种非智能的sleep( )等待，使用这个设置以后必须强制等待设置的时间，只有等待时间结束以后才会继续执行。这种模式一般会用于观察执行效果的时候，而WebDriverWait和Implicit Wait这两种时间等待属于智能等待。

1. 显式等待 WebDriverWait( )

显式等待指等待页面加载完成，找到某个条件发生后再继续执行后续代码，如果超过设置时间检测不到则抛出异常。使用WebDriverWait首先需要导入此模块。代码如下：

```
from selenium.webdriver.support.ui import WebDriverWait
```

使用格式：

```
WebDriverWait(driver,timeout,poll_frequency=0.5,ignored_exceptions=None)
```

- driver：WebDriver的驱动程序（Ie、Firefox、Chrome）；
- timeout：最长超时时间，默认以秒（s）为单位；
- poll_frequency：休眠时间的间隔（步长）时间，默认为0.5 s；
- ignored_exceptions：超时后的异常信息，默认情况下抛出NoSuchElementException异常。

例如：

```
element=WebDriverWait(driver,10).until(lambda x: x.find_element_by_id("someId"))
is_disappeared=WebDriverWait(driver,30,1,(ElementNotVisibleException)).until_not(lambda x: x.find_element_by_id("someId").is_displayed())
```

注意：until是固定格式，可以理解为直到元素定位到为止；lambda x:x是一个匿名函数构建的方法，这里不太好理解，可以理解为固定格式，最后接定位方法。

WebDriverWait( )一般由unit( )或until_not( )方法配合使用。

- until(method, message='')调用该方法提供的驱动程序作为一个参数，直到返回值不为False；
- until_not(method, message='')调用该方法提供的驱动程序作为一个参数，直到返回值为False。

2. 强制等待 sleep( )

设置等待最简单的方法就是强制等待,也就是sleep( )方法。它可以让程序暂停运行一定时间,时间过后继续运行。其缺点是不智能,如果设置的时间太短,元素还没有加载出来,则照样会报错;如果设置的时间太长,则会浪费时间。如果代码量过大,多个强制等待会影响整体的运行速度。

使用强制等待sleep( )需要导入sleep。代码如下:

```
from time import sleep
```

使用格式:

```
sleep()
```

3. 隐性等待 implicitly_wait( )

隐性等待就是设置一个等待时间范围,这个等待时间是不固定的,最长的等待时间是设置的最大值。隐性等待也称智能等待,是Selenium提供的一个超时等待。它等待一个元素被发现,或一个命令完成,如果超出设置时间则抛出异常。

使用格式:

```
driver.implicitly_wait()
```

任务实施

实例1:

(1)进入人力资源综合服务系统登录页面;

(2)输入用户名和密码;

(3)单击"登录"按钮,设置时间等待。

在PyCharm中进行代码编写:

```
from selenium import webdriver
from selenium.webdriver.support.wait import WebDriverWait
driver=webdriver.Chrome()
driver.get("http://192.168.X.XXX/suthr/logon")
#进入人力资源综合服务系统登录页面
driver.find_element_by_name("username").send_keys("hrteacher")
#输入用户名
driver.find_element_by_name("password").send_keys("123456")
#输入密码
element=WebDriverWait(driver,10).until(lambda x:x.find_element_by_id("loginBtn"))
#定位"登录"按钮并设置时间等待
element.click()
#单击"登录"按钮
```

实例2:

(1)进入人力资源综合服务系统登录页面;

(2)输入用户名和密码,设置时间等待;

(3)单击"登录"按钮。

在PyCharm中进行代码编写：

```python
from time import sleep
from selenium import webdriver
driver=webdriver.Chrome()
driver.get("http://192.168.X.XXX/suthr/logon")
#进入人力资源综合服务系统登录页面
driver.find_element_by_name("username").send_keys("hrteacher")
#输入用户名
driver.find_element_by_name("password").send_keys("123456")
#输入密码
sleep(5)
#时间等待
driver.find_element_by_class_name("uppercase").click()
#单击"登录"按钮
```

实例3：
（1）进入人力资源综合服务系统登录页面，设置时间等待；
（2）输入用户名和密码；
（3）单击"登录"按钮。

在PyCharm中进行代码编写：

```python
from selenium import webdriver
driver=webdriver.Chrome()
driver.get("http://192.168.X.XXX/suthr/logon")
#进入人力资源综合服务系统登录页面
driver.implicitly_wait(30)
#时间等待
driver.find_element_by_name("username").send_keys("hrteacher")
#输入用户名
driver.find_element_by_name("password").send_keys("123456")
#输入密码
driver.find_element_by_class_name("uppercase").click()
#单击"登录"按钮
```

任务 3.7 窗口切换方法使用

任务介绍

有些页面的链接打开后会重新打开一个窗口，想在新页面上操作就得先切换窗口。获取窗口的唯一标识用句柄表示，所以只需要切换句柄，就能在多个页面上灵活操作。本任务针对窗口切换进行介绍。

任务目标
掌握窗口切换的使用方法。

知识储备

以人力资源综合服务系统为例,单击门户首页,在门户首页中单击"论坛"按钮,发现右侧多出一个窗口标签,如图4-3-7-1所示。

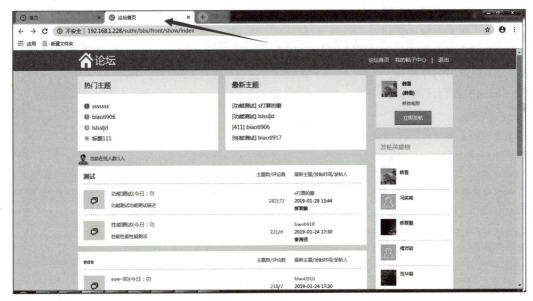

图 4-3-7-1

从图4-3-7-1可以看出,当需要单击新弹出窗口标签页中的某个元素时,如果人为操作,可以通过眼睛看,识别不同的窗口单击切换。但是脚本不知道用户要操作哪个窗口,所以需要先进行窗口切换,定位到此标签页中,然后再进行操作,在这里用driver.switch_to.window( )方法进行窗口之间的任意切换。

元素有属性,浏览器的窗口也有属性,浏览器窗口的属性可以用脚本(handle)来识别。

对于初学者来说,可以将窗口切换分为四步进行。

(1)获取第一个窗口的名字,代码为:

```
print(driver.current_window_handle)
```

(2)获取所有窗口的名字,代码为:

```
print(driver.window_handles)
```

(3)获取到第二个窗口的名字,代码为:

```
print(driver.window_handles[1])
```

(4)进行窗口切换,代码为:

```
driver.switch_to.window(driver.window_handles[1])
```

任务实施

实例:
(1)进入人力资源综合服务系统登录页面;
(2)输入用户名和密码,单击"登录"按钮;
(3)单击页面上面的"人资工作台"按钮;
(4)单击页面左侧的"论坛后台管理"按钮;
(5)单击"举报处理"按钮;
(6)单击"回帖举报"按钮;
(7)单击回帖举报页面中的"举报流水"按钮;
(8)关闭新弹出的标签页。

在PyCharm中进行代码编写:

```
import time
from selenium import webdriver
driver=webdriver.Chrome()
driver.get("http://192.168.X.XXX/suthr/logon")
#进入人力资源综合服务系统登录页面
driver.implicitly_wait(30)
driver.find_element_by_name("username").send_keys("hrteacher")
#输入用户名
driver.find_element_by_name("password").send_keys("123456")
#输入密码
driver.find_element_by_class_name("uppercase").click()
#单击"登录"按钮
driver.find_element_by_link_text("人资工作台").click()
#单击"人资工作台"按钮
driver.find_element_by_link_text("论坛后台管理").click()
#单击"论坛后台管理"按钮
driver.find_element_by_link_text("举报处理").click()
#单击"举报处理"按钮
driver.find_element_by_link_text("回帖举报").click()
#单击"回帖举报"按钮
driver.find_element_by_xpath("/html/body/div[4]/div[2]/div/div[2]/div/div/div[2]/div[2]/table/tbody/tr[1]/td[10]/a[1]").click()
#单击"举报流水"按钮
print(driver.current_window_handle)
# 获取第一个窗口的名字
print(driver.window_handles)
# 获取所有窗口的名字
print(driver.window_handles[1])
# 获取到第二个窗口的名字,Window_handle[1]用到数组的原理
```

```
driver.switch_to.window(driver.window_handles[1])
#进行窗口切换
time.sleep(5)
driver.close()
```

任务 3.8 页面元素属性删除方法使用

任务介绍

在操作页面时，经常会遇到单击某个超链接弹出新的窗口，当需要对这个新弹出窗口中的某个元素进行单击操作时，可以使用窗口切换进行解决。如果不想进行窗口切换，还想单击新弹出窗口中的元素，那么只有让弹出的新窗口覆盖原来的窗口，使页面中总是存在一个窗口，这样就可以定位到新弹出窗口中的元素。在Selenium中提供了arguments关键字来实现上述情况。本任务针对页面元素属性删除进行介绍。

任务目标

掌握页面元素属性删除的使用方法。

知识储备

对于单击某个链接后是否弹出新窗口，可以通过图4-3-8-1和图4-3-8-2所示的HTML代码进行比较。

图 4-3-8-1

通过观察两个窗口中页面HTML代码的区别，以及通过删除弹出新窗口中的某个属性后，再次单击弹出新窗口的超链接，得出的结论是有target属性就会弹出新的窗口。要想让链接不弹出新窗口，只需在代码执行时删除target属性即可。

Web应用软件测试（中级）

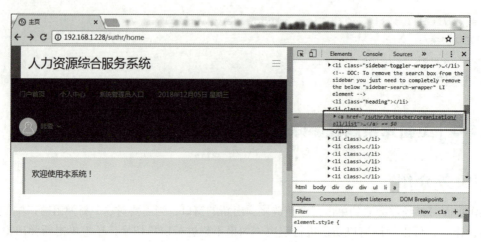

图 4-3-8-2

target属性删除步骤（以人力资源综合服务系统门户首页中的论坛按钮为例）：

（1）用Selenium定位"目标"链接：

```
login_link=driver.find_element_by_XX("目标")
```

（2）删除已找到的页面元素的target属性：

```
driver.execute_script("arguments[0].removeAttribute('target')",login_link)
```

其中arguments[0]的意思就是去字符串后面的第一个参数login_link的真正的值。

（3）单击删除target属性后的页面元素：

```
login_link.click()
```

任务实施

实例：

（1）进入人力资源综合服务系统登录页面；
（2）输入用户名和密码，单击"登录"按钮；
（3）单击人力资源服务系统页面的"人资工作台"按钮；
（4）在人资工作台页面单击左侧的"论坛后台管理"按钮；
（5）单击"主题及回帖管理"按钮；
（6）单击"回帖管理"按钮（要求不弹出新的标签页，在一个标签页中显示）。

在PyCharm中进行代码编写：

```
import time
from selenium import webdriver
driver=webdriver.Chrome()
driver.get("http://192.168.X.XXX/suthr/logon")
#进入人力资源综合服务系统登录页面
driver.implicitly_wait(30)
driver.find_element_by_name("username").send_keys("hrteacher")
```

```
#输入用户名
driver.find_element_by_name("password").send_keys("123456")
#输入密码
driver.find_element_by_class_name("uppercase").click()
#单击"登录"按钮
driver.find_element_by_link_text("人资工作台").click()
#单击"人资工作台"按钮
driver.find_element_by_link_text("论坛后台管理").click()
#单击"论坛后台管理"按钮
driver.find_element_by_link_text("主题及回帖管理").click()
#单击"主题及回帖管理"按钮
element=driver.find_element_by_xpath("/html/body/div[4]/div[2]/div/div[2]/div/div/div[2]/div[2]/table/tbody/tr[1]/td[10]/a[2]")
#用selenium定位回帖管理链接信息
driver.execute_script("arguments[0].removeAttribute('target')",element)
#删除已找到的回帖管理页面元素的targer属性
element.click()
#单击删除targer属性后,进入回帖管理页面
```

任务 3.9　submit() 方法使用

任务介绍

在HTML中,关于form表单的部分,其中按钮类型就有button与submit。button就是一个单纯的单击;submit则不是单纯的单击,它会涉及前后台的交互。在Selenium自动化测试中,单击使用的方法就是click(),同时有另外一个方法为submit()。click()方法就是单纯的单击,但是submit()方法一般使用在有form标签的表单中。本任务针对submit()方法的使用进行介绍。

任务目标

掌握submit()的使用方法。

知识储备

下面以实际的例子进行说明,如图4-3-9-1所示。

从图4-3-9-1中可以看出,在form表单中可以进行用户名输入、密码输入和单击"登录"按钮,所以在单击"登录"按钮的时候可以直接用submit()方法进行单击。

注意:在form表单中使用submit()方法的时候,只要定位到form表单中的任何元素均可以进行单击操作。

Web 应用软件测试（中级）

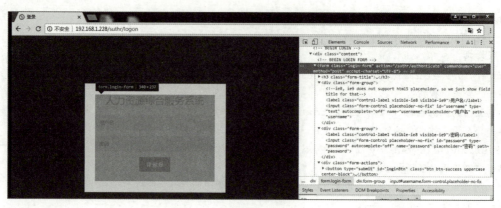

图 4-3-9-1

任务实施

实例：

（1）进入人力资源综合服务系统登录页面；
（2）输入用户名和密码；
（3）单击"登录"按钮。

在PyCharm中进行代码编写：

```
import time
from selenium import webdriver
driver=webdriver.Chrome()
driver.get("http://192.168.X.XXX/suthr/logon")
#进入到人力资源综合服务系统登录页面
driver.find_element_by_name("username").send_keys("hrteacher")
#输入用户名
driver.find_element_by_name("password").send_keys("123456")
#输入密码
driver.find_element_by_id("loginBtn").submit()
#单击"登录"按钮
```

任务 3.10 操作下拉滚动条方法使用

任务介绍

UI自动化中经常会遇到元素识别不到、报异常错误等问题。导致这些问题的原因有很多，比如不在iframe里、xpath或id写错、等待时间设置过短等。但有一种原因是在当前显示的页面元素不可见，拖动下拉滚动条后元素就显示出来。本任务针对操作下拉滚动条方法进行介绍。

单元 4　自动化测试

任务目标

掌握操作下拉滚动条的使用方法。

视频
操作下拉滚动
条方法

知识储备

比如，人力资源综合服务系统页面中的人资工作台页面左侧，需要进行拖动下拉条后才能看见页面最下面的文字，如图4-3-10-1所示。

图　4-3-10-1

在Selenium中提供两种方法来处理拖动下拉滚动条的问题。

1. 通过连续按方向箭头的方法实现

根据鼠标和键盘的相关知识和操作命令，可以借助于鼠标和键盘的操作命令来实现下拉滚动条的移动。例如，进入某个页面后存在下拉滚动条，且能够移动，则可以通过鼠标和键盘的操作命令找到隐藏的文字进行超链接，代码如下：

```
ActionChains(driver).send_keys(Keys.ARROW_DOWN).send_keys(Keys.ARROW_DOWN).send_keys(Keys.ARROW_DOWN).perform()
```

2. 用 JavaScript 中的语句实现滚动条移动

JavaScript也是编写自动化脚本的一种语言，编写脚本的时候用得比较少，但是有的时候用JavaScript写的代码更加简单、实用。关于JavaScript的知识可以从网上进行简单学习。代码如下：

```
driver.execute_script("window.scrollTo(0,0)")
```

代码中的(0,0)代表页面横向和纵向的坐标。

实例1：

（1）进入人力资源综合服务系统登录页面；

（2）输入用户名和密码，单击"登录"按钮；
（3）单击"人资工作台"按钮，进入人资工作台页面；
（4）实现页面中滚动条的横向和纵向移动。

在PyCharm中进行代码编写：

```
from selenium import webdriver
from selenium.webdriver import ActionChains
from selenium.webdriver.common.keys import Keys
driver=webdriver.Chrome()
driver.get("http://192.168.X.XXX/suthr/logon")
#进入人力资源综合服务系统登录页面
driver.find_element_by_name("username").send_keys("hrteacher")
#输入用户名
driver.find_element_by_name("password").send_keys("123456")
#输入密码
driver.find_element_by_class_name("uppercase").click()
#单击"登录"按钮
driver.find_element_by_link_text("人资工作台").click()
#单击"人资工作台"按钮
ActionChains(driver).send_keys(Keys.ARROW_DOWN).send_keys(Keys.ARROW_DOWN).send_keys(Keys.ARROW_DOWN).send_keys(Keys.ARROW_DOWN).send_keys(Keys.ARROW_DOWN).perform()
#滚动条移动
```

实例2：

（1）进入人力资源综合服务系统登录页面；
（2）输入用户名和密码，单击"登录"按钮；
（3）单击"人资工作台"按钮，进入人资工作台页面；
（4）实现页面中滚动条的横向和纵向移动。

在PyCharm中进行代码编写：

```
from selenium import webdriver
driver=webdriver.Chrome()
driver.get("http://192.168.X.XXX/suthr/logon")
#进入人力资源综合服务系统登录页面
driver.find_element_by_name("username").send_keys("hrteacher")
#输入用户名
driver.find_element_by_name("password").send_keys("123456")
#输入密码
driver.find_element_by_class_name("uppercase").click()
#单击"登录"按钮
driver.find_element_by_link_text("人资工作台").click()
#单击"人资工作台"按钮
driver.execute_script("window.scrollTo(0,400)")
#滚动条移动
```

任务 3.11 页面中下拉框的处理方法使用

任务介绍

在使用Selenium进行自动化测试的时候,难免会碰到<select></select>标签的下拉框,这种下拉框一般是多项选择项,可以从中选择其中一种。本任务针对页面中下拉框的处理进行介绍。

任务目标

掌握页面下拉框处理的使用方法。

知识储备

对于图4-3-11-1和图4-3-11-2所示问题,可以用三种方法进行元素定位。

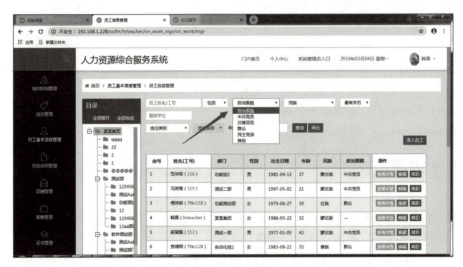

图 4-3-11-1

图 4-3-11-2

（1）使用选项元素标签定位；
（2）直接通过xpath层级标签定位；
（3）使用Select模块的方法。

除上面介绍的方法外，Selenium还提供了更高级的方法，即导入Select模块，直接根据属性或索引定位。

（1）导入Select模块方法：

```
from selenium.webdriver.support.select import Select;
```

（2）通过select选项的名称定位选择对应选项，如选择其他选项，使用如下命令：

```
select_by_visible_text("其他")
```

Select模块其他方法：
- select_by_index()：通过索引定位；
- select_by_value()：通过value值定位；
- select_by_visible_text()：通过文本值定位；
- deselect_all()：取消所有选项；
- deselect_by_index()：取消对应index选项；
- deselect_by_value()：取消对应value选项；
- deselect_by_visible_text()：取消对应文本选项；
- first_selected_option()：返回第一个选项；
- all_selected_options()：返回所有的选项。

任务实施

实例1：
（1）进入人力资源综合服务系统登录页面；
（2）输入用户名和密码，单击"登录"按钮；
（3）单击人力资源服务系统页面中的"人资工作台"按钮；
（4）单击人资工作台页面左侧的"员工基本信息管理"按钮；
（5）单击"员工信息管理"按钮；
（6）在员工信息管理页面选择政治面貌为其他。

在PyCharm中进行代码编写：

```
import time
from selenium import webdriver
from selenium.webdriver import ActionChains
driver=webdriver.Chrome()
driver.get("http://192.168.X.XXX/suthr/logon")
#进入人力资源综合服务系统登录页面
driver.implicitly_wait(30)
driver.find_element_by_name("username").send_keys("hrteacher")
#输入用户名
driver.find_element_by_name("password").send_keys("123456")
```

```python
#输入密码
driver.find_element_by_class_name("uppercase").click()
#单击"登录"按钮
driver.find_element_by_link_text("人资工作台").click()
#单击"人资工作台"按钮
element=driver.find_element_by_link_text("员工基本信息管理")
#定位"员工基本信息管理"按钮
ActionChains(driver).click(element).perform()
#单击"员工基本信息管理"按钮
driver.find_element_by_link_text("员工信息管理").click()
#单击"员工信息管理"按钮
driver.find_elements_by_tag_name("select")[1].click()
#单击select标签
driver.find_elements_by_tag_name("option")[8].click()
#选择政治面貌并单击
```

实例2：

（1）进入人力资源综合服务系统登录页面；

（2）输入用户名和密码，单击"登录"按钮；

（3）单击人力资源服务系统页面中的"人资工作台"按钮；

（4）单击人资工作台页面左侧的"员工基本信息管理"按钮；

（5）单击"员工信息管理"按钮；

（6）在员工信息管理页面选择政治面貌为其他。

在PyCharm中进行代码编写：

```python
import time
from selenium import webdriver
from selenium.webdriver import ActionChains
driver=webdriver.Chrome()
driver.get("http://192.168.X.XXX/suthr/logon")
#进入人力资源综合服务系统登录页面
driver.implicitly_wait(30)
driver.find_element_by_name("username").send_keys("hrteacher")
#输入用户名
driver.find_element_by_name("password").send_keys("123456")
#输入密码
driver.find_element_by_class_name("uppercase").click()
#单击"登录"按钮
driver.find_element_by_link_text("人资工作台").click()
#单击"人资工作台"按钮
element=driver.find_element_by_link_text("员工基本信息管理")
#定位"员工基本信息管理"按钮
ActionChains(driver).click(element).perform()
```

```
#单击"员工基本信息管理"按钮
driver.find_element_by_link_text("员工信息管理").click()
#单击"员工信息管理"按钮
driver.find_element_by_xpath("/html/body/div[4]/div[2]/div/div[2]/div[2]/div/div/form/div/div[1]/div/div[3]/select/option[6]").click()
#选择政治面貌并单击
```

实例3：
（1）进入人力资源综合服务系统登录页面；
（2）输入用户名和密码，单击"登录"按钮；
（3）单击人力资源服务系统页面中的"人资工作台"按钮；
（4）单击人资工作台页面左侧的"员工基本信息管理"按钮；
（5）单击"员工信息管理"按钮；
（6）在员工信息管理页面选择政治面貌为其他。

在PyCharm中进行代码编写：

```
import time
from selenium import webdriver
from selenium.webdriver import ActionChains
from selenium.webdriver.support.select import Select
driver=webdriver.Chrome()
driver.get("http://192.168.X.XXX/suthr/logon")
#进入人力资源综合服务系统登录页面
driver.implicitly_wait(30)
driver.find_element_by_name("username").send_keys("hrteacher")
#输入用户名
driver.find_element_by_name("password").send_keys("123456")
#输入密码
driver.find_element_by_class_name("uppercase").click()
#单击"登录"按钮
driver.find_element_by_link_text("人资工作台").click()
#单击"人资工作台"按钮
element=driver.find_element_by_link_text("员工基本信息管理")
#定位"员工基本信息管理"按钮
ActionChains(driver).click(element).perform()
#单击"员工基本信息管理"按钮
driver.find_element_by_link_text("员工信息管理").click()
#单击"员工信息管理"按钮
select=driver.find_element_by_id("dictPoliticalStatus")
#定位下拉框
Select(select).select_by_visible_text("其他")
#定位下拉框选项
```

Select模块里面除text的方法，还有一种方法：通过选项的value值来定位。每个选项都有对应的value值，如：

```
<select id="dictPoliticalStatus" name="dictPoliticalStatus" class="form-control form-filter input-sm input-small">
<option value="">政治面貌</option>
<option value="257">中共党员</option>
<option value="258">共青团员</option>
<option value="259">群众</option>
<option value="260">民主党派</option>
<option value="261">其他</option>
</select>
```

其他选项对应的value值是"261"：

```
select_by_value("261")
```

实例4：

（1）进入人力资源综合服务系统登录页面；
（2）输入用户名和密码，单击"登录"按钮；
（3）单击人力资源服务系统页面中的"人资工作台"按钮；
（4）单击人资工作台页面左侧的"员工基本信息管理"按钮；
（5）单击"员工信息管理"按钮；
（6）在员工信息管理页面选择政治面貌为其他。

在PyCharm中进行代码编写：

```python
import time
from selenium import webdriver
from selenium.webdriver import ActionChains
from selenium.webdriver.support.select import Select
driver=webdriver.Chrome()
driver.get("http://192.168.1.228/suthr/logon")
#进入人力资源综合服务系统登录页面
driver.implicitly_wait(30)
driver.find_element_by_name("username").send_keys("hrteacher")
#输入用户名
driver.find_element_by_name("password").send_keys("123456")
#输入密码
driver.find_element_by_class_name("uppercase").click()
#单击"登录"按钮
driver.find_element_by_link_text("人资工作台").click()
#单击"人资工作台"按钮
element=driver.find_element_by_link_text("员工基本信息管理")
#定位"员工基本信息管理"按钮
ActionChains(driver).click(element).perform()
```

```
#单击"员工基本信息管理"按钮
driver.find_element_by_link_text("员工信息管理").click()
#单击"员工信息管理"按钮
select=driver.find_element_by_id("dictPoliticalStatus")
#定位下拉框
Select(select).select_by_value("261")
#定位下拉框选项
```

任务 3.12 文件上传处理方法使用

任务介绍

在实现UI自动化测试过程中，文件上传操作也是常见功能之一。对于文件上传功能并没有用到新有方法或函数，关键是思路。上传过程一般要打开一个本地窗口，然后从窗口选择本地文件添加，如图4-3-12-1所示。所以，一般会卡在如何操作本地窗口添加上传文件。本任务针对文件上传处理进行介绍。

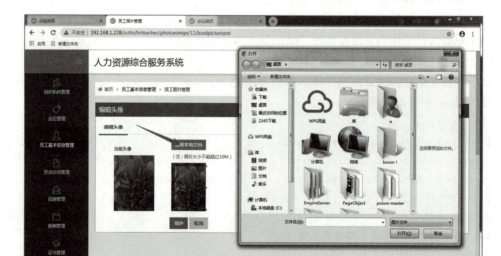

图 4-3-12-1

任务目标

掌握文件上传处理的使用方法。

知识储备

在Selenium webdriver中文件上传并不复杂，只要定位"上传"按钮，找到input标签属性，如<input type="file" name="filename">，然后通send_keys添加本地文件路径即可，如图4-3-12-2所示。

图 4-3-12-2

编写脚本时需要注意：
（1）要将复制的文件路径中的反斜线变成正斜线，可以使用三种方法：
- 在字符串中用两个反斜线表示一个正斜线；
- 在字符串前面加一个字母r，表示将所有的反斜线变为正斜线；
- 把字符串中所有的反斜线改成正斜线。

（2）路径中不要有中文。

任务实施

实例：
（1）进入人力资源综合服务系统登录页面；
（2）输入用户名和密码，单击"登录"按钮；
（3）在人力资源服务系统页面单击"人资工作台"按钮；
（4）在人资工作台页面单击左侧的"员工基本信息管理"按钮；
（5）单击"员工照片管理"按钮；
（6）在员工照片管理页面中单击"编辑"按钮，打开编辑页面；
（7）在编辑页面中单击"选择本地文件"按钮，上传文件。

在PyCharm中进行代码编写：

```
import time
from selenium import webdriver
from selenium.webdriver import ActionChains
driver=webdriver.Chrome()
driver.get("http://192.168.X.XXX/suthr/logon")
#进入人力资源综合服务系统登录页面
driver.implicitly_wait(30)
driver.find_element_by_name("username").send_keys("hrteacher")
#输入用户名
driver.find_element_by_name("password").send_keys("123456")
#输入密码
driver.find_element_by_class_name("upp ercase").click()
```

```
#单击"登录"按钮
driver.find_element_by_link_text("人资工作台").click()
#单击"人资工作台"按钮
a=driver.find_element_by_link_text("员工基本信息管理")
#定位"员工基本信息管理"按钮
ActionChains(driver).click(a).perform()
#单击"员工基本信息管理"按钮
driver.find_element_by_link_text("员工照片管理").click()
#单击"员工照片管理"按钮
driver.find_element_by_xpath("/html/body/div[4]/div[2]/div/div[2]/div/div/div/div[2]/table/tbody/tr[1]/td[9]/a").click()
#单击"编辑"按钮
driver.find_element_by_name("file").send_keys(r"C:\Users\Public\Pictures\Sample Pictures\juehua.jpg")
#上传文件处理
```

任务 3.13 页面截图操作方法使用

任务介绍

通常情况下，进行测试的时候有些步骤需要截图，这样才能直观，并且也能及时发现错误，特别是在进行Web自动化测试的时候，截图是必要的。本任务针对页面截图操作进行介绍。

视频
页面截图操作

任务目标

掌握页面截图操作的使用方法。

知识储备

截图方法：

```
get_screenshot_as_file(self, filename)
```

代码如下：

```
driver.get_screenshot_as_file(r"路径名\图片名字")
```

任务实施

实例：
（1）进入人力资源综合服务系统登录页面；
（2）对登录页面进行截图操作。
在PyCharm中进行代码编写：

```
from selenium import webdriver
driver=webdriver.Chrome()
```

```
driver.get("http://192.168.X.XXX/suthr/logo")
#进入人力资源综合服务系统登录页面
driver.get_screenshot_as_file(r"C:\Users\Public\Pictures\Sample Pictures\denglu.png")
#截图操作
```

任务 3.14 alert 对话框处理方法使用

任务介绍

当登录某些界面的时候，输入用户名和密码错误，会弹出一个alert（警告）对话框，如果不关闭该对话框就没法继续执行下去，所以无法通过定位的方式定位它的位置。本任务针对alert对话框处理进行介绍。

任务目标

掌握alert对话框处理的使用方法。

知识储备

弹出对话框主要分为三种类型："警告对话框""确认对话框"，"提示对话框"，如图4-3-14-1所示。

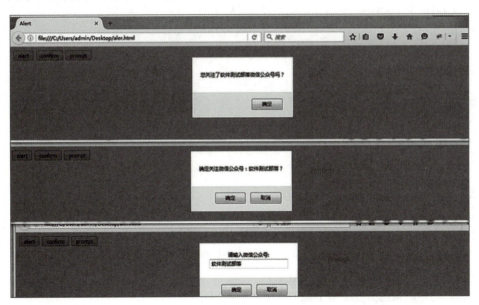

图 4-3-14-1

1. 警告对话框

警告对话框提供一个"确定"按钮让用户关闭该对话框，而且该对话框是模式对话框，也就是说，用户必须先关闭该对话框然后才能继续进行操作。

2. 确认对话框

确认对话框向用户提示一个"是与否"问题，用户可以根据单击"确定"按钮和"取消"按钮。

3. 提示对话框

提示对话框提供一个文本字段，用户可以在此字段输入一个答案来响应提示。有一个"确定"按钮和"取消"按钮。单击"确认"按钮会响应对应的提示信息，单击"取消"按钮会关闭对话框。

Selenium提供switch_to_alert( )方法定位到alert/confirm/prompt对话框。使用text/accept/dismiss/send_keys进行操作，需要注意的是send_keys只能对prompt操作，因为只有它是要输入内容的。text/accept/dismiss/send_keys所代表的意思：

- text( )#获取对话框文本值；
- accept( )#相当于单击"确认"按钮；
- dismiss( )#相当于单击"取消"按钮；
- send_keys( )#输入值，这个alter和confirm没有输入对话框，所以这里不能用，只能用于prompt。

例如，接受对话框：

```
element=driver.switch_to_alert()
element.accept()
```

例如，得到对话框的文本消息，比如得到"请输入用户名"。

```
element=driver.switch_to_alert().text
print(element)
```

例如，"取消"按钮：

```
element=driver.switch_to_alert()
element.dismiss()
```

例如，输入值：

```
element=driver.switch_to_alert()
element.send_keys("hello")
```

任务实施

实例：

（1）进入人力资源综合服务系统登录页面；
（2）输入用户名和密码，单击"登录"按钮；
（3）单击人力资源综合服务系统页面中的"门户首页"按钮；
（4）单击门户首页中的"论坛"按钮（始终在一个标签页中运行）；
（5）单击论坛首页中的某个热门主题信息；
（6）单击热门主题信息页面中最下面的"回复"按钮；
（7）打印弹出警告对话框中的文字信息，并关闭警告对话框。

在PyCharm中进行代码编写：

```
import time
from selenium import webdriver
from selenium.webdriver import ActionChains
driver=webdriver.Chrome()
```

```python
driver.get("http://192.168.X.XXX/suthr/logo")
#进入人力资源综合服务系统登录页面
driver.implicitly_wait(30)
driver.find_element_by_name("username").send_keys("hrteacher")
#输入用户名
driver.find_element_by_name("password").send_keys("123456")
#输入密码
driver.find_element_by_class_name("btn-success").click()
#单击"登录"按钮
driver.find_element_by_link_text("门户首页").click()
#单击"门户首页"按钮
a=driver.find_element_by_xpath("/html/body/div[3]/div[1]/div/div/div/div[2]/div[2]/div/a")
driver.execute_script("arguments[0].removeAttribute('target')",a)
a.click()
#单击"论坛"按钮
driver.find_element_by_link_text("颠三倒四多").click()
#单击热门主题信息
driver.execute_script("window.scrollTo(0,2000)")
b=driver.find_element_by_id("replyBtn")
ActionChains(driver).click(b).perform()
#弹出警告对话框
time.sleep(5)
element=driver.switch_to_alert().text
#打印弹出警告对话框文字
print(element)
driver.switch_to_alert().accept()
#关闭警告对话框
```

模块综合练习 自动化测试脚本设计

文本
模块综合练习
自动化测试脚本设计

将"模块综合练习:自动化测试用例编写"中编写的测试用例在PyCharm中通过脚本进行实现,由于代码量较大,在这里只编写"验证正确添加岗位"(见表4-3-15-1)用例的脚本,按照给定步骤编写脚本。

表 4-3-15-1

测试用例编号	模块名称	页面位置	测试功能点	测试标题	重要级别	预置条件	输入	执行步骤	预期输出
001	岗位管理	岗位管理页面	验证添加岗位功能	验证正确添加岗位	高	正确弹出"添加岗位"窗口	(1)岗位名称:岗位1 (2)岗位类型:选择一项 (3)岗位说明书:上传PDF/Word文件	单击"保存"按钮	(1)提示添加岗位成功 (2)返回岗位列表 (3)列表中显示添加成功的岗位信息

步骤:
(1) 进入人力资源综合服务系统登录页面;
(2) 输入用户名和密码,单击"登录"按钮;
(3) 在人力资源服务系统页面单击"人资工作台"按钮;
(4) 在人资工作台页面单击左侧的"岗位管理"按钮;
(5) 在岗位管理页面单击"添加岗位"按钮;
(6) 在"添加岗位"窗口中填写岗位名称;
(7) 在"添加岗位"窗口中选择岗位类别;
(8) 在"添加岗位"窗口中选择岗位说明书;
(9) 单击"保存"按钮。

模块 4　自动化测试脚本执行

应该及时分析自动化测试结果,建议测试人员每天抽出一定时间,对自动化测试结果进行分析,以便尽早地发现缺陷。如果采用开源自动化测试工具,建议对其进行二次开发,以便与测试部门选定的缺陷管理工具紧密结合。理想情况下,自动化测试实例运行失败后,自动化测试平台就会自动上报一个缺陷。测试人员只需每天抽出一些时间,确认这些自动上报的缺陷是否是真实的系统缺陷。如果是系统缺陷就提交开发人员修复;如果不是系统缺陷,就检查自动化测试脚本或者测试环境。本模块针对自动化测试脚本执行等方面进行学习。

任务　自动化测试脚本执行

任务介绍

测试记录的Bug要记录到缺陷管理工具中去,以便定期跟踪处理。开发人员修复后,需要对此问题执行回归测试,就是重复执行一次该问题对应的脚本,执行通过则关闭,否则继续修改。如果问题的修改方案与客户达成一致,但与原来的需求有所偏离,那么在回归测试前,还需要对脚本进行必要的修改和调试。本任务针对自动化测试脚本执行进行介绍。

任务目标

了解自动化测试脚本执行常见情况。

知识储备

在PyCharm中运行"模块综合练习　自动化测试脚本设计"的测试脚本并查看结果,如图4-4-1-1所示。

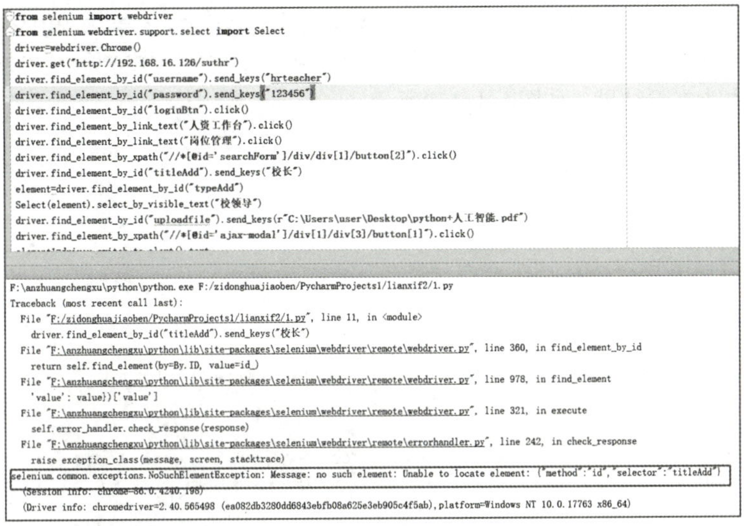

单元 **4** 自动化测试

```
from selenium import webdriver
from selenium.webdriver.support.select import Select
driver=webdriver.Chrome()
driver.get("http://192.168.16.126/suthr")
driver.find_element_by_id("username").send_keys("hrteacher")
driver.find_element_by_id("password").send_keys("123456")
driver.find_element_by_id("loginBtn").click()
driver.find_element_by_link_text("人资工作台").click()
driver.find_element_by_link_text("岗位管理").click()
driver.find_element_by_xpath("//*[@id='searchForm']/div/div[1]/button[2]").click()
driver.find_element_by_id("titleAdd").send_keys("校长")
element=driver.find_element_by_id("typeAdd")
Select(element).select_by_visible_text("校领导")
driver.find_element_by_id("uploadfile").send_keys(r"C:\Users\user\Desktop\python+人工智能.pdf")
driver.find_element_by_xpath("//*[@id='ajax-modal']/div[1]/div[3]/button[1]").click()
```

```
F:\anzhuangchengxu\python\python.exe F:/zidonghuajiaoben/PycharmProjects1/lianxif2/1.py
Traceback (most recent call last):
  File "F:/zidonghuajiaoben/PycharmProjects1/lianxif2/1.py", line 11, in <module>
    driver.find_element_by_id("titleAdd").send_keys("校长")
  File "F:\anzhuangchengxu\python\lib\site-packages\selenium\webdriver\remote\webdriver.py", line 360, in find_element_by_id
    return self.find_element(by=By.ID, value=id)
  File "F:\anzhuangchengxu\python\lib\site-packages\selenium\webdriver\remote\webdriver.py", line 978, in find_element
    'value': value})['value']
  File "F:\anzhuangchengxu\python\lib\site-packages\selenium\webdriver\remote\webdriver.py", line 321, in execute
    self.error_handler.check_response(response)
  File "F:\anzhuangchengxu\python\lib\site-packages\selenium\webdriver\remote\errorhandler.py", line 242, in check_response
    raise exception_class(message, screen, stacktrace)
selenium.common.exceptions.NoSuchElementException: Message: no such element: Unable to locate element: {"method":"id","selector":"titleAdd"}
  (Session info: chrome=86.0.4240.198)
  (Driver info: chromedriver=2.40.565498 (ea082db3280dd6843ebfb08a625e3eb905c4f5ab),platform=Windows NT 10.0.17763 x86_64)
```

图 4-4-1-1

运行完成后发现该结果出现了错误情况。下面对运行结果进行分析，分析这些错误结果是自动化测试脚本编写错误造成的还是编写软件的代码有问题造成的。

通过分析错误原因发现通过id定位的元素没有被找到，就这个原因分析可能性：

• 页面在打开一个新的窗口时需要一定的时间，但是在编写脚本的时候没有相应的代码，导致运行该段代码的时候页面还没有出现；

• 该页面中存在相同的id元素，导致无法识别该元素；

• 在弹出一个新的窗口后没有进行切换，导致页面识别id元素的时候还在原来的页面，因此运行脚本失败。

根据这些原因后使用排除法进行排除，通过排除发现该脚本运行失败的原因是在编写脚本的时候没有设置时间等待造成的。因此，为该脚本添加智能时间等待。

修改后的代码：

```
from selenium import webdriver
from selenium.webdriver.support.select import Select
driver=webdriver.Chrome()
driver.implicitly_wait(10)
driver.get("http://192.168.16.126/suthr")
driver.find_element_by_id("username").send_keys("hrteacher")
driver.find_element_by_id("password").send_keys("123456")
driver.find_element_by_id("loginBtn").click()
driver.find_element_by_link_text("人资工作台").click()
driver.find_element_by_link_text("岗位管理").click()
driver.find_element_by_xpath("//*[@id='searchForm']/div/div[1]/button[2]").click()
driver.find_element_by_id("titleAdd").send_keys("校长")
element=driver.find_element_by_id("typeAdd")
Select(element).select_by_visible_text("校领导")
```

```
driver.find_element_by_id("uploadfile").send_keys(r"C:\Users\user\Desktop\python+人工智能.pdf")
driver.find_element_by_xpath("//*[@id='ajax-modal']/div[1]/div[3]/button[1]").click()
```

运行修改后脚本,查看结果,如图4-4-1-2所示。

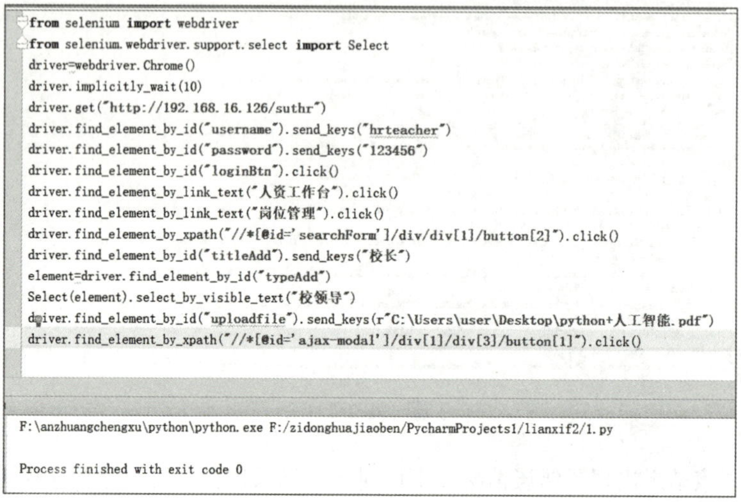

```
from selenium import webdriver
from selenium.webdriver.support.select import Select
driver=webdriver.Chrome()
driver.implicitly_wait(10)
driver.get("http://192.168.16.126/suthr")
driver.find_element_by_id("username").send_keys("hrteacher")
driver.find_element_by_id("password").send_keys("123456")
driver.find_element_by_id("loginBtn").click()
driver.find_element_by_link_text("人资工作台").click()
driver.find_element_by_link_text("岗位管理").click()
driver.find_element_by_xpath("//*[@id='searchForm']/div/div[1]/button[2]").click()
driver.find_element_by_id("titleAdd").send_keys("校长")
element=driver.find_element_by_id("typeAdd")
Select(element).select_by_visible_text("校领导")
driver.find_element_by_id("uploadfile").send_keys(r"C:\Users\user\Desktop\python+人工智能.pdf")
driver.find_element_by_xpath("//*[@id='ajax-modal']/div[1]/div[3]/button[1]").click()

F:\anzhuangchengxu\python\python.exe F:/zidonghuajiaoben/PycharmProjects1/lianxif2/1.py

Process finished with exit code 0
```

图 4-4-1-2

通过上面的举例可以得出,对于编写的自动化测试脚本编写错误导致运行失败,只需要对编写的测试脚本进行修改、调试,直到调试正确即可。但是,如果不是脚本错误导致运行失败,就需要测试人员将该问题记录下来,然后手动运行测试系统,查看该系统所存在的问题。

对于系统问题情况可以通过"模块综合练习 自动化测试用例编写"中"验证'×'按钮功能"(见表4-4-1-1)用例的脚本进行验证,按照给定步骤编写脚本。

表 4-4-1-1

测试用例编号	模块名称	页面位置	测试功能点	测试标题	重要级别	预置条件	输入	执行步骤	预期输出
012	岗位管理	岗位管理页面	验证添加岗位功能	验证"×"按钮功能	高	正确弹出"添加岗位"对话框	(1)岗位名称:岗位121 (2)岗位类型:选择一项 (3)岗位说明书:	单击"×"按钮	关闭当前对话框,返回岗位列表页面

步骤:

(1)进入人力资源综合服务系统登录页面;
(2)输入用户名和密码,单击"登录"按钮;
(3)在人力资源服务系统页面单击"人资工作台"按钮;
(4)在人资工作台页面单击左侧的"岗位管理"按钮;
(5)在岗位管理页面单击"添加岗位"按钮;
(6)单击"×"按钮,关闭"添加岗位"窗口。

编写脚本如下:

```
from selenium import webdriver
driver=webdriver.Chrome()
driver.implicitly_wait(10)
driver.get("http://192.168.16.126/suthr")
driver.find_element_by_id("username").send_keys("hrteacher")
driver.find_element_by_id("password").send_keys("123456")
driver.find_element_by_id("loginBtn").click()
driver.find_element_by_link_text("人资工作台").click()
driver.find_element_by_link_text("岗位管理").click()
driver.find_element_by_xpath("//*[@id='searchForm']/div/div[1]/button[2]").click()
driver.find_element_by_xpath('//*[@id="ajax-modal"]/div[1]/div[1]/button').click()
```

运行该脚本,查看运行结果,如图4-4-1-3所示。

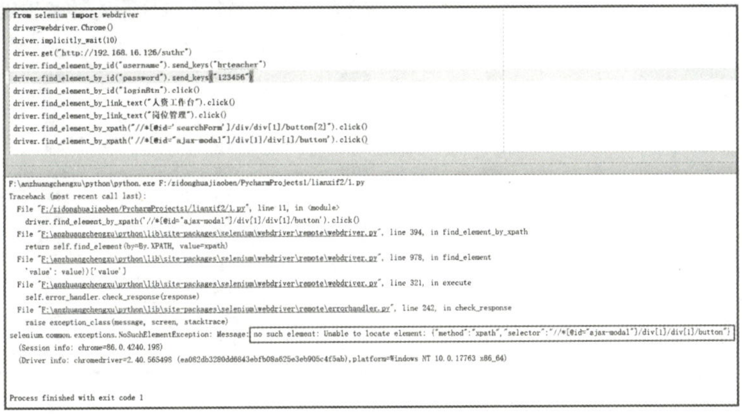

图 4-4-1-3

通过分析该结果发现该脚本没有问题,然后对人力资源综合服务系统进行操作,发现该系统中的"×"按钮已经不存在了,与前面的测试用例预期结果不一致,此时就可以将该问题看作Bug处理了。处理方式和手工测试一样,就是将该问题通过Bug管理工具记录。记录的问题可以看作软件缺陷。

单元项目实战1 人力资源综合服务系统（岗位查询）自动化测试

项目介绍

在全球一体化浪潮和新技术革命的不断推动下,人力资源在人类社会经济生活中处于越来越核心的地位；未来的经济竞争,不再局限于物质资源和物质资本,人力资源成为最根本的竞争优势。如何围绕企业宗旨、针对各类人员特点及企业的管理现状,"设计出实用有效的人力资源管理系统,从而实现由人工管理向计算机管理的转型,使人力资源管理工作变得更

文本
单元项目实战1人力资源综合服务系统（岗位查询）自动化测试

为客观有效，优化配置、提高办学效益"，成为企业人力资源管理系统设计面临的首要问题。

某公司开展人力资源综合服务系统开发项目，目前已完成产品设计、系统开发，即将开展测试工作。

作为测试人员需针对"人力资源综合服务系统—岗位管理—岗位查询"（见图4-5-1-1）展开自动化测试，检查模块中的功能是否符合需求说明书的要求，运用测试用例设计方法结合对需求说明书的分析，设计功能测试用例，并依据功能测试用例设计自动化测试脚本，请按照项目步骤展开相关工作。

图 4-5-1-1

阅读以下需求说明书，进行自动化测试，编写测试用例、自动化测试脚本。

岗位查询：
- 系统支持单个条件查询及组合查询，"岗位名称"支持模糊查询；
- 在岗位管理列表页，选择岗位类别，输入岗位名称，单击"查询"按钮，系统显示符合条件的岗位信息。

编写完测试用例后就可以在PyCharm中编写对应的测试脚本，由于代码量比较大，所以这里只给出编写验证查询功能下的验证组合查询功能脚本的步骤：

（1）进入人力资源综合服务系统登录页面；

（2）输入用户名和密码，单击"登录"按钮；

（3）在人力资源服务系统页面单击"人资工作台"按钮；

（4）在人资工作台页面单击左侧的"岗位管理"按钮；

（5）在"岗位管理"页面查询选项中选择岗位类别信息；

（6）在"岗位管理"页面查询选项中输入岗位名称信息；

（7）点击"查询"按钮，查询出对应的信息。

单元项目实战 2　人力资源综合服务系统（政治面貌类别）自动化测试

文本
单元项目实战2人力资源综合服务系统（政治面貌类别）自动化测试

项目介绍

在全球一体化浪潮和新技术革命的不断推动下，人力资源在人类社会经济生活中处于越来越核心的地位；未来的经济竞争，不再局限于物质资源和物质资本，人力资源成为最根本的竞争优势。如何围绕企业宗旨、针对各类人员特点及企业的管理现状，"设计出实用有效的人力资源管理系统，从而实现由人工管理向计算机管理的转型，使人力资源管理工作变得更为客观有效，优化配置、提高办学效益"，成为企业人力资源管理系统设计面临的首要问题。

某公司开展人力资源综合服务系统开发项目，目前已完成产品设计、系统开发，即将开展测试工作。

项目目标

验证人力资源系统（系统管理员）>类别维护模块>政治面貌类别>创建/修改类别能否支持UI自动化测试。相关测试思路如下：

1. 测试指标

根据此次测试目的，可以将测试用例转化为自动化脚本并进行执行，并且记录Bug。

2. 操作步骤

（1）访问登录页面。

（2）以人资管理员身份登录系统，账号密码：hrteacher/123456。

（3）单击"系统管理员入口"。

（4）系统管理员登录系统，账号密码：admin/123456。

（5）单击"类别维护"菜单。

（6）单击"政治面貌类别"按钮。

（7）单击"创建类别/修改"按钮。

（8）输入类别内容：

- 类别名称：手动输入，必填项。
- 类别描述：手动输入，非必填。

（9）单击"保存"按钮。

（10）保存成功，返回岗位类别列表。

3. 测试数据

- 登录账号：不参数化。

- 类别名称：需要参数化。需求：根据用例编写。
- 类别描述：需要参数化。需求：根据用例编写。

4. 测试工具
- 被测系统为Web页面。
- 测试脚本会用到框架、参数化等。

通过以上几点，结合现有的人力、成本、工具等诸多因素考虑，选择Python+Selenium+Unittest框架进行此次测试。

项目步骤

- 步骤1：设计项目整体架构；
- 步骤2：根据测试用例编写脚本；
- 步骤3：执行自动化测试用例；
- 步骤4：记录并汇报Bug；
- 步骤5：回归测试。

单元项目实战 3　人力资源综合服务系统（组织机构管理模块）自动化测试

项目介绍

在全球一体化浪潮和新技术革命的不断推动下，人力资源在人类社会经济生活中处于越来越核心的地位；未来的经济竞争，不再局限于物质资源和物质资本，人力资源成为最根本的竞争优势。如何围绕企业宗旨、针对各类人员特点及企业的管理现状，"设计出实用有效的人力资源管理系统，从而实现由人工管理向计算机管理的转型，使人力资源管理工作变得更为客观有效，优化配置、提高办学效益"，成为企业人力资源管理系统设计面临的首要问题。

某公司开展人力资源综合服务系统开发项目，目前已完成产品设计、系统开发，即将开展测试工作。

项目目标

验证人力资源系统（人资管理员）>组织机构管理模块>添加部门功能能否支持UI自动化测试。相关测试思路如下：

1. 被测业务

此次测试的业务是添加部门。

2. 测试指标

根据此次测试目的，可以将测试用例转化为自动化脚本并进行执行，并且记录Bug。

3. 操作步骤

（1）访问登录页面。

（2）以人资管理员身份登录系统，账号密码：hrteacher/123456。
（3）单击"人资工作台"。
（4）单击"组织机构管理"菜单。
（5）单击"添加部门"按钮。
（6）输入添加部门内容。
- 部门名称：手动输入，必填项。
- 部门职责：手动输入，非必填。
- 显示顺序：给出默认值，可手动修改，必填项。

（7）单击"保存"按钮。
（8）保存成功，返回组织机构管理列表。

4. 测试数据
- 登录账号：不参数化。
- 部门名称：需要参数化。需求：根据用例编写。
- 部门职责：需要参数化。需求：根据用例编写。

5. 测试工具
- 被测系统为Web页面。
- 测试脚本会用到框架、参数化等。

通过以上几点，结合现有的人力、成本、工具等诸多因素考虑，选择Python+Selenium+Unittest框架进行此次测试。

项目步骤

- 步骤1：设计项目整体架构；
- 步骤2：根据测试用例编写脚本；
- 步骤3：执行自动化测试用例；
- 步骤4：记录并汇报Bug；
- 步骤5：回归测试。

单元 5

性能测试

性能测试是通过自动化测试工具模拟多种正常、峰值以及异常负载条件来对系统的各项性能指标进行测试，目的是验证软件系统是否能够达到用户提出的性能指标，同时发现软件系统中存在的性能瓶颈，优化软件，最后起到优化系统的目的。包括以下几个方面：

- 评估系统的能力，测试中得到的负荷和响应时间数据可以被用于验证所计划的模型的能力，并帮助作出决策；
- 识别体系中的弱点，受控的负荷可以被增加到一个极端的水平，并突破它，从而修复体系瓶颈或薄弱的地方；
- 系统调优，重复运行测试，验证调整系统的活动得到预期结果，从而改进性能；
- 检测软件中的问题，长时间的测试执行可导致程序发生由于内存泄漏引起的失败，揭示程序中的隐含的问题或冲突；
- 验证稳定可靠性，在一个生产负荷下执行测试一定的时间是评估系统稳定性和可靠性是否满足要求的唯一方法。

本单元将针对性能需求分析、性能测试执行、性能测试结果分析等方面进行讲解，掌握为何进行性能测试，如何借助工具执行性能测试、性能测试的结果如何转化为调整优化，确保系统的性能能够达到要求。

学习目标

- 通过关键性业务、日请求量、逻辑复杂程度等确定性能测试点；
- 通过产品测试目的、用户要求等确定性能测试指标；
- 通过性能需求分析结果，设计性能测试场景；
- 通过分析结果确定测试过程所需工具；
- 使用 JMeter/LoadRunner 进行浏览器交互并设计脚本；
- 使用 JMeter/LoadRunner 设计场景；
- 使用 JMeter/LoadRunner 进行正常压测；
- 通过 Analysis 组件得出运行结果。

模块 1　性能测试需求分析

性能需求分析是整个性能测试工作开展的基础，如果连性能的需求都没弄清楚，后面的性能测试执行其实是没有任何意义的，而且性能需求分析做得好不好直接影响到性能测试的结果。本模块针对需求分析、测试准备、测试计划等方面进行介绍。

任务 1.1　性能需求分析

任务介绍

在需求分析阶段，测试人员需要与项目相关的人员进行沟通，收集各种项目资料，对系统进行分析，建立性能测试数据模型，并将其转化为可衡量的具体性能指标，确认测试的目标。所以，性能测试需求分析过程是繁杂的，需要测试人员有深厚的性能理论知识，除此之外，还需要懂一些数学建模的知识来帮助建立性能测试模型。本任务针对性能需求分析进行学习了解。

任务目标

了解性能需求分析常见情况。

知识储备

一些性能测试人员常犯的错误就是测试一开始就直接用工具对系统进行加压，没有弄清楚性能测试的目的，做完以后也不知道结果是否满足性能需求。市面上的书籍也大都是直接讲性能测试工具，如LoadRunner、JMeter如何使用，导致很多新手一提到性能测试就直接拿工具来进行录制回放，使得很多人认为会使用性能测试工具就等于会性能测试，殊不知工具的使用其实只是性能测试过程中很小的一部分。

1. 性能测试需求分析概述

首先，通过性能需求分析需要得出以下结论或目标：
- 明确性能测试的必要性和目的；
- 明确被测试系统的架构、平台、协议等相关技术信息；
- 明确被测系统的基本业务、关键业务，用户行为等；
- 明确性能测试点；
- 明确被测系统未来的业务拓展规划以及性能需求；
- 明确性能测试策略；
- 明确性能测试的指标。

其次，需求分析阶段可以从以下几个方面入手：

1）系统信息调研

系统信息调研指对被测试系统进行分析，需要对其有全面的了解和认识，这是做好性能测试的前提，而且在后续进行性能分析和调优时将会大有用处，如图5-1-1-1所示。

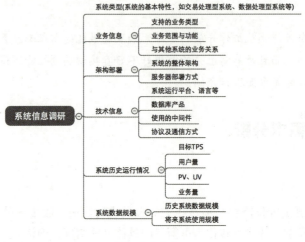

图 5-1-1-1

2）业务信息调研

业务信息调研指对被测试的业务进行分析，通过对业务的分析和了解，方便后续进行性能测试场景的确定以及性能测试指标的确定，如图5-1-1-2所示。

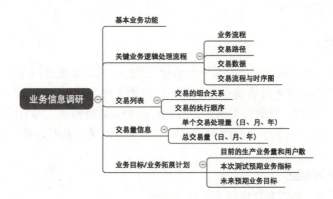

图 5-1-1-2

3）性能需求评估

在实施性能测试之前，需要对被测系统进行相应的评估，主要目的是明确是否需要进行性能测试。如果确定需要做性能测试，需要进一步确定性能测试点和指标，明确该测什么、性能指标是多少、测试是否通过的标准，性能指标也会根据情况评估，要求被测系统能满足将来一定时间段的业务压力。

判断是否进行性能测试主要从下面两个方面进行思考：

（1）业务角度。系统是公司内部使用还是对外使用，系统使用的人数是多少，如果一个系统上线后使用人数很少，无论系统多大，设计多么复杂，并发性的性能测试都是没必要的，前期可以否决。当然，除非在功能测试阶段发现非常明显的性能问题，使得用户体验较差的，此时可进行性能测试来排查问题。

（2）系统角度。系统角度可以从以下方面进行分析：

① 系统架构。如果一个系统采用的框架是老的系统框架（通常大公司都有自己的统一框架），只是在此框架上增加一些应用，其实是没有必要进行性能测试，因为老框架的使用肯定是经过验证的。如果一个系统采用的是一种新的框架，可以考虑进行性能测试。

② 数据库要求。很多情况下，性能测试是大数据量的并发访问、修改数据库，而瓶颈在于连接数据库池的数量，而非数据库本身的负载、吞吐能力。这时可以结合DBA的建议，来决定是否进行性能测试。

③ 系统特殊要求：

- 从实时性角度来分析，某些系统对响应时间要求比较高，比如证券系统，系统响应的快慢直接影响客户的收益，这种情况就有必要进行并发测试，在大并发量的场景下，查看这个功能的响应时间。
- 从大数据量上传下载角度分析，某些系统经常需要进行较大数据量的上传和下载操作，虽然此种操作使用的人数不会太多，但是也有必要进行性能测试，确定系统能处理的最大容量，如果超过这个容量，系统就需要进行相关控制，避免由于人工误操作导致系统内存溢出或崩溃。

4）确定性能测试点

如果一个系统确定要进行性能测试，那么可以从下面几个方面分析确定被测系统的性能测试点：

（1）关键业务。确定被测项目是否属于关键业务，有哪些主要的业务逻辑点，特别是跟交易相关的功能点，例如转账、扣款等接口。如果项目（或功能点）不属于关键业务（或关键业务点），则可考虑后续方面。

（2）日请求量。确定被测项目各功能点的日请求量（可以统计不同时间粒度下的请求量，如小时、日、周、月），如果日请求量很高，系统压力很大，而且又是关键业务，该项目需要进行性能测试，而且是关键业务点，可以被确定为性能点。

（3）逻辑复杂度。判定被测项目各功能点的逻辑复杂度，如果一个主要业务的日请求量不高，但是逻辑很复杂，则也需要进行性能测试，原因是在分布式方式的调用中，当某一个环节响应较慢，就会影响到其他环节，造成雪崩效应。

（4）运营推广活动。根据运营的推广计划来判定待测系统未来的压力，未雨绸缪、防患于未然、降低运营风险是性能测试的主要目标。被测系统的性能不仅能满足当前压力，更需要满足未来一定时间段内的压力。因此，事先了解运营推广计划，对性能点的制定有很大的作用，例如，运营计划做活动，要求系统每天能支撑多少PV、多少UV，或者一个季度后，需要能支撑多大的访问量等。当新项目（或功能点）属于运营重点推广计划范畴之内，则该项目（或功能点）也需要进行性能测试。

以上四点是相辅相成、环环相扣的。在实际工作中应该具体问题具体分析。例如，当一个功能点不满足以上四点，但属于资源高消耗，也可列入性能测试点行列。

5）确定性能指标

性能需求分析一个很重要的目标就是需要确定后期性能分析用的性能指标。性能指标有很多，可以根据具体项目选取和设定，而具体的指标值则需要根据业务特点进行设定。

针对整体的需求分析，需要测试人员掌握性能测试的方法、常用指标、应用领域等知识，综合考虑性能测试流程。

2. 性能测试方法

1）验收测试

验收性能测试方法通过模拟生产运行的业务压力量和使用场景组合，测试系统的性能是否满足生产性能要求。这是一种最常见的测试方法。这种测试方法要在特定的运行条件下验证系统的能力状况。该方法具有以下特点：

（1）这种方法的主要目的是验证系统是否具有系统宣称具有的能力。验收性能测试方法包括确定用户场景、给出需要关注的性能指标、测试执行、测试分析几个步骤。这是一种完全确定系统运行环境和测试行为的测试方法，其目的只能是依据事先的性能规划，验证系统是否达到其宣称的具有的能力。

（2）这种方法需要事先了解被测试系统的典型场景，并具有确定的性能目标。验收性能测试方法需要首先了解被测系统的典型场景。所谓的典型场景，是指具有代表性的用户业务操作。一个典型场景包括操作序列和并发用户数量条件。其次，这种方法需要有确定的性能目标，性能目标的描述方式一般为"要求系统在100个并发用户的条件下进行A业务的操作，响应时间不超过5 s"。

（3）这种方法要求在已确定的环境下运行。验收性能测试方法的运行环境必须是确定的，软件系统的性能表现与很多因素相关，无法根据系统在一个环境上的表现去推断其在另一个不同环境中的表现，因此，对这种验收性的测试，必须要求测试时的环境（硬件设备、软件环境、网络条件、基础数据等）都已经确定。

2）负载测试

负载测试方法在被测系统上不断增加压力，直到性能指标（如响应时间）超过预定指标或某种资源使用已经达到饱和状态。负载测试方法可以找到系统的处理极限，为系统调优提供数据，有时也称可置性测试。该方法具有以下特点：

（1）这种性能测试方法的主要目的是找到系统处理能力的极限。负载测试方法通过"检测—加压—性能指标超过预期"的手段，找到系统处理能力的极限，该极限一般会用"在给定条件下最多允许120个并发用户访问"或是"在给定条件下最多能够在1小时内处理2 100笔业务"这样的描述来体现。而预期的性能指标一般会被定义为"响应时间不超过10 s""服务器平均CPU利用率低于65%"等指标。

（2）这种性能测试方法需要在给定的测试环境下进行，通常也需要考虑被测系统的业务压力量和典型场景，使得测试结果具有业务上的意义。负载测试方法由于涉及预定性能指标等需要进行比较的数据，也必须在给定的测试环境下进行。另外，负载测试方法在"加压"的时候，必须选择典型场景，在增加压力时保证这种压力具有业务上的意义。

（3）这种性能测试方法一般用来了解系统的性能容量，或是配合性能调优来使用。负载测试方法可以用来了解系统的性能容量（系统在保证一定响应时间的情况下能够允许多少并发用户的访问），或是用来配合性能调优，以比较调优前后的性能差异。

3）压力测试

压力测试方法测试系统在一定饱和状态下，例如CPU、内存等在饱和使用情况下，系统能够处理的会话能力，以及系统是否会出现错误。该方法具有以下特点：

（1）这种性能测试方法的主要目的是检查系统处于压力情况下时应用的性能表现。压力测试方法通过增加访问压力（如增加并发的用户数量等），使应用系统的资源使用保持在一定的水平，这种测试方法的主要目的是检验此时的应用表现，重点在于有无出错信息产生、系统对应用的响应时间等。

（2）这种性能测试一般通过模拟负载等方法，使得系统的资源使用达到较高的水平。一般情况下，会把压力设定为"CPU使用率达到75%以上、内存使用率达到70%以上"这样的描述，在这种情况下测试系统的响应时间、系统有无产生错误。除CPU和内存使用率的设定外，JVM的可用内存、数据库的连接数、数据库服务器CPU利用率等都可以作为压力的依据。

（3）这种性能测试方法一般用于测试系统的稳定性。用压力测试的方法考察系统的稳定性是出于这样的考虑："如果一个系统能够在压力环境下稳定运行一段时间，那么这个系统在通常的运行条件下应该可以达到令人满意的稳定程度。"在压力测试中，会考察系统在压力下是否会出现错误，测试中是否有内存等问题。

4）并发测试

并发测试方法通过模拟用户的并发访问，测试多用户并发访问同一个应用、同一个模块或者数据记录时是否存在死锁或者其他性能问题。该方法具有以下特点：

（1）这种性能测试方法的主要目的是发现系统中可能隐藏的并发访问时的问题。并发测试方法是通过并发手段发现系统中存在问题的最常用方法。例如，应用在实验室测试时一切正常，但一旦交付给用户，在用户量增大以后，就可能会出现各种莫名其妙的问题。解决这类问题的方法之一是在实验室进行仔细的并发模拟测试。

（2）这种性能测试方法主要关注系统可能存在的并发问题，例如系统中的内存泄漏、线程死锁和资源争用方面的问题。并发测试在测试过程中主要关注系统中的内存泄漏、线程死锁等问题，如表5-1-1-1所示。

表 5-1-1-1

问题类别	问题描述
内存问题	是否有内存泄漏
	是否有太多的临时对象
	是否有太多的超过设计生命周期的对象
数据库问题	是否有数据库死锁
	是否经常出现长事务
线程/进程问题	是否出现线程/进程同步失败
其他问题	是否出现资源争用导致的死锁
	是否没有正确处理异常导致系统死锁

（3）这种性能测试方法可以在开发的各个阶段使用，需要相关的测试工具的配合和支持。并发测试可以针对整个系统进行，也可以仅仅为验证某种架构或是设计的合理性来进行，因此其可以在开发的各个阶段使用，如图5-1-1-3所示。一般来说，并发测试除需要性能测试工具进行并发负载的产生外，还需要一些其他工具进行代码级别的检查和定位。

3. 性能测试常用指标

1）并发用户数

在阐述"并发用户数"术语前，先来看看为什么在性能测试中需要关注并发用户数。

首先，如果性能测试的目标是验证当前系统能否支持现有用户的访问，最好的办法就是弄清楚会有多

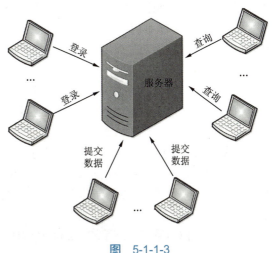

图 5-1-1-3

少用户会在同一个时间段内访问被测试的系统,如果使用性能测试工具模拟出与系统的访问用户数相同的用户,并模拟用户的行为,那得到的测试结果就能够真实反映实际用户访问时的系统性能表现,这样一来,就能够通过性能测试了解当系统处于实际用户访问下时,会具有怎样的性能表现。这里提到的在同一个时间段内访问系统的用户数量,也就是并发用户数的一个概念,这种并发的概念通常在性能测试方法中使用,用于从业务的角度模拟真实的用户访问,体现的是业务并发用户数。

如果抛开业务的层面,仅从服务器端承受的压力来考虑,那么,对C/S或B/S结构的应用来说,系统的性能表现毫无疑问地主要由服务端决定。在什么时候服务端会承受最大的压力?或者说,在什么时候服务端表现为最差的性能呢?毫无疑问,肯定是在大量用户同时对这个系统进行访问的时候。越多的用户同时使用系统,系统承受的压力越大,系统的性能表现也就越差,而且,很可能出现由于用户的同时访问导致的资源争用等问题。在这里提到"并发用户数"的另一个概念,该概念不从业务角度出发,而是从服务端承受的压力出发,描述的是同时间从客户端发出请求的客户,该概念一般结合并发测试使用,体现的是服务端承受的最大并发访问数。

对服务端来说,每个用户和服务端的交互都是离散的。如果仅考虑一个单独的用户对系统的使用,过程为用户每隔一段时间向服务端发送一个请求或命令,服务端按照用户的要求执行某些操作,然后将结果返回给用户。

从用户的角度来看,在一个相当长的时间段内(如1天),都会有基本固定数量的使用者使用该系统,虽然每个使用者的行为不同,但从业务的角度来说,如果所有用户的操作都没有遇到性能障碍,则可以说该系统能够承受该数量的并发用户访问,这里的"并发"概念就是上面讨论的业务并发用户数。

然而,如果考虑整个系统运行过程中服务器所承受的压力,情况就会不同,在该系统的运行过程中,我们把整个运行过程划分为离散的时间点,在每个点上,都有一个同时向服务端发送请求的客户数,那是服务端承受的最大并发访问数。如果能找到运行过程中可能出现的最大可能的服务端承受的最大并发访问数,则在该用户数下,服务器承受的压力最大,资源承受的压力也最大,在这种状态下,可以考虑通过并发测试发现系统中存在的并发引起的资源争用等问题,如图5-1-1-4所示。

上面提到的两个不同的"并发"概念之间最根本的不同可以这样理解,假如采用第一种"并发"概念,同样是2 000人规模的并发用户数,如果用户的操作方式不同(场景不同),服务器承受的压力是完全不同的(设想两种极端的情况,在一种情况下,所有用户平均每秒单击一次鼠标,发起一个业务,而在另一种情况下,所有用户平均5 s才单击一次鼠标,发起一个业务,则很明显,两种情况下服务器可能承受的最大压力是不同的);而在采用后一种"并发"的概念时,如果两种情况下有相同的最大并发用户数,则说明这两种情况下服务器承受的最大压力是相同的。

在实际的性能测试中,经常接触到的与并发用户数相关的概念还包括系统用户数和同时在线用户人数,下面用一个实际的例子来说明它们之间的差别。

假设有一个OA系统,该系统有2 000个用户,这

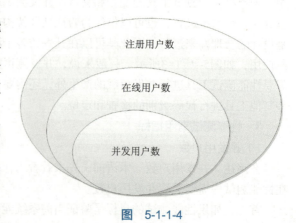

图 5-1-1-4

就是说，可能使用该OA系统的用户总数是2 000名，这个概念就是"系统用户数"，该系统有一个"在线统计"功能（系统用一个全局变量计数所有已登录的用户），通过该功能可以得到，最高峰时有500人在线（这个500就是一般所说的"同时在线人数"），那么，系统的并发用户数是多少？

根据我们对业务并发用户数的定义，500即是整个系统使用时的最大的业务并发用户数。当然，500这个数值只是表明在最高峰时刻有500个用户登录系统，并不表示服务器实际承受的压力。因为服务器承受的压力还与具体的用户访问模式相关。例如，在这500个同时使用系统的用户中，考察某一个时间点，假设其中40%用户在饶有兴致地看系统公告（"看"这个动作是不会对服务端产生任何负担的），20%用户在填写复杂的表格（对用户填写的表格来说，只有在"提交"时才会向服务端发送请求，填写过程是不对服务端构成压力的），20%用户在发呆（也就是什么也没有做），剩下的20%用户在不停地从一个页面跳转到另一个页面，在这种场景下，可以说，只有20%的用户真正对服务器构成压力。因此，服务器实际承受的压力不只取决于业务并发用户数，还取决于用户的业务场景。

那么，该系统的服务端承受的最大并发访问数是多少取决于业务并发用户数和业务场景，一般可以通过对服务器日志的分析得到。

2）响应时间

响应时间是"对请求做出响应所需要的时间"，响应时间是用户视角软件性能的主要体现。

响应时间既有客观的成分，也有主观的成分。例如，对一个Web应用来说，如果某页面的主要功能是向用户提供可"阅读"的内容，那么用户很可能会将"页面开始显示可阅读的内容"这个时间作为自己感受到的响应时间；而对一个主要功能是提供给用户"交互"的页面，只有当用户可以开始在页面上进行交互后，才会觉得页面"响应完成"。将用户感受到的响应时间定义为"用户响应时间"，毫无疑问，"用户响应时间"是最直观地反映应用是否满足客户需求的指标，但由于该响应时间中包含主观性，很难被准确度量，因此，对响应时间的讨论主要基于呈现时间与服务端响应时间两方面。

用户所感受到的软件性能（响应时间）分为呈现时间和服务端响应时间两部分。其中，呈现时间取决于数据在被客户端收到后呈现给用户所消耗的时间，例如，对于一个Web应用，呈现时间就是浏览器接收到响应数据后呈现和执行页面上的脚本所消耗的时间；而服务端响应时间指应用系统从请求发出开始到客户端接收到数据所消耗的时间。

呈现时间的主要构成是前端响应时间，这部分时间主要取决于客户端而非服务端。性能测试是否需要关注前端性能，主要取决于应用本身的特点和期望的运行环境。例如，一台内存不足的客户端机器在处理复杂页面的时候，其呈现时间可能就很长，而这并不能说明整个系统的性能。对于Web应用来说，即使使用同样配置的计算机，合理地使用前端技术也能极大地减少前端响应时间，因此有必要对前端响应时间进行深入的研究。

响应时间可以被进一步分解。图5-1-1-5描述了一个Web应用的页面响应时间的构成。从图中可以看到，页面的服务端响应时间可被分解为网络传输时间（$N_1+N_2+N_3+N_4$）和应用延迟时间（$A_1+A_2+A_3$），而应用延迟时间又可以分解为数据库延迟时间（A_2）和应用服务器延迟时间（A_1+A_3）。之所以要对响应时间进行这些分解，主要目的是能够更容易地定位性能瓶颈。

关于响应时间，要特别说明的一点是，对客户来说，该值是否能够被接受带有一定的主观色彩，也就是说，响应时间的"长"和"短"没有绝对的区别。

例如，对一个电子商务网站来说，一个普遍被接受的响应时间标准为2/5/10 s，也就是说，在2 s之内给客户响应被用户认为是"非常有吸引力的"，在5 s之内响应客户被认为是"比较不错的"，而10 s是客户能接受的响应的上限。

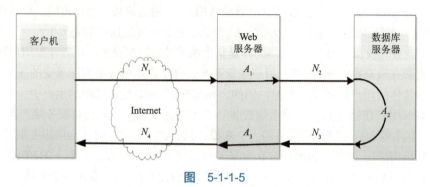

图 5-1-1-5

但考虑一个税务报账系统，用户每月使用一次该系统，一次花费2小时以上进行数据的录入，当用户单击"提交"按钮后，即使系统在20分钟后才给出"处理成功"的消息，用户仍然不会认为该系统的响应时间不能接受，毕竟，相对于一个月才进行一次的操作来说，20分钟确实是一个可以接受的等待时间。

因此，在进行性能测试时，合理的响应时间取决于实际的用户需求，而不能依据测试人员的设想来决定。

3）吞吐量

吞吐量指单位时间内系统处理用户的请求数。

- 从业务角度看，吞吐量可以用请求数/秒、页数/秒、人数/天、处理业务数/小时等单位来衡量。
- 从网络角度看，吞吐量可以用字节/秒来衡量。

对于交互式应用来说，吞吐量指标反映的是服务器承受的压力。在容量规划的测试中，吞吐量是一个重点关注的指标，它能够说明系统的负载能力。

以不同方式表达的吞吐量可以说明不同层次的问题。例如，以字节数/秒方式可以表示数据要受网络基础设施、服务器架构、应用服务器制约等方面的瓶颈；以请求数/秒的方式表示主要是受应用服务器和应用代码的制约体现出的瓶颈。

当没有遇到性能瓶颈的时候，吞吐量与虚拟用户数之间存在一定的联系，可以采用以下公式计算：$F=VU \times R/T$。其中F为吞吐量，VU表示虚拟用户个数，R表示每个虚拟用户发出的请求数，T表示性能测试所用的时间。

4）TPS

事务是用户某一步或几步操作的集合。不过，通常要保证它有一个完整意义。比如，用户对某一个页面的一次请求，用户对某系统的一次登录，淘宝用户对商品的一次确认支付过程。这些都可以看作一个事务。那么如何衡量服务器对事务的处理能力，又引出一个概念——TPS（Transactions Per Second，每秒钟系统能够处理事务或交易的数量），它是衡量系统处理能力的重要指标。

5）点击率

点击率指每秒用户向Web服务器提交的HTTP请求数。这个指标是Web应用特有的一个指标。Web应用是"请求—响应"模式，用户发出一次申请，服务器就要处理一次，所以点击是Web应用能够处理的交易的最小单位。如果把每次点击定义为一个交易，点击率和TPS就是一个概念。容易看出，点击率越大，对服务器的压力越大。点击率只是一个性能参考指标，重要的是分析点击时产生的影响。需要注意的是，这里的点击并非指鼠标的一次单击操作，因为在一次单击操作中，客户端可能向服务器发出多个HTTP请求。

4. 性能测试应用领域

1）能力验证

能力验证是性能测试中最简单也是最常用的一个应用领域。一个典型的能力验证的问题会采用"某系统能否在A条件下具有B能力"的描述方式。例如，为客户进行系统上线后的验收测试，或是作为第三方对一个已部署系统的性能进行验证，都属于这种性能测试应用领域内的测试。能力验证领域的特点与性能测试的特点非常接近。

（1）要求在已确定的环境下运行。能力验证要求运行环境必须是确定的。只有在确定的运行环境下，软件性能的承诺和规划才是有意义的。因为无法或很难根据系统在一个环境中的表现去推断其在另一个不同环境中的表现，因此这种应用领域内的测试必须要求测试时的环境（如硬件设备、软件环境、网络条件、基础数据等）已确定。

（2）需要根据典型场景设计测试方案和用例。能力验证需要了解被测系统的典型场景，并根据典型场景设计测试方案和用例。一个典型场景包括操作序列和并发用户数量条件。在设计用例时，需要确定相应的性能目标。

2）规划能力

规划能力应用领域与能力验证应用领域有些不同，能力验证应用领域关心的是"在给定条件下，系统能否具有预期的能力表现"，而规划能力应用领域关心的是"应该如何使系统具有要求的性能能力"或是"在某种可能发生的条件下，系统具有如何的性能能力"。规划能力应用领域内的问题常常会被描述为"某系统能否支持未来一段时间内的用户增长"，或是"应该如何调整系统配置，使系统能够满足增长的用户数的需要"。规划能力领域具有以下特点：

（1）它是一种探索性的测试。规划能力领域侧重的是规划。也就是说，该领域内的测试不依赖于预先设定的用于比较的目标，而是要求在测试过程中了解系统本身的能力。这种测试与能力验证领域内测试的最大区别就在其探索性。所谓非探索性测试，是指测试过程中已建立明确的测试预期，得到测试结论的方法是用实际的结果与预期的结果进行比较，一致则说明"通过"，否则说明"不通过"。而探索性测试则没有在测试中建立明确的测试预期，测试要求得到的结论是非确定的，对性能测试来说，即是"这种条件下，系统的性能表现如何"这类问题的答案。

（2）它可被用于了解系统的性能以及获得扩展性能的方法。规划能力领域的问题是期望了解系统的能力，或是获得扩展系统性能的方法。该领域在测试过程中，除要通过负载测试等方法获知系统性能表现外，还需要通过更换设备、调整参数等方法获知系统性能可扩展的元素。

3）性能调优

性能调优应用领域主要对应于对系统性能进行调优。一般来说，性能调优活动会和其他性能测试应用领域的活动交杂在一起。由于性能调优可以调整的对象众多，而且并不要求在系统全部完成后才能进行调优（在开发阶段也可针对某个设计或是某种实现方法进行调优），因此可以在多种不同的测试阶段和场合下使用。

对已经部署在实际生产环境中的应用系统来说，对其进行的性能调优可能会首先关注应用系统部署环境的调整，例如，对服务器的调整、对数据库参数的调整及对应用服务器的参数调整，此时的性能调优需要在生产环境这个确定的环境下进行；但对正在开发中的应用来说，性能调优会更多地关注应用逻辑的实现方法、应用中涉及的算法、数据库访问层的设计等因素，此时并不要求测试环境是实际的生产环境，只要整个调优过程中具有一个可用于比较的测试基准测试环境即可。

性能调优是一种在开发和测试阶段都可能会涉及的性能测试应用领域。要注意的是，在这里讨论的性能调优并不是一种自发的无意识的行为，它本身必须遵循一定的原则和过程。可能读者已经使用一些测试的方法对应用性能进行过调整，但如果不是按照以下性能调优的过程描述来进行，则不能视为真正意义上的性能调优过程，一个标准的性能调优过程的描述如下：

（1）确定基准环境、基准负载和基准性能指标。基准负载是指一种可以被用来衡量和比较性能调优测试结果的标准的应用运行环境、测试操作脚本和可被用来衡量调优效果的性能指标。请特别注意描述中的"标准的应用运行环境"，所谓的"标准"是指每次执行性能测试时的环境要严格保持一致。

（2）调整系统运行环境和实现方法，执行测试。这是性能调优过程中的核心步骤。性能调优的目的是通过调整，提高应用系统的性能表现。对于一个应用系统来说，这种调整包括硬件、系统、应用程序三方面，Shell层基本不存在调优，如图5-1-1-6所示。

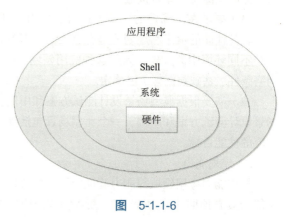

图 5-1-1-6

① 硬件环境的调整：主要是对系统运行的硬件环境进行调整，包括改变系统运行的服务器、主机设备环境（改用具有更高性能的机器，或是调整某些服务器的物理内存总量、CPU数量等）、调整网络环境（更换快速的网络设备，或是采用更高带宽的组网技术）等。

② 系统设置的调整：主要是对系统运行的基础平台设置进行调整，例如，根据应用需要调整UNIX系统的核心参数，调整数据库的内存池大小，调整应用服务器使用的内存大小，或是采用更高版本的JVM环境等。

③ 应用级别的调整：主要是对应用实现本身进行调整，包括选用新的架构、采用新的数据访问方式或修改业务逻辑的实现方式等。

在实际的性能调优过程中，具体调整哪部分的内容要视具体情况而定。如果调优的对象是一个已经在实际生产环境上部署完成的系统，则调优的重点可能会放在硬件环境和系统设置上，以达到较高的投入/产出比；但对于一个正在开发中的应用，或是一个通过对硬件环境和系统设置调整仍然不能达到用户要求的已部署系统，还需要在应用级别上进行调整。

对应用系统进行调整之后，必须存在一个可用于衡量调优是否取得效果的标准。在确定基准负载、基准环境和基准性能指标之后，需要根据已经确定的这些内容执行测试，以提供对性能调优有效性评估的原始数据。

最后需要说明的是，不要一次调整过多的参数或是应用实现方法，否则，很难判断具体哪个调整对系统性能产生较为有利的影响。

（3）记录测试结果，进行分析。本步骤和第（2）步构成性能调优过程中的循环，循环的出口是"达到预期的性能调优目标"。对测试结果的分析需要了解每次调整是否确实提高系统的性能。

4）缺陷发现

缺陷发现性能测试应用领域的主要目的是通过性能测试的手段来发现系统中存在的缺陷。

当然，系统在测试环境中运行良好，但在用户现场却问题不断的原因并不完全由并发或性能问题引致，但如果应用在实验室测试过程中运行良好，但在用户现场却经常出现应用挂死、多人访问时速度时快时慢、多人访问时应用崩溃的概率明显增大等问题，则很可能是由于并发时的线程锁、资源竞争或内存问题引起的。

缺陷发现性能测试应用领域一般可以作为系统测试阶段的一种补充测试手段，在测试过程中发现并发时的应用问题，或是作为在系统维护阶段的问题定位手段，对系统运行过程中已经出现的问题进行重现和定位。

任务 1.2　性能测试准备

任务介绍

在测试前期准备阶段，需要准备的工作有保证系统稳定、建立合适的测试团队以及测试工具的引入。本任务针对性能测试准备进行介绍。

任务目标

了解性能测试准备常见情况。

知识储备

1. 系统基础功能验证

性能测试在什么阶段适合实施，切入点很重要。一般而言，只有在系统基础功能测试验证完成、系统趋于稳定的情况下，才会进行性能测试。对一个很不稳定或还处于"半成品"状态的软件系统进行性能测试，没有太大意义。

2. 组建测试团队

根据项目的具体情况确定人员需要的技能，组建一个性能测试团队。一个性能测试团队中应该包括以下角色：

（1）项目测试经理角色。项目测试经理角色负责整个测试项目，对项目的进度负责，其具体职责包括确定测试目标、制订测试计划、监控计划执行、处理测试项目干系人的交互等。项目测试经理必须具有项目经理的基本技能，能掌控项目的进行。

（2）测试设计角色。测试设计角色设计测试方案和用例，该角色应该具有较强的业务能力，能够根据用户和软件需求，从业务的角度分析和整理典型场景，识别出性能需求，并制定出合理可行的测试方案和用例。

（3）测试开发角色。测试开发角色负责实现测试设计人员设计的方案和用例，负责测试脚本的编写和维护，确定测试过程中需要监控的性能指标。

（4）测试执行角色。测试执行角色按照测试方案和用例，用测试工具组织和执行相应脚本，监控相关的性能指标，记录测试结果。

（5）测试分析角色。测试分析角色需要获得测试执行人员的测试结果，对照测试目标分析测试数据和测试过程中获取的性能指标，得出测试结论。针对不同的测试目标，测试分析得出的结论会有不同侧重。

（6）支持角色。支持角色包括系统工程师、网络工程师和数据库工程师。系统工程师主要处理性能测试过程中与环境相关的内容，为测试过程提供支持；网络工程师则保证测试环境中的网络环境，同样，也会对测试结果分析提供支持；数据库工程师则保证测试环境中数据库环境的相关内容，并能为测试分析人员提供结果分析上的支持，如表5-1-2-1所示。

表 5-1-2-1

角 色	职 责	技 能
测试经理角色	（1）和用户等项目干系人交互，确保测试的外部环境 （2）制订测试计划 （3）监控测试进度 （4）发现和处理测试中的风险	（1）计划执行和监控能力 （2）风险意识和能力 （3）外交能力和灵活变通的能力
测试设计角色	（1）定义性能规划 （2）识别用户的性能需求 （3）建立性能场景	（1）业务把控能力 （2）性能需求分析和识别能力
测试开发角色	（1）实现已设计的性能场景 （2）脚本开发、调试 （3）确定测试时需要监控的性能指标、性能计数器	（1）脚本编码和调试能力 （2）理解性能指标和性能计数器
测试执行角色	（1）部署测试环境 （2）执行脚本和场景 （3）根据监控要求记录测试结果，记录性能指标和性能计数器值	（1）搭建测试环境的能力 （2）测试工具使用的能力 （3）性能指标和性能计数器值获取和记录能力
测试分析角色	（1）根据测试结果、性能指标的数值、性能计数器值进行分析 （2）能根据性能规划，分析出系统性能瓶颈，或给出优化建议	（1）掌握性能测试工具的使用方法 （2）掌握应用系统性能领域相关知识，理解所采用的架构 （3）熟悉常用的性能分析方法 （4）具有一定的编码经验
系统支持	系统支持，协助解决测试工程师无法解决的系统问题	处理系统问题的能力和技能，最好由专职的系统管理员担任这个角色
网络支持	网络方面的支持，协助测试工程师解决网络方面的问题，在必要时为测试分析角色提供网络方面的分析支持	网络方面的能力和技能，最好由专职的网络管理员担任这个角色
数据库支持	数据库方面的支持，在必要时为测试分析角色提供结果分析上的支持	数据库方面的能力和技能，最好由专职的DBA担任这个角色

3. 测试工具的引入

根据对被测系统的了解和对测试过程的初步规划，给出测试工具应该具备的功能列表，如表5-1-2-2所示。

表 5-1-2-2

被测系统环境	测试工具功能需求建议
操作系统环境	测试工具是否能运行在本操作系统上
	测试工具是否支持对本操作系统的监控
应用服务器环境	测试工具能否支持对本应用服务器的监控
数据库环境	测试工具能否支持本数据库的监控
应用使用的协议	本系统使用哪些协议
	哪些协议需要在性能测试中通过工具进行录制和产生负载
	测试工具能否支持进行录制和产生负载的协议
网络环境	是否需要测试工具支持防火墙
	是否需要测试工具支持负载均衡
测试管理支持	测试工具是否能够提供方便的测试结果分析和管理

性能测试工具在性能测试项目中发挥着不可替代的作用，很难想象一个没有使用任何性能测试工具而完全依靠手工进行的性能测试。但从另一个方面来说，使用性能测试工具，并不一定能做好性能测试。对性能测试来说，为项目测试选择合适的工具、为测试工具的使用确定范围以及在测试过程中规定和规范测试工具的使用，都是测试过程中重要的一环。

测试工具的引入包括下列活动：

（1）选择工具。性能测试一定会使用自动化测试手段和自动化测试工具。选择测试工具的方法是圈定几种可用的工具，对照《性能测试工具需求规划表》给出的问题列表，为每个工具进行功能符合度的评估，选择符合度最高的工具。如果所有的工具都无法达到所要求的功能符合度，则可以考虑通过创建方式自行构建测试中使用的工具。

（2）工具应用的技能培训。该活动对项目组的相关参与者进行测试工具的应用技能培训，以使测试活动参与者具备测试需要的技能。该活动需要达到一定的目标，最好能够在活动开始前确定各种角色人员的详细技能标准，并据此给出培训是否达到预定目标的评判准则。培训活动不一定需要组织内部的人员执行完成，可以通过工具的经销商培训或是外包服务等方式完成。

（3）确定工具的应用过程。除工具的应用技能培训外，测试工具引入过程中的另一个重要活动是确定工具的应用过程。测试工具引入过程中最容易导致的失败就是团队不能达成对测试工具应用范围的一致认可和测试工具应用局限性的一致确认。如果不能达成一致的认识，很容易因为测试工具应用的范围发生争执甚至是推诿。

该活动需要确定性能测试工具在测试中的具体应用范围、工具使用过程中的问题解决方法等内容。具体来说，哪些工作使用工具完成，测试工具在使用过程中的问题由谁来解决，测试工具的脚本如何管理，这些问题都应该在该活动中解决。

任务 1.3 性能测试计划设计

任务介绍

测试计划阶段用于生产指导整个测试执行的计划。该阶段主要完成测试目标的确定和测试时间的拟定。本任务针对性能测试计划进行介绍。

任务目标

了解性能测试计划常见情况。

知识储备

建议将该阶段的工作分解为如下活动:

1. 性能测试领域分析

在性能测试中引入领域的概念可以反映性能测试的直接目的。在性能测试计划阶段,首先要执行的活动是根据性能测试所期望达到的目的,分析出性能测试的应用领域。

测试的目的是明确验证系统在固定条件下的性能能力的,属于能力验证领域,该领域常见于对特定环境上部署系统的性能验证测试;测试的目的是了解系统性能能力的可扩展性、系统在非特定环境下的性能能力的,属于规划能力领域,该领域常见于对应用性能可扩展性的测试;测试的目的是通过测试(发现问题)—调优(调整)—测试(验证调优效果)的方法提高系统性能能力的,属于性能调优领域;测试目的是通过性能测试手段发现应用缺陷的,属于发现缺陷领域。

确定性能测试的应用领域后,可以据此给出性能测试的目标,并可以初步确定可用的性能测试方法。根据不同的性能测试应用领域分析结果,性能测试的目标定义会有所不同。表5-1-3-1中给出了各种不同应用领域的性能测试目标和性能目标(性能测试目标描述的是性能测试需要达成的目标;性能目标描述的是性能测试过程中,用于判断性能测试是否通过的标准)。

表 5-1-3-1

应用领域	性能测试目标	性能目标
能力验证	验证系统在给定环境中的性能能力	重点关注关键业务响应时间、吞吐量
规划能力	验证系统的性能扩展力,找出系统能力扩充的关键点,给出改善其性能扩展能力的建议	业务的性能瓶颈
性能调优	提高系统的性能表现	重点关注关键业务响应时间、吞吐量
发现缺陷	发现系统中的缺陷	无

2. 用户活动剖析与业务建模

用户活动剖析与业务建模活动用来寻找用户的关键性能关注点。用户对系统性能的关注往往集中在少数几个业务活动上,在确定性能目标之前,需要先把用户的关注点找出来,从而确定最贴近用户要求的性能目标。

用户活动剖析的方法大体分为系统日志分析和用户调查分析。系统日志分析是指通过应用系统的日志了解用户的活动，分析出用户最关注、最常用的业务功能以及达到业务功能的操作路径；用户调查分析是在不具备系统日志分析条件（如该系统尚未交互用户运行实际的业务）时采用的一种估算方法，可以通过用户调查问卷、同类型系统对比的方法获取用户最关注、最常用的业务功能等内容。

经过用户活动分析之后，最终形成的结果类似于以下描述：

用户最关心的业务之一是A业务，该业务具有平均每天3 000次的业务发生率，业务发生时间集中在9:00—18:00，业务发生的峰值为每小时1 000次，A业务的操作路径如下所示：

- 用户单击"发布讨论"链接；
- 用户在出现的页面中填写发布内容；
- 用户单击"提交"按钮进行提交。

业务建模是对业务系统的行为及其实现方式和方法建模，一般采用流程图的方式描绘出各进程之间的交互关系和数据流向。对复杂的业务系统来说，业务建模可以将业务系统清晰地呈现出来，为性能测试提供直观的指导。

3. 确定性能目标

性能测试目标根据性能测试需求和用户活动分析结果来确定，确定性能测试目标的一般步骤是首先从需求中分析出性能测试需求，结合用户活动剖析与业务建模的结果，最终确定性能测试的目标。

根据不同的性能测试应用领域分析结果，性能目标定义会稍有不同。

（1）对于规划能力领域，性能目标的描述。系统的A业务在未来的3个月内每天的业务吞吐量达到4 000笔，找出系统的性能瓶颈并给出可支持这种业务量的建议。

（2）对于能力验证领域，性能目标的描述。该应用能够以1 s的最大响应时间处理200个并发用户对业务A的访问；峰值时刻有400个用户，允许响应时间延长为3 s。

（3）对于性能调优领域，最终确定的性能目标的描述。通过性能调优测试，本系统的A业务和B业务在200个并发用户的条件下，响应时间提高到3 s。

在能力验证领域和性能调优领域的性能目标描述中，响应时间、平均的并发用户数量（或吞吐量）、峰值的并发用户数量（或吞吐量）、该性能目标针对的业务都进行明确的定义。当然，在性能测试目标中，还可以加上此时对系统资源使用的定义。一个更为完整的描述如下：该应用能够以1 s的最大响应时间处理200个并发用户对业务A的访问，此时服务器的CPU占用不超过75%，内存使用率不超过70%；峰值时刻有400个用户，允许响应时间延长为3 s，此时服务器的CPU占用不超过85%，内存使用率不超过90%。

4. 指定测试时间计划

该活动给出性能测试的各个活动起止时间，为性能测试的执行给出时间上的估算。具体方法是根据性能测试活动，为每个活动阶段给出可能的时间估计，最终形成时间计划。

模块2　性能测试执行

性能测试需求分析完毕之后，将展开性能测试执行阶段。本模块针对测试设计与开发、测试执行与管理、基于JMeter工具执行、基于LoadRunner工具执行等方面进行介绍。

任务 2.1 性能测试设计与开发

任务介绍

性能测试的设计与开发阶段包括测试环境设计，测试场景设计，测试用例设计，以及脚本、辅助工具开发活动。本任务针对性能测试设计与开发进行学习了解。

任务目标

了解性能测试设计与开发常见情况。

知识储备

1. 测试环境设计

测试环境设计是测试设计中不可缺少的环节。性能测试的结果与测试环境之间的关联性非常大，无论是哪种领域内的性能测试，都必须首先确定测试的环境。

- 对于能力验证领域的性能测试来说，测试首先明确是在特定的部署环境上进行，因此不需要特别为性能测试设计环境，只需要保证用于测试的环境与今后系统运行的环境一致即可。
- 对于规划能力领域的性能测试来说，测试环境不特定，但也需要设计一个基准的环境。
- 对于性能调优领域的性能测试来说，因为调优过程是一个反复的过程，在每个调优小阶段的末尾，都需要有性能测试来衡量调优的效果，因此必须在开始就给出一个用于衡量的环境标准，并在整个调优过程中保证测试环境保持不变。

这里所说的测试环境设计包括系统的软硬件环境、数据环境设计，以及环境的维护方法。其中，数据环境设计是非常关键但又是最容易被忽略的问题。设想一下，系统运行在一个已有50 000条数据的数据库和一个几乎为空的数据库环境上，其执行增、删、改、查操作的响应时间显然是不同的。

2. 测试场景设计

用户场景设计活动用于设计测试活动需要使用的场景，场景体现的是用户实际运行环境中具有代表性的业务使用情况。用户场景一般由用户在某一个时间段内的所有业务使用状况组成，包括业务、业务比例、测试指标的目标，以及需要在测试过程中进行监控的性能计数器。

测试场景可以是多个测试目标的综合体现，表5-2-1-1中描述了一个测试场景的内容。

表 5-2-1-1

场景名称	场景业务及用户比例分配	测试指标	性能计数器
用户登录	登录业务，100% 用户 总用户数 200 人	响应时间（<5 s）	服务器 CPU 使用率 服务器内存使用率
标准日常操作	浏览帖子，40% 用户 发布帖子，30% 用户 回复帖子，30% 用户 总用户数 200 人	响应时间 （浏览 <5 s） （发布 <6 s） （回复 <4 s）	服务器 CPU 使用率 服务器内存使用率
…	…	…	…

3. 测试用例设计

在设计完成测试场景之后，为能够把场景通过测试工具体现出来，并能用测试工具顺利进行测试执行，有必要针对每个测试场景规划出相应的工具部署、应用部署、测试方法和步骤，该过程就是测试用例设计活动。

测试用例是对测试场景的进一步细化，细化内容包括场景中设计业务的操作序列描述、场景需要的环境部署等。以用户登录场景为例，要将其细化为用例，就需要将登录业务的具体步骤进行描述：

- 进入登录页面；
- 输入正确的用户名和密码；
- 单击"登录"按钮；
- 登录成功，判断登录成功的方式是登录成功页面中显示"欢迎您"文本。

从描述中可以看到，在用例中，一个业务描述会被描述成操作的序列，并且在该序列中一定会给出判断业务是否执行成功的准则。

4. 脚本和辅助工具开发

脚本和辅助工具的开发是测试执行之前的最后步骤，测试脚本是对业务操作的体现，一个脚本一般就是一个业务的过程描述。除脚本外，测试辅助工具也需要在本活动中进行开发。

测试脚本的开发通常基于"录制"，依靠工具提供的录制功能，可以将需要性能测试关注的业务在工具的录制下操作一遍，然后基于该录制后的脚本，对其进行修改和调试，确保其可以在性能测试中顺利使用。最常用的脚本修改和调试技巧是参数化、关联、检查点等。

任务 2.2 性能测试执行与管理

任务介绍

测试执行与管理过程用于建立合适的测试环境，部署测试脚本和测试场景，执行测试并记录测试结果。本任务针对性能测试执行与管理进行介绍。

任务目标

了解性能测试执行与管理常见情况。

知识储备

1. 建立测试环境

该活动用于搭建需要的测试环境，在设计完成用例之后就会开始该活动。该活动是一个持续性的活动，在测试过程中，可能会根据测试需求进行环境上的调整。建立测试环境一般包括硬件、软件系统环境的搭建，数据库环境建立，应用系统的部署，系统设置参数的调整以及数据环境准备几个方面的工作内容。

测试环境的维护是另一个比较困难的问题。性能测试中使用的数据量巨大，每次运行测试都可能会产生大量的测试数据，而且性能测试可能会需要部署大量的测试辅助工具和程序。为测试结果的可比性，一般需要在每次运行测试结束后恢复初始的测试环境，如果管理不善，该恢复工作经常会引起非常大的混乱。

在每次测试运行完成,准备进行下一轮的测试运行之前,可以用表5-2-2-1中的条目检查环境的可用性。

表 5-2-2-1

条目名称	检查内容	维护方法
硬件环境	硬件环境是否与拓扑描述一致	硬件拓扑结构图
软件环境	软件环境是否与软件环境列表中描述一致	软件环境列表
	应用部署是否成功	应用部署检查
	测试辅助工具是否部署成功	测试辅助工具部署检查
	软件参数设置是否符合要求	软件参数设置表
数据环境	数据是否与数据要求描述表中描述一致	数据要求描述表
	上次测试是否引入额外的数据而没有清除	数据维护脚本或是其他方式

2. 部署测试脚本和测试场景

在建立合适的测试环境之后,接下来的工作是部署测试脚本和测试场景。部署测试脚本和测试场景活动通过测试工具本身提供的功能来实现。部署活动最终需要保证场景与设计的一致性,保证需要监控的计数器都已经部署好相应的监控手段。

3. 执行测试和记录结果

准备好环境和部署好测试脚本以及场景后,就可以执行测试并记录测试结果。在测试工具的协助下,测试执行是非常简单的操作,一般只需要使用菜单或是按钮就可以完成;记录测试结果也可以依靠测试工具完成,通过测试工具的监控模块或者一些操作系统监控工具,可以获取并记录需要关注的性能计数器的值。

任务 2.3 基于 JMeter 执行

任务介绍

Apache JMeter应用程序是开源软件,是100%纯Java应用程序,专为负载测试和性能测试所设计。它最初是为测试Web应用程序而设计的,后来扩展到其他测试程序。本任务将针对基于JMeter进行性能测试进行学习,包括脚本开发、场景设计等内容。

任务 2.3.1 脚本开发

任务介绍

基于JMeter执行性能测试首先要进行脚本开发,包括脚本添加、思考时间、参数化、集合点、事务等。本任务针对在正式脚本开发前的JMeter工具相关菜单功能操作进行介绍。

任务目标

掌握JMeter工具脚本开发菜单功能操作等。

知识储备

启动JMeter后进入工作区，工作区可以分成三部分，如图5-2-3-1所示。

图 5-2-3-1

区域①是一个目录树，存放测试设计过程中使用到的元件；执行过程中默认从根节点开始顺序遍历树上的元件。

区域②是测试计划编辑区域，在"用户定义的变量"区域，可以定义整个测试计划公用的全局变量，这些变量对多个线程组有效。还可以对线程组的运行进行设置，相关元素如下：

- 测试计划：是JMeter测试脚本根节点，每一个测试脚本都是一个测试计划。
- 名称：可以随意设置，最好有业务意义，
- 注释：可以随意设置，可以为空，
- 用户定义的变量：全局变量，
- 独立运行每个线程组：如果一个测试计划中有多个线程组，设置此项可以生效。不设置时每个线程组同时运行，
- Run tearDown Thread Groups after shutdown of main threads：关闭主线程后运行tearDown程序来正常关闭线程组（运行的线程本次迭代完成后关闭）。
- 函数测试模式：在调试脚本的过程中，如果需要获取服务器返回的详细信息就可以选择此项；选择此项后，如果记录较多的数据会影响测试效率，所以在执行性能测试时，最好关闭此项了，
- Add directory or jar to classpath：把测试需要依赖的jar包或包所在的目录加入类路径。测试需要依赖的jar包还可以直接放到%JMETER_HOME%\lib目录下（%JMETER_HOME%：JMeter安装目录）。

区域③是菜单栏，图标是菜单快捷方式。

任务 2.3.2　脚本开发—脚本添加

任务介绍

JMeter中一个脚本即是一个测试计划,也是一个管理单元。JMeter的请求模拟与并发数(设置线程数,一个线程代表一个虚拟用户)设置都在脚本文件中一起设置。本任务针对脚本开发—脚本添加进行介绍。

视频
JMeter–脚本添加

任务目标

掌握基于JMeter性能测试脚本开发—脚本添加。

知识储备

测试计划要素如下:

(1)要素一:脚本中测试计划只有一个。

JMeter测试计划类似LoadRunner Controller中的测试场景,同一时刻场景只能有一个,JMeter脚本在GUI中显示的是树状结构,测试计划是根节点,根节点当然只能有一个。

(2)要素二:测试计划中至少要有一个线程组。

JMeter负载是通过线程组驱动的,所以计划中至少要出现一个线程组。JMeter测试计划支持多个线程组。可以在计划下面建立多个线程组,类似LoadRunner中的Group方式的场景,把不相关联的业务分布在不同的线程组(LoadRunner中的不同Group)。可以把JMeter计划理解成LoadRunner中的Group方式场景。

(3)要素三:至少要有一个取样器。

测试的目的就是要模拟用户请求,没有取样器脚本就毫无意义。

(4)要素四:至少要有一个监听器。

测试结果用来衡量系统性能,需要从结果中分析系统性能。

1. 添加线程组

线程组是模拟虚拟用户的发起点,在此可以设置线程组(类似LoadRunner中的多少个虚拟用户)及运行次数或者运行时间,还可以定义调度时间与运行时长。

添加线程组:右击"测试计划",选择"添加"→"Threads(Users)"→"线程组"命令,如图5-2-3-2所示。

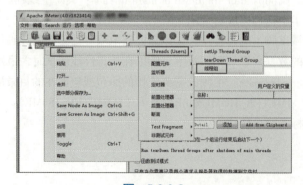

图 5-2-3-2

线程组相当于有多个用户,同时去执行相同的一批次任务。每个线程之间都是隔离的,互不影响。一个线程的执行过程中操作的变量不会影响其他线程的变量值,如图5-2-3-3所示。

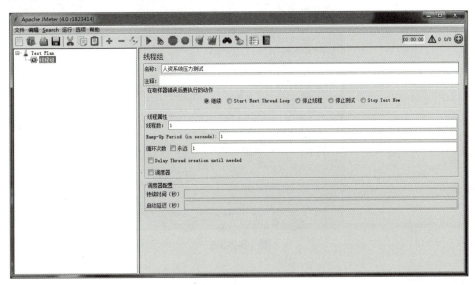

图 5-2-3-3

2. 添加 HTTP Cookie 管理器

在用浏览器访问Web页面时,浏览器会自动记录Cookie信息,JMeter通过加入HTTP Cookie管理器来自动记录Cookie信息,添加Cookie管理器后选择默认即可。

添加HTTP Cookie管理器:右击"线程组",选择"添加"→"配置元件"→"HTTP Cookie管理器"命令,在打开的窗口中进行设置,如图5-2-3-4和图5-2-3-5所示。

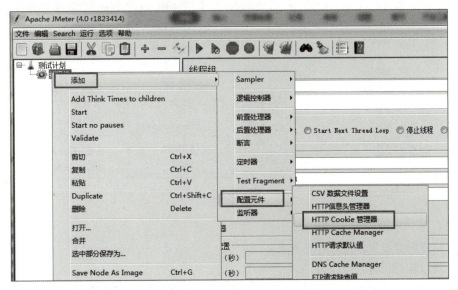

图 5-2-3-4

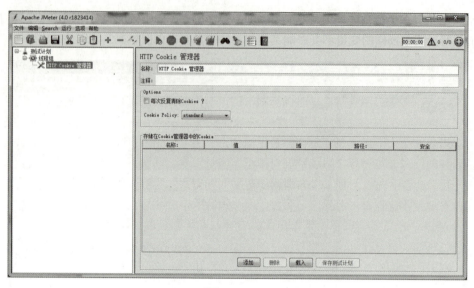

图 5-2-3-5

3. 添加 HTTP 请求

添加HTTP请求：右击"线程组"，选择"添加"→"Sampler"→"HTTP请求"命令，在打开的窗口中进行设置，如图5-2-3-6和图5-2-3-7所示。

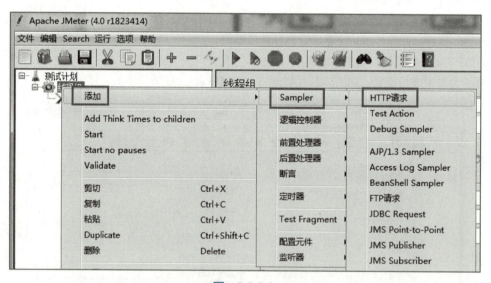

图 5-2-3-6

页面元素：

- 名称：可以随意设置，最好有业务意义。
- 注释：可以随意设置，可以为空。
- 协议：HTTP或者HTTPS（默认为HTTP）。HTTPS是SSL的连接，较HTTP有较高的安全性，但效率较HTTP低。

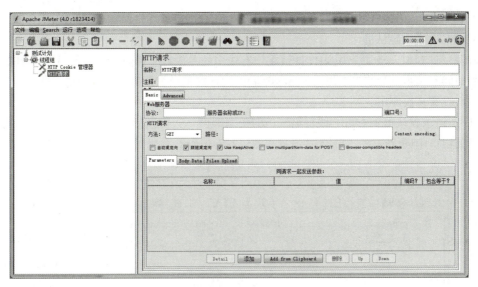

图 5-2-3-7

- 服务器名称或IP：指定HTTP请求的主机地址，不需要加上"http://"，JMeter会自动加上。
- 端口号：默认80，如果访问地址中带有其他端口号在此填入。
- 方法：HTTP请求的方法，最常用的有GET和POST。
- 路径：除去主机地址部分的访问链接。
- Content encoding：字符编码格式，默认为iso8859，大多数应用会指定成UTF-8格式。
- 自动重定向：HttpClient接收到请求后，如果请求中包含重定向请求，HttpClient可以自动跳转，但是只针对GET与HEAD请求，勾选此项则"跟随重定向"失效；自动重定向可以自动转向到最终目标页面，但是JMeter是不记录重定向过程内容的，比如在察看结果树中无法找到重定向过程内容（A重定向到B，此时只记录B的内容不记录A的内容，A的响应内容暂且称为过程内容），如果此时要做关联，则无法关联到。
- 跟随重定向：HTTP请求的默认选项，当响应Code是3××时（比如301是重定向），自动跳转到目标地址。与自动重定向不同，JMeter会记录重定向过程中的所有请求响应，在察看结果树时可以看到服务器返回的内容，所以可以对响应的内容做关联。
- Use KeepAlive：对应HTTP响应头中的Connection：Keep-Alive，默认为选中。
- Use multipart/form-data for POST：当发送HTTP POST请求时，使用Use multipart/form-data方法发送，比如可以用它做文件上传；这个属性是与方法POST绑定的。
- Browser-compatible headers：浏览器兼容模式，如果使用Use multipart/form-data for POST建议勾选此项。
- Parameters：同请求一起发送的参数，可以把要发送的参数（就是表单域）与值填到此域，GET方法也适用。
- Body Data：指的是实体数据，就是请求报文里面主体实体的内容，一般向服务器发送请求，携带的实体主体参数，可以写入这里。Parameters和Body Data只能同时使用其中一种方式。
- Files Upload：当使用Use multipart/form-data for POST时可以在此一同上传文件。MIME类型有

STRICT、BROWSER_COMPATIBLE、RFC6532等。

4. 添加 HTTP 请求默认值

在实际测试计划中，经常会碰到HTTP请求中有较多的参数与配置会重复，每一个HTTP请求单独设置比较浪费时间和精力，为节省工作量，JMeter提供了HTTP请求默认值元件，用来把这些重复的部分封装起来，一次设置多次使用。

添加HTTP请求默认值：右击"线程组"，选择"添加"→"配置元件"→"HTTP请求默认值"命令，在打开的窗口中进行设置，如图5-2-3-8和图5-2-3-9所示。

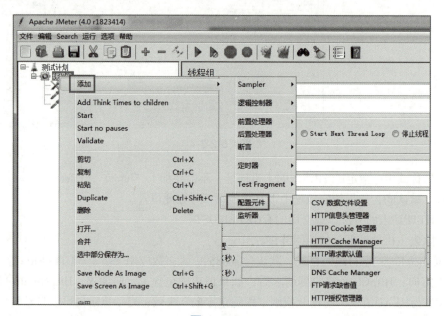

图 5-2-3-8

图 5-2-3-9

5. 添加察看结果树

可以在结果树中查看到响应数据。察看结果树会显示取样器的每一次请求（每运行一次，结果树多一个节点，不管取样成功与失败），所以大量运行会比较耗费机器资源，因此在运行性能测试计划时，不建议开启。

添加察看结果树：右击"线程组"，选择"添加"→"监听器"→"察看结果树"命令，如图5-2-3-10和图5-2-3-11所示。

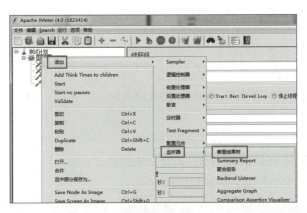

图 5-2-3-10

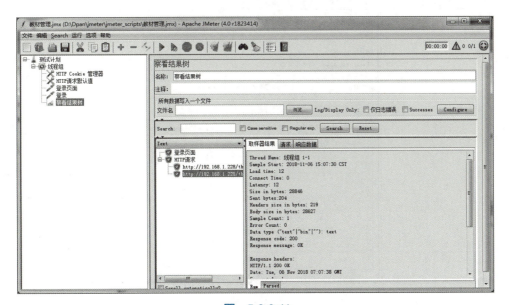

图 5-2-3-11

页面元素：
- 名称：可以随意设置，最好有业务意义。
- 注释：可以随意设置，可以为空。
- 文件名：可以通过浏览，选择一个文件，这样在执行的过程中，会将所有的信息输出到该文件。

- Log/Display：配置输出到文件的内容。
  - Only：仅日志错误：表示只输出报错的日志信息。
  - Only：Successes：表示只输出正常响应的日志信息；两个都不勾选，表示输出所有的信息。
  - Configure：配置需要输出的内容。
- Search：在输入框中输入想查询的信息，单击Search按钮，可以在请求列表中进行查询，并在查询出的数据上加上红色的边框。单击Reset按钮后，会清除数据上的红色边框。
- Text下拉列表：其中有Text、XPath Tester、JSON等选项，用来显示不同的取样器请求，默认以Text方式表示。
- 取样器结果：显示取样器运行结果。
- 请求：显示请求表单内容。
- 响应数据：显示服务器响应数据，同时提供查询功能。

任务实施

实例1：http://192.168.16.161/suthr/logon是人资系统的登录页面，是一个HTTP请求（GET方法），将这个请求添加到JMeter脚本中，如图5-2-3-12所示。

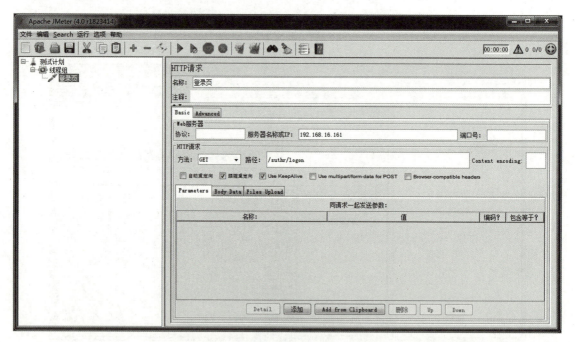

图 5-2-3-12

实例2：http://192.168.16.161/suthr/authenticate是人资系统登录请求，是一个HTTP请求（POST方法），将这个请求继续添加到前面的脚本中，如图5-2-3-13所示。

请求参数：

用户名（username）：hrteacher；密码（password）：123456。

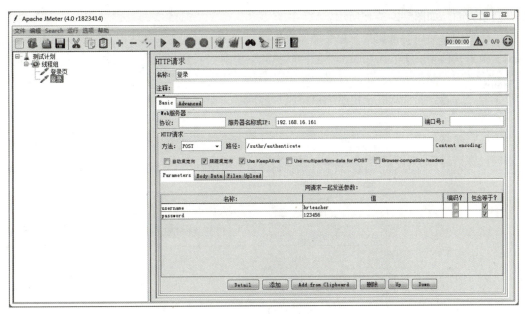

图 5-2-3-13

实例3：打开人资系统登录页面，以人资管理员身份登录系统，单击"人资工作台"单击"岗位管理菜单"，单击"添加岗位按钮"，输入内容，保存，返回岗位管理列表。要求：将上面的操作步骤添加到JMeter脚本中。

JMeter新建脚本，添加线程组，添加HTTP Cookie管理器，添加HTTP请求默认值。将协议、服务器IP、端口号等重复信息添加到HTTP请求默认值中，如图5-2-3-14所示。

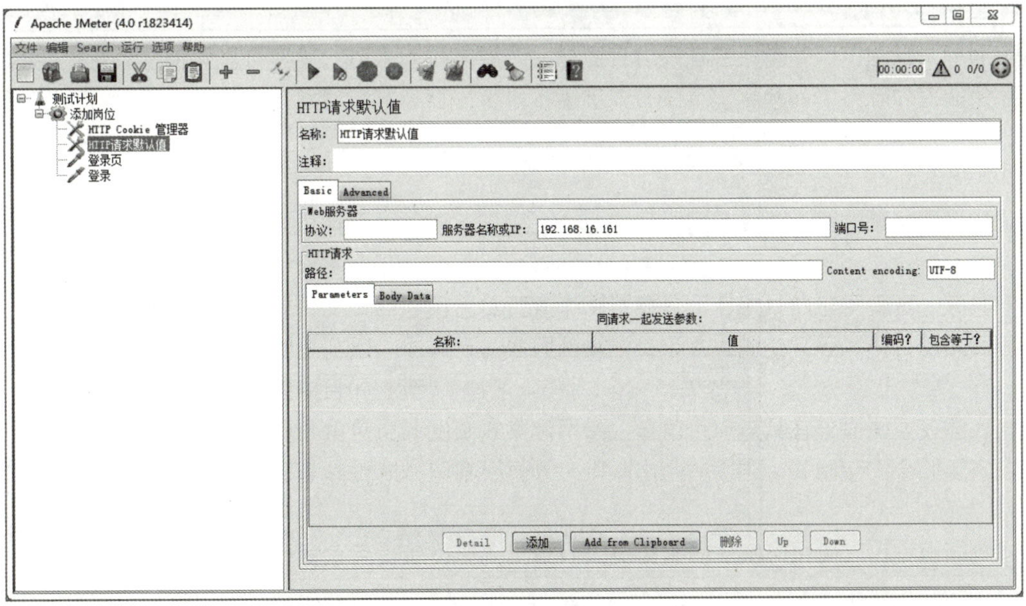

图 5-2-3-14

打开登录页面,如图5-2-3-15所示。

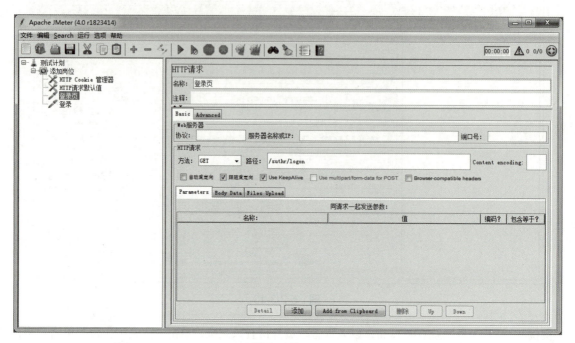

图 5-2-3-15

以人资管理员身份登录,如图5-2-3-16所示。

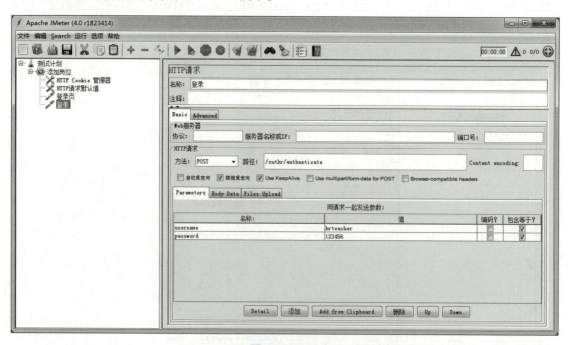

图 5-2-3-16

单击"人资工作台",如图5-2-3-17所示。

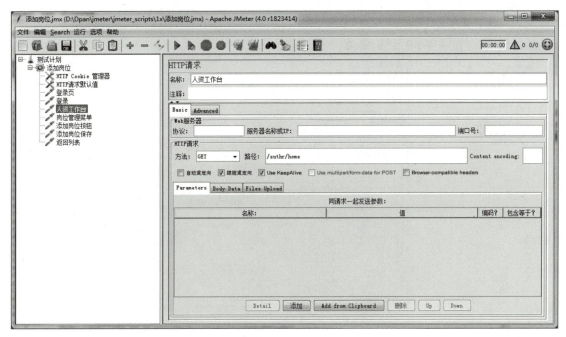

图 5-2-3-17

单击"岗位管理菜单",如图5-2-3-18所示。

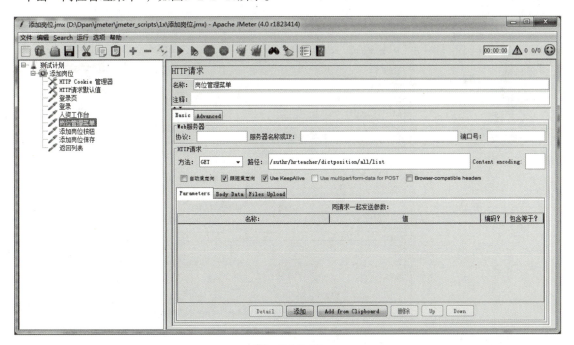

图 5-2-3-18

单击"添加岗位按钮",如图5-2-3-19所示。

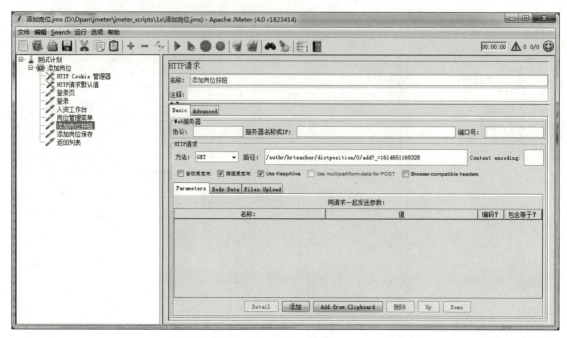

图 5-2-3-19

单击"添加岗位保存",如图5-2-3-20所示。

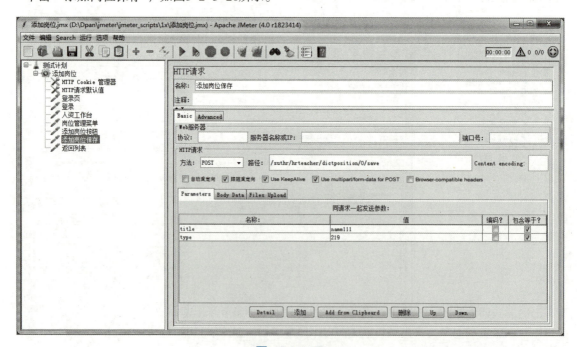

图 5-2-3-20

上传附件，如图5-2-3-21所示。

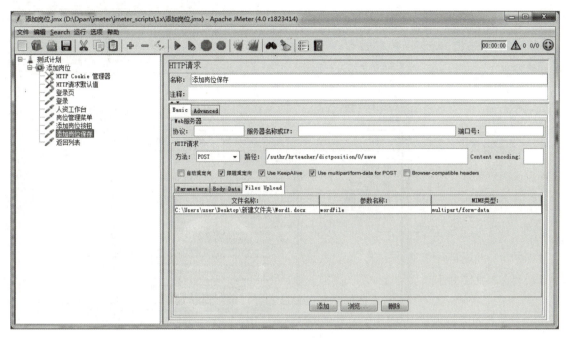

图 5-2-3-21

保存成功后，返回岗位管理列表，如图5-2-3-22所示。

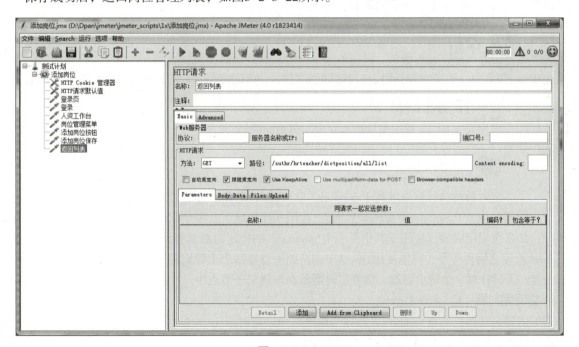

图 5-2-3-22

所有请求添加成功后，添加察看结果树，并运行脚本查看，如图5-2-3-23所示。

图 5-2-3-23

任务 2.3.3　脚本开发—思考时间

任务介绍

在JMeter脚本中，思考时间是用定时器模拟实现的。本任务针对脚本开发—思考时间进行介绍。

视频
JMeter—思
考时间

任务目标

掌握基于JMeter性能测试脚本开发—思考时间。

知识储备

定时器的执行优先级高于Sampler（取样器），是在Sampler之前执行，而不是之后（无论定时器的位置在Sampler前面还是后面）；在同一作用域下有多个定时器存在时，每一个定时器都会执行；如果希望定时器仅应用于其中某一个Sampler，则把定时器加在此Sampler节点下；如果希望Sampler执行完之后再等等，可以使用Test Action；如果需要每个步骤均延迟，则将定时器放在与请求持平的位置；若只针对一个请求延迟，则将定时器放在该请求子节点中。

1. 固定定时器（Constant Timer）

添加固定定时器：右击Sampler，选择"添加"→"定时器"→"固定定时器"命令，在打开的窗口中进行设置，如图5-2-3-24和图5-2-3-25所示。

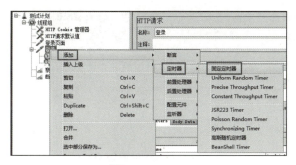

图 5-2-3-24

图 5-2-3-25

如果需要让线程按指定的时间停顿，可以使用这个定时器。需要注意的是，固定定时器的延时不会计入单个Sampler的响应时间，但是会计入事务控制器的时间。

对于"Java请求"这个Sampler来说，定时器相当于LoadRunner中的Pacing（两次迭代之间的间隔时间）；对于"事务控制器"来说，定时器相当于LoadRunner中的Think Time（思考时间：实际操作中，模拟真实用户在操作过程中的等待时间）。

2. 高斯随机定时器（Gaussian Random Timer）

添加高斯随机定时器：右击Sampler，选择"添加"→"定时器"→"高斯随机定时器"命令，在打开的窗口中进行设置，如图5-2-3-26和图5-2-3-27所示。

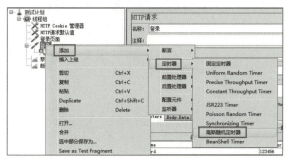

图 5-2-3-26

图 5-2-3-27

如果需要让线程在请求前按随机时间停顿，那么可以使用这个定时器，其中延迟属性：
- 偏差：设置的偏差值，是一个浮动范围，单位为毫秒。
- 固定延迟偏移：固定延迟时间。

任务实施

实例：继续编辑上一节中的添加岗位脚本，在登录、添加岗位保存之前加上合理的思考时间，如图5-2-3-28和图5-2-3-29所示。

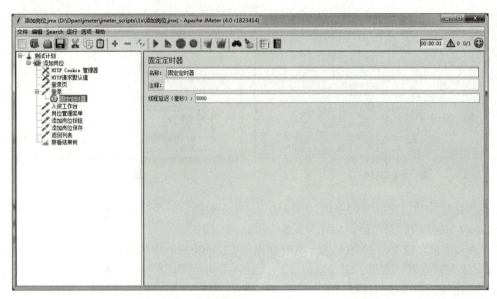

图 5-2-3-28

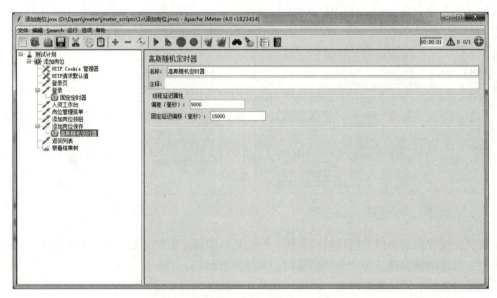

图 5-2-3-29

任务 2.3.4　脚本开发—参数化

参数化是自动化测试脚本的一种常用技巧，可将脚本中的某些输入使用参数来代替，如登录时利用GET/POST请求方式传递参数的场景，在脚本运行时指定参数的取值范围和规则。本任务针对脚本开发—参数化进行介绍。

任务目标

掌握基于JMeter性能测试脚本开发—参数化。

知识储备

这里介绍CSV数据文件设置和函数助手两种参数化方法。

1. CSV 数据文件设置

CSV数据文件设置可以从指定的文件（一般是文本文件）中一行一行地提取文本内容，根据分隔符拆解每一行内容，并把内容与变量名对应上，然后这些变量就可以供取样器引用。

添加CSV数据文件设置：右击线程组，选择"添加"→"配置元件"→"CSV数据文件设置"命令，在打开的窗口中进行设置，如图5-2-3-30和图5-2-3-31所示。

图 5-2-3-30

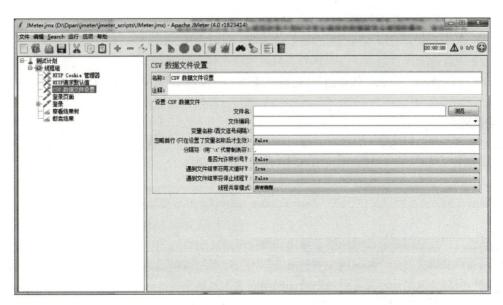

图 5-2-3-31

页面元素：

- 名称：可以随意设置，最好有业务意义。
- 注释：可以随意设置，可以为空。

- 文件名：引用文件地址，可以是相对路径也可以是绝对路径。相对路径的根节点是JMeter的启动目录（%JMETER_HOME%\bin）。
- 文件编码：读取参数文件用到的编码格式，建议采用UTF-8格式保存参数文件，省去遇见乱码的情况。
- 变量名称（西文逗号间隔）：定义的参数名称，用逗号隔开，将会与参数文件中的参数对应。如果这里的参数个数比参数文件中的参数列多，多余的参数将取不到值；反之，参数文件中部分列将没有参数对应。
- 忽略首行（只在设置了变量名称后才生效）：忽略CSV文件的第一行，仅当变量名称不为空时才使用它，如果变量名称为空，则第一行必须包含标题。
- 分隔符（用'\t'代替制表符）：用来分隔参数文件的分隔符，默认为逗号，也可以用Tab符来分隔，如果参数文件用Tab符分隔，在此应该填写"\t"。
- 是否允许带引号？：是非选项，如果选择是，那么可以允许拆分完成的参数里面有分隔符出现。
- 遇到文件结束符再次循环？：是非选项，是，参数文件循环遍历；否，参数文件遍历完成后不循环（JMeter在测试执行过程中每次迭代会从参数文件中新取一行数据，从头遍历到尾）。
- 遇到文件结束符停止线程？：与"遇到文件结束符再次循环"选项中的False选择复用：是则停止测试；否则不停止测试；当"遇到文件结束符再次循环"选择True时，"遇到文件结束符停止线程"选择True和False无任何意义，通俗地讲，在前面控制不停地循环读取，后面再来让stop或run没有任何意义。
- 线程共享模式：参数文件共享模式，有以下三种：
  - 所有线程：参数文件对所有线程共享，这就包括同一测试计划中的不同线程组；
  - 当前线程组：只对当前线程组中的线程共享；
  - 当前线程：仅当前线程获取。

Debug Sampler：要查看脚本运行时参数取值详情，可以添加Debug Sampler，这样在察看结果树中就可以看到参数取值情况。

添加Debug Sampler：右击"线程组"，选择"添加"→Sampler→Debug Sampler命令，如图5-2-3-32所示。

2. 函数助手

单击"菜单选项函数助手"对话框，弹出"函数助手"对话框，选择功能_CSVRead，如图5-2-3-33所示。

图 5-2-3-32

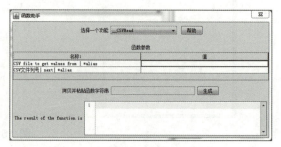

图 5-2-3-33

页面元素：
- CSV file to get values from | *alias：CSV文件取值路径，这里填写需要参数化的参数的文件路径；

- CSV文件列号| next | *alias：文件起始列号，CSV文件列号是从0开始的，第一列为0，第二列为1，依此类推；
- 拷贝并粘贴函数字符串：单击"生成"按钮后，生成可引用的参数化变量，可以直接在请求中引用。

任务实施

实例1：继续编辑上一节中的添加岗位脚本，将岗位名称通过CSV数据文件设置实现参数化，如图5-2-3-34～图5-2-3-38所示。

创建CSV数据文件：title.dat。

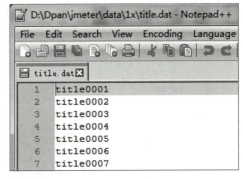

图 5-2-3-34

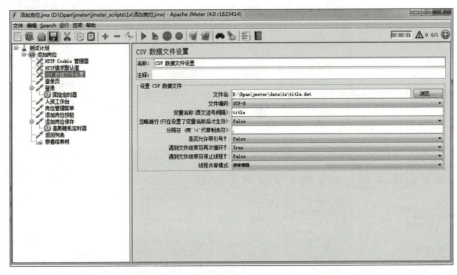

图 5-2-3-35

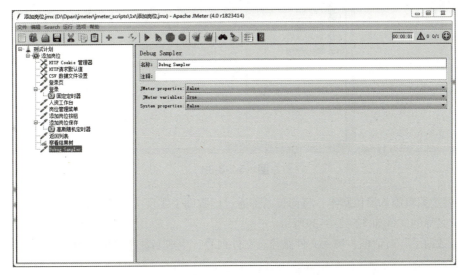

图 5-2-3-36

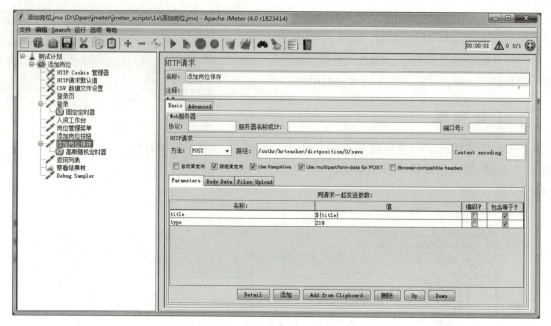

图 5-2-3-37

图 5-2-3-38

实例2：继续编辑添加岗位脚本，将岗位名称通过函数助手实现参数化。

存放岗位名称的文件如图5-2-3-39所示。

打开"函数助手"对话框，填入文件路径、文件列号，生成函数字符串，如图5-2-3-40所示。

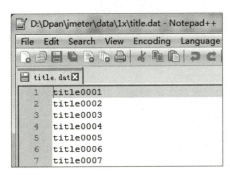

图 5-2-3-39

图 5-2-3-40

在请求中，引用生成的参数化变量，如图5-2-3-41和图5-2-3-42所示。

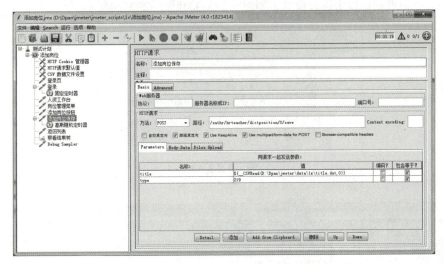

图 5-2-3-41

图 5-2-3-42

任务 2.3.5　脚本开发—集合点

任务介绍

JMeter中集合点是通过定时器Synchronizing Timer来实现的。本任务针对脚本开发—集合点进行介绍。

视频
JMeter-集合点

任务目标

掌握基于JMeter性能测试脚本开发—集合点。

知识储备

添加Synchronizing Timer：右击Sampler，选择"添加"→"定时器"→Synchronizing Timer命令，在打开的窗口中进行设置，如图5-2-3-43和图5-2-3-44所示。

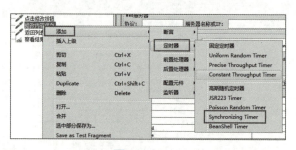

图 5-2-3-43

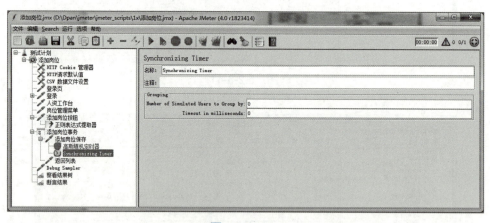

图 5-2-3-44

页面元素：

- 名称：可以随意设置，最好有业务意义。
- 注释：可以随意设置，可以为空。
- Number of Simulated Users to Group by：集合多少人（也就是执行的线程数）后再执行请求。注意：等同于设置为线程组中的线程数，一定要确保设置的值不大于它所在线程组包含的用户数。
- Timeout in milliseconds：指定人数多少秒没集合到算超时（设置延迟时间以毫秒为单位）。注意：

如果设置Timeout in milliseconds为0，表示无超时时间，会一直等下去。如果线程数量无法达到Number of Simulated Users to Group by中设置的值，那么Test将无限等待，除非手动终止。

任务实施

实例：继续编辑添加岗位脚本，在添加岗位保存前加入集合点，如图5-2-3-45所示。

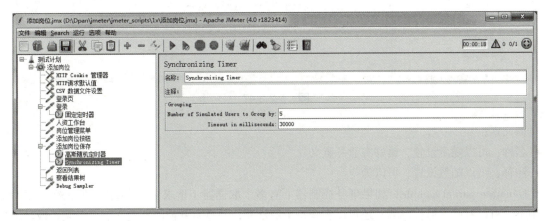

图　5-2-3-45

任务 2.3.6　脚本开发—事务

任务介绍

JMeter中的事务是通过事务控制器实现的。本任务针对脚本开发—事务进行介绍。

任务目标

掌握基于JMeter性能测试脚本开发—事务。

视频
JMeter-事务

知识储备

添加事务控制器：右击"线程组"选择"添加"→"逻辑控制器"→"事务控制器"命令，在打开的窗口中进行设置，如图5-2-3-46和图5-2-3-47所示。

图　5-2-3-46

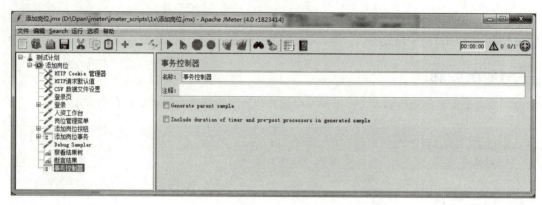

图 5-2-3-47

页面元素：
- 名称：可以随意设置，最好有业务意义。
- 注释：可以随意设置，可以为空。
- Generate parent sample：如果事务控制器下有多个取样器（请求），勾选它，那么在"察看结果树"中不仅可以看到事务控制器，还可以看到每个取样器；并且事务控制器定义的事务是否成功取决于子事务是否都成功，其中任何一个失败即代表整个事务失败。
- Include duration of timer and pre-post processors in generated sample：设置是否包括定时器、预处理和后期处理延迟的时间。

任务实施

实例：继续编辑添加岗位脚本，加入添加岗位事务，如图5-2-3-48所示。

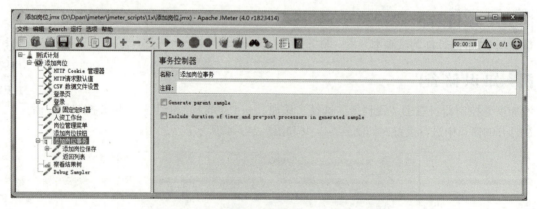

图 5-2-3-48

任务 2.3.7　场景设计

任务介绍

基于JMeter执行性能测试进行脚本开发后要设计场景，包括场景GUI运行、场景非GUI运行等。本任务针对在正式场景设计前的JMeter工具相关菜单功能操作进行介绍。

掌握JMeter工具场景设计菜单功能操作等。

JMeter线程组实际上是建立一个线程池，JMeter根据用户的设置进行线程池的初始化，在运行时做各种运行逻辑处理，如图5-2-3-49所示。

页面元素：
- 名称：可以随意设置，最好有业务意义。
- 注释：可以随意设置，可以为空。
- 继续：请求（Sampler元件模拟的用户请求）出错后继续运行。在大量用户并发时，服务器偶尔响应错误是正常现象，比如服务器由于性能问题不能正常响应或者响应慢，此时需要将错误记录下来，作为有性能问题的依据。

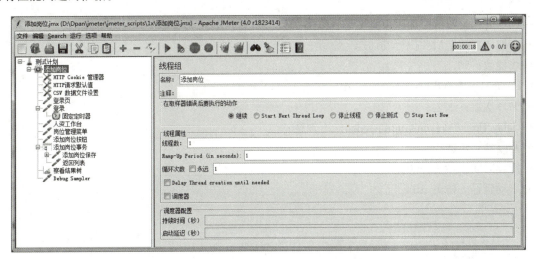

图 5-2-3-49

- Start Next Thread Loop：如果出错，则同一脚本中的余下请求将不再执行，直接重新开始执行。
- 停止线程：如果遇到请求（Sampler元件模拟的请求）失败，则停止当前线程，不再执行。比如配置50个线程，如果其中某一个线程中的某一个请求失败，则停止当前线程，那么就只剩下49个线程在运行，如果失败的事务增多，那么停下来的线程也会增多，运行状态的线程就会越来越少，最后负载不够（对服务器的压力不够，测试结果不具参考性），所以一般不会这样设置。
- 停止测试：如果某一个线程的某一个请求失败，则停止所有线程，也就是停下整个测试。但是每个线程还是会执行完当前迭代后再停止。
- Stop Test Now：如果有线程的请求失败，那么马上停止整个测试场景。
- 线程数：运行的线程数设置，一个线程对应一个模拟用户。
- Ramp-Up Period（in seconds）：线程启动开始运行的时间间隔，单位是秒，即所有线程在多长时间内开始运行。比如设置线程数为50，此处设置10 s，那么每秒就会启动50/10，5个线程。如果设置为0 s，则开启场景后50个线程立刻启动。

- 循环次数：请求的重复次数。选择"永远"复选框，那么请求将一直运行，除非停止或崩溃；如果不选择"永远"复选框，而在输入框中输入数字，那么请求将重复指定的次数，如果输入1，那么请求将执行一次，执行0次无意义，所以不支持。
- Delay Thread creation until needed：若勾选，线程在Ramp-Up Period的间隔时间启动并运行。比如50个线程10 s的Ramp-Up Period时间，那么间隔1 s启动5个线程并运行（RUNNING状态）后面的Sampler；若不勾选，测试计划开始后启动所有线程（NEW状态），但不立即运行Sampler，是按照Ramp-Up Period时间来运行的。比如50个线程10 s的Ramp-Up Period时间，那么计划开始后线程全部就绪，但第1秒只会有5个线程开始运行Sampler。实际运用过程中选哪一个都可以，不影响测试结果。
- 调度器：勾选"调度器"复选框后，可以编辑持续时间和启动延迟时间。
  - 持续时间（秒）：测试计划持续多长时间。
  - 启动延迟（秒）：单击"执行"按钮后，仅初始化场景，不运行线程，等待延迟到时后才开始运行线程。

任务实施

实例：为上一节的添加岗位脚本设计以下场景，如图5-2-3-50所示。

- 在取样器错误后要执行的动作：继续；
- 线程数：50；
- Ramp-Up Period（in seconds）：10；
- 循环次数：永远；
- Delay Thread creation until needed：不勾选；
- 调度器：勾选；
- 持续时间（秒）：300；
- 启动延迟（秒）：10。

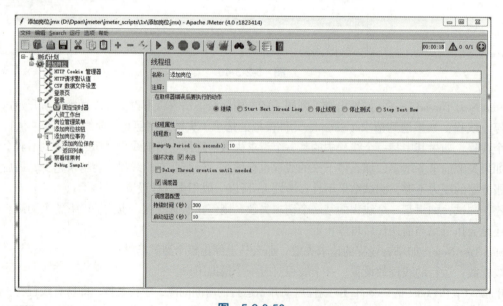

图 5-2-3-50

任务 2.3.8　场景运行—GUI 运行

任务介绍

JMeter的场景运行方式分为两种：一种是GUI（视窗运行，即运行界面）方式；另一种是非GUI（命令窗口）方式运行，在Windows中可以在命令窗口运行。

GUI方式由于可视化，因此更直观，鼠标点击就可以控制启停，也方便实时查看运行状况，比如测试结果、运行线程数等。本任务针对场景运行—GUI运行进行介绍。

视频
JMeter–场景运行（GUI运行）

任务目标

了解场景运行—GUI运行常见情况。

知识储备

在JMeter视图窗口，单击"运行"→"启动"选项，或者单击快捷菜单栏的"启动"图标▶，开始运行测试计划。JMeter处于运行状态时，"运行"菜单下的"启动"选项被置灰，快捷菜单栏的"启动"图标也被置灰。

JMeter处于运行状态时，快捷菜单栏中有两个命令可以用于终止测试。单击"停止"图标，立即停止所有线程；单击"关闭"图标❌，线程在当前工作完成后停止，这项操作不会中断任何取样器的工作。关闭对话框会一直处于激活状态，直到所有线程都停止。

任务 2.3.9　场景运行—非 GUI 运行

任务介绍

非GUI运行是在命令窗口通过命令行来运行场景。本任务针对场景运行—非GUI运行进行介绍。

视频
JMeter–场景运行（非GUI运行）

任务目标

掌握基于JMeter性能测试场景运行—非GUI运行。

知识储备

之所以要用非GUI方式运行，是因为JMeter可视化界面及监听器动态展示结果都比较消耗负载机资源，在大并发情况下，GUI方式往往会导致负载机资源紧张，对性能测试结果造成影响。这个影响不是说被测系统的性能受到影响，比如响应时间变大之类，而是影响负载量的生成，比如非GUI方式100个线程可以产生100 TPS的负载，而GUI方式只产生80 TPS的负载，如果一台机器只能支持100个线程运行，那么就只有多加机器来运行测试计划，这样一台负载机变为两台。所以推荐用非GUI的方式来运行测试计划。

通过执行jmeter --?命令，可以调出JMeter的参数说明，如图5-2-3-51所示。

图 5-2-3-51

任务实施

实例：用非GUI方式运行添加岗位测试计划脚本，如图5-2-3-52和图5-2-3-53所示。

D:\Dpan\jmeter\apache-jmeter-4.0\bin>jmeter -n -t D:\Dpan\jmeter\jmeter_scripts\1x\添加岗位.jmx -l D:\Dpan\jmeter\jmeter_scripts\1x\gw01.csv -e -o D:\Dpan\jmeter\jmeter_scripts\1x\gw01

图 5-2-3-52

单元 5　性能测试

图　5-2-3-53

任务 2.4　基于 LoadRunner 执行

任务介绍

LoadRunner是用于测试应用程序性能的常用工具。它通过向整个应用程序施压，从而找出并确定潜在的客户端、网络和服务器瓶颈。

LoadRunner包括VuGen、Controller、Analysis三部分：

• VuGen是用于创建Vuser脚本的工具。可以使用VuGen通过录制用户执行的典型业务流程来开发Vuser脚本。使用此脚本可以模拟用户使用系统实际情况。

• Controller可以从单一控制点轻松、有效地控制所有Vuser，并在测试执行期间监控场景性能。

• Analysis在HP LoadRunner Controller或HP Performance Center内运行负载测试场景后可以使用Analysis分析运行结果数据。Analysis图可以确定系统性能并提供有关事务及Vuser的信息。通过合并多个负载测试场景的结果或将多个图合并为一个图，可以比较多个图。

本任务将针对基于JMeter进行性能测试进行介绍，包括脚本开发、场景设计等内容。

任务 2.4.1　脚本开发

任务介绍

Vuser通过在应用程序中执行典型业务流程来模拟真实用户的操作，在录制会话期间执行的操作将在Vuser脚本中描述。本任务针对脚本开发进行介绍。

任务目标

了解脚本开发常见情况。

241

知识储备

通过录制在客户机应用程序上执行典型业务流程的用户，可以用VuGen开发Vuser脚本。VuGen录制用户在录制会话期间执行的操作，仅录制客户机和服务器之间的活动。VuGen将自动生成建模及模拟实际情况的函数，而无须手动编写应用程序对服务器的API函数调用。

API（Application Programming Interface，应用程序编程接口）是一些预先定义的函数，目的是提供应用程序与开发人员基于某软件或硬件得以访问一组例程的能力，而又无须访问源码，或理解内部工作机制的细节。

录制期间，VuGen将监控客户机，并跟踪用户发送到服务器以及从服务器接收的所有请求，如图5-2-4-1所示。

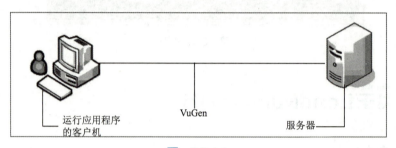

图 5-2-4-1

回放期间，Vuser脚本通过执行对服务器API的调用，直接与服务器通信。当Vuser直接与服务器通信时，客户机接口不需要系统资源。这样，可以在一个工作站上同时运行大量Vuser，进而可以仅使用几台测试计算机来模拟较重的服务器负载，如图5-2-4-2所示。

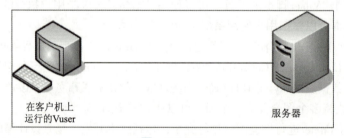

图 5-2-4-2

此外，由于Vuser脚本不依赖客户机软件，因此即使客户机软件的用户界面尚未完全开发好也可以使用Vuser检查服务器性能。使用VuGen，可以将脚本作为独立测试运行。这对验证脚本的功能非常有用，且能够让用户了解测试运行期间Vuser的行为方式。VuGen只能在Windows平台上录制Vuser脚本，但录制的Vuser脚本可在Windows和Linux平台上运行。

任务 2.4.2 脚本开发—脚本录制

用于创建Vuser脚本的工具是Virtual User Generator，即VuGen。本任务针对脚本开发—脚本录制进行介绍。

任务目标

掌握基于LoadRunner性能测试脚本开发—脚本录制。

知识储备

单击菜单File→New Script and Solution，弹出Create a New Script对话框，如图5-2-4-3所示。

- Category：协议种类；
- Protocol：协议列表；
- Script Name：脚本名称；
- Location：脚本存放位置；
- Solution Name：方案名称；
- Solution Target：方案存放路径。

选择正确的协议，输入脚本名称、脚本存放位置、方案名称，单击Create按钮，创建脚本成功，进入VuGen编辑页面，如图5-2-4-4所示。

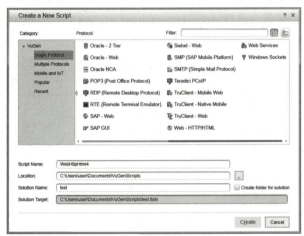

图 5-2-4-3

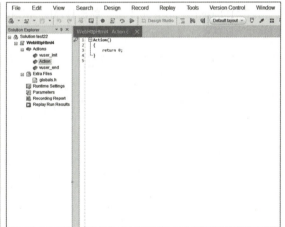

图 5-2-4-4

单击"录制"按钮，或者单击菜单Record→Record，或者按【Ctrl+R】组合键，弹出Start Recording对话框，如图5-2-4-5所示。

- Record into action：选择录制的脚本所存放的Action；
- Record：选择录制脚本所用方式；
- Application：和Record选项联动，根据Record选择的录制方式，显示该方式下可选的应用程序；
- URL address：录制脚本网址；
- Start recording：选择开始录制时机，可以立即开始录制，也可以延时开始录制；
- Working directory：LoadRunner工作目录；
- Recording Options：录制选项。

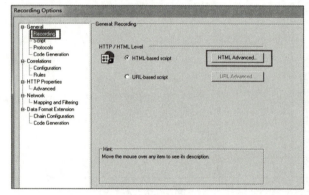

图 5-2-4-5

单击图5-2-4-5中的Recording Options，弹出Recording Options对话框，选择General→Recording选项，选择HTML based scrip单选按钮，单击HTML Advanced按钮，选择 A script containing explicit URLs only单选按钮，如图5-2-4-6所示。

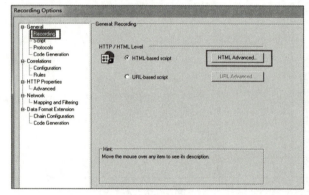
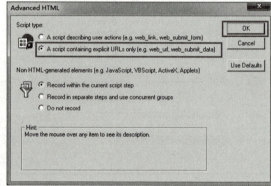

图 5-2-4-6

录制选项Recording标签页中默认情况下选择HTML-based Script，说明脚本中采用HTML页面的形式表示，这种方式的脚本容易理解，便于维护，推荐使用。

HTML-based Script和URL-based Script的区别：

HTML-based Script是LoadRunner的默认模式，也就是通常说的高层次模式，一般优先选择这种模式。这种模式将每个页面录制形成一条语句，对LoadRunner来说，在该模式下，访问一个页面，首先会与服务器之间建立一个连接获取页面的内容，然后从页面中分解得到其他元素（component），然后建立几个连接分别获取相应的元素。

这种模式把类属一个页面的请求放在一个函数中，为每个用户请求生成单独的函数，即一个用户操作（可能包含多个请求）会生成一个函数。这种模式录制出来的脚本比较简洁直观，易于理解和维护。

URL-based Script即通常说的低层次录制模式。这种模式指导VuGen录制来自Server的所有请求和资源。它自动将每一个HTTP资源录制为URL的步骤。这种录制模式甚至抓取非HTML应用程序，例如applets和非浏览器的应用程序。对LoadRunner来说，在该模式下，一条语句只建立一个到服务器的连接。

这种录制模式会生成很多函数，它把客户端向服务器端发送的每一个请求都放在一个单独的函数中，即一个请求对应一个函数，页面和图片分别生成对应的函数。这种模式更接近请求—响应的本质。这种模式录制出来的脚本相对比较长，不利于阅读，好像将HTML模式中的一个函数拆分成很多独立的函数一样。但是这种脚本的可伸缩性更强，可以记录更详细的用户操作信息。

选择哪种模式录制，可以参考以下原则：

- 基于浏览器的应用程序推荐使用HTML-based Script；
- 不是基于浏览器的应用程序推荐使用URL-based Script；
- 如果基于浏览器的应用程序中包含JavaScript并且该脚本向服务器产生请求，则使用URL-based Script模式录制；
- 基于浏览器的应用程序中使用HTTPS安全协议，使用URL-based Script模式录制。

选择HTTP Properties→Advanced选项，勾选Support charset→UTF-8，可以防止录制脚本中的中文乱码，如图5-2-4-7所示。

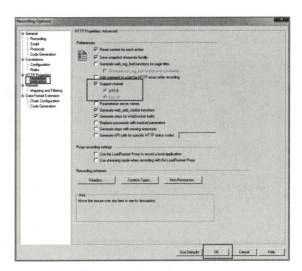

图 5-2-4-7

Recording Options设置完成后返回Start Recording对话框。单击Start Recording按钮，弹出Recording工具栏。工具栏按钮依次为开始录制、停止录制、暂停录制、取消录制、脚本生成所在Action、添加Action、事物开始、事务结束、集合点、备注、text检查点，如图5-2-4-8所示。

图 5-2-4-8

VuGen中的脚本分为三部分：vuser_init、vuser_end和Action。其中vuser_init和vuser_end都只能存在一个，不能再分割，而Action还可以分成多个部分。

注意：在录制需要登录的系统时，我们把登录部分放到vuser_init中，把登录后的操作部分放到Action中，把注销关闭登录部分放到vuser_end中。（如果需要在登录操作前设置集合点，那么登录操作也要放到Action中，因为vuser_init中不能添加集合点）在其他情况下，只要把操作部分放到Action中即可。在重复执行测试脚本时，vuser_init和vuser_end中的内容只会执行一次，重复执行的只是Action中的部分。

任务实施

实例：创建脚本，脚本名称为dictpositionAdd。录制操作：打开人力资源综合服务系统登录页面，以人资管理员身份登录系统，单击"人资工作台"，"单击岗位管理菜单"，单击"添加岗位"按钮，输入内容，保存，返回岗位管理列表。

人力资源综合服务系统（简称人资系统）是一个基于HTTP协议的Web应用系统，所以创建脚本时选择Web-HTTP/HTML协议，如图5-2-4-9所示。

创建脚本后，单击"录制"按钮，弹出Start Recording对话框，Record into action选择Action，Application选择Microsoft Internet Explorer，URL address输入人资系统的访问地址，设置好Recording Options，如图5-2-4-10所示。

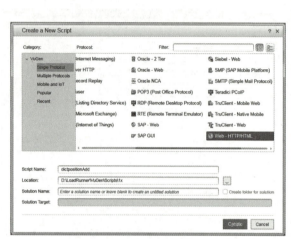

图 5-2-4-9

图 5-2-4-10

单击Start Recording按钮，弹出Recording工具栏，调出IE浏览器，自动访问URL address中的地址，如图5-2-4-11所示。

图 5-2-4-11

在浏览器中执行上面描述中的操作步骤，执行完成后，单击"停止录制"按钮，返回VuGen，显示Recording Report。Recording Report中没有报错，说明脚本录制成功，如图5-2-4-12所示。

图 5-2-4-12

Action中脚本如下：

```
Action()
{
    web_url("logon",
        "URL=http://192.168.16.161/suthr/logon",
        "TargetFrame=",
        "Resource=0",
        "RecContentType=text/html",
        "Referer=",
        "Snapshot=t1.inf",
        "Mode=HTML",
        EXTRARES,
        "Url=resources/metronic/global/plugins/font-awesome/fonts/fontawesome-webfont.eot", ENDITEM,
        LAST);
    web_submit_data("authenticate",
        "Action=http://192.168.16.161/suthr/authenticate",
        "Method=POST",
        "TargetFrame=",
        "RecContentType=text/html",
        "Referer=http://192.168.16.161/suthr/logon",
        "Snapshot=t2.inf",
```

```
            "Mode=HTML",
            ITEMDATA,
            "Name=username", "Value=hrteacher", ENDITEM,
            "Name=password", "Value=123456", ENDITEM,
            EXTRARES,
            "Url=resources/images/headportrait.jpg","Referer=http://192.168.16.161/suthr/mycenter?contextPath=%2Fsuthr", ENDITEM,
            "Url=resources/metronic/admin/layout2/img/sidebar-toggler.png","Referer=http://192.168.16.161/suthr/mycenter?contextPath=%2Fsuthr", ENDITEM,
            "Url=resources/metronic/admin/layout2/img/sidebar-toggler-inverse.png","Referer=http://192.168.16.161/suthr/mycenter?contextPath=%2Fsuthr", ENDITEM,
            "Url=resources/metronic/global/plugins/simple-line-icons/fonts/Simple-Line-Icons.eot", "Referer=http://192.168.16.161/suthr/mycenter?contextPath=%2Fsuthr", ENDITEM,
            LAST);
        web_url("人资工作台",
            "URL=http://192.168.16.161/suthr/home",
            "TargetFrame=_self",
            "Resource=0",
            "RecContentType=text/html",
            "Referer=http://192.168.16.161/suthr/mycenter?contextPath=%2Fsuthr",
            "Snapshot=t3.inf",
            "Mode=HTML",
            LAST);
        web_url("岗位管理",
            "URL=http://192.168.16.161/suthr/hrteacher/dictposition/all/list",
            "TargetFrame=",
            "Resource=0",
            "RecContentType=text/html",
            "Referer=http://192.168.16.161/suthr/home",
            "Snapshot=t4.inf",
            "Mode=HTML",
            EXTRARES,
            "Url=/suthr/resources/metronic/global/img/remove-icon-small.png",ENDITEM,
            LAST);
        web_url("add",
            "URL=http://192.168.16.161/suthr/hrteacher/dictposition/0/add?_=1614588401077",
            "TargetFrame=",
            "Resource=0",
            "RecContentType=text/html",
            "Referer=http://192.168.16.161/suthr/hrteacher/dictposition/all/list",
            "Snapshot=t5.inf",
            "Mode=HTML",
```

```
            LAST);
    web_submit_data("save",
            "Action=http://192.168.16.161/suthr/hrteacher/dictposition/0/save",
            "Method=POST",
            "EncType=multipart/form-data",
            "TargetFrame=import_result_page",
            "RecContentType=text/html",
            "Referer=http://192.168.16.161/suthr/hrteacher/dictposition/all/list",
            "Snapshot=t6.inf",
            "Mode=HTML",
            ITEMDATA,
            "Name=title", "Value=name0001", ENDITEM,
            "Name=type", "Value=220", ENDITEM,
            "Name=wordFile", "Value=Word1.docx", "File=Yes", ENDITEM,
            LAST);
    web_url("list",
            "URL=http://192.168.16.161/suthr/hrteacher/dictposition/all/list",
            "TargetFrame=",
            "Resource=0",
            "RecContentType=text/html",
            "Referer=http://192.168.16.161/suthr/home",
            "Snapshot=t7.inf",
            "Mode=HTML",
            EXTRARES,
            "Url=/suthr/resources/images/headportrait.jpg", ENDITEM,
            "Url=/suthr/resources/metronic/global/plugins/font-awesome/fonts/fontawesome-webfont.eot?", ENDITEM,
            "Url=/suthr/resources/metronic/admin/layout2/img/sidebar-toggler-inverse.png", ENDITEM,
            "Url=/suthr/resources/metronic/admin/layout2/img/sidebar-toggler.png", ENDITEM,
            "Url=/suthr/resources/metronic/global/plugins/simple-line-icons/fonts/Simple-Line-Icons.eot?", ENDITEM,
            LAST);
    return 0;
}
```

任务 2.4.3 脚本开发—思考时间

任务介绍

思考时间（Think Time）也称休眠时间，从业务的角度来说，该时间是指用户在进行操作时每个请

求之间的间隔。对于交互式应用来说，用户在使用系统时，不大可能持续不断地发出请求，更一般的模式应该是用户在发出一个请求后，等待一段时间，再发出下一个请求。本任务针对脚本开发—思考时间进行介绍。

任务目标

掌握基于LoadRunner性能测试脚本开发—思考时间。

知识储备

从性能测试实现的角度来说，要真实地模拟用户操作，必须在测试脚本中让各个操作之间等待一段时间。体现在脚本中，就是在操作之间放置一个Think的函数，使得脚本在执行两个操作之间等待一段时间。

LoadRunner中加入思考时间的方法如图5-2-4-13所示。

单击Design→Insert Script→New Step命令，如图5-2-4-14所示。

图 5-2-4-13

图 5-2-4-14

弹出Steps Toolbox对话框，在Steps Toolbox中搜索lr_think_time中的关键字，在搜索结果中双击lr_think_time，如图5-2-4-15所示。

弹出Think Time对话框，输入思考时间（单位为秒），单击OK按钮，如图5-2-4-16所示。

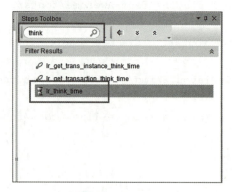

图 5-2-4-15

图 5-2-4-16

运行时设置中关于思考时间的设置，如图5-2-4-17所示。

Ignore think time：忽略思考时间；

Replay think time as recorded：回放思考时间等于录制思考时间；

Multiply recorded think time by **：回放思考时间等于录制思考时间乘以**；

Use random percentage of recorded think time：回放思考时间使用录制思考时间的随机百分比；

Limit think time to：限制思考时间的最大值。

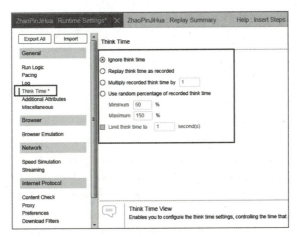

图 5-2-4-17

任务实施

实例：打开人资系统登录页后，要先输入用户名密码，才能单击"登录"按钮，在打开登录页面到单击"登录"按钮中间，应该有一段等待时间。而登录成功之后，再单击"人资工作台"，中间也应该有一段等待时间。这个等待时间就可以用思考时间来实现。在脚本中加入每一步的思考时间。

Action中脚本如下：

```
Action()
{
    web_url("logon",
        "URL=http://192.168.16.161/suthr/logon",
        "TargetFrame=",
        "Resource=0",
        "RecContentType=text/html",
        "Referer=",
        "Snapshot=t1.inf",
        "Mode=HTML",
        EXTRARES,
        "Url=resources/metronic/global/plugins/font-awesome/fonts/fontawesome-webfont.eot",ENDITEM,LAST);
    lr_think_time(6);
    web_submit_data("authenticate",
        "Action=http://192.168.16.161/suthr/authenticate",
        "Method=POST",
        "TargetFrame=",
        "RecContentType=text/html",
        "Referer=http://192.168.16.161/suthr/logon",
```

```
            "Snapshot=t2.inf",
            "Mode=HTML",
            ITEMDATA,
            "Name=username", "Value=hrteacher", ENDITEM,
            "Name=password", "Value=123456", ENDITEM,
            EXTRARES,
            "Url=resources/images/headportrait.jpg","Referer=http://192.168.16.161/
suthr/mycenter?contextPath=%2Fsuthr", ENDITEM,
            "Url=resources/metronic/admin/layout2/img/sidebar-toggler.png", "Referer=
http://192.168.16.161/suthr/mycenter?contextPath=%2Fsuthr", ENDITEM,
            "Url=resources/metronic/admin/layout2/img/sidebar-toggler-inverse.png",
"Referer=http://192.168.16.161/suthr/mycenter?contextPath=%2Fsuthr", ENDITEM,
            "Url=resources/metronic/global/plugins/simple-line-icons/fonts/Simple-Line-
Icons.eot", "Referer=http://192.168.16.161/suthr/mycenter?contextPath=%2Fsuthr", ENDITEM,
            LAST);
        lr_think_time(3);
        web_url("人资工作台",
            "URL=http://192.168.16.161/suthr/home",
            "TargetFrame=_self",
            "Resource=0",
            "RecContentType=text/html",
            "Referer=http://192.168.16.161/suthr/mycenter?contextPath=%2Fsuthr",
            "Snapshot=t3.inf",
            "Mode=HTML",
            LAST);
        lr_think_time(3);
        web_url("岗位管理",
            "URL=http://192.168.16.161/suthr/hrteacher/dictposition/all/list",
            "TargetFrame=",
            "Resource=0",
            "RecContentType=text/html",
            "Referer=http://192.168.16.161/suthr/home",
            "Snapshot=t4.inf",
            "Mode=HTML",
            EXTRARES,
            "Url=/suthr/resources/metronic/global/img/remove-icon-small.png", ENDITEM,
            LAST);
        lr_think_time(4);
        web_url("add",
            "URL=http://192.168.16.161/suthr/hrteacher/dictposition/0/add?_=1614588401077",
            "TargetFrame=",
            "Resource=0",
```

```
            "RecContentType=text/html",
            "Referer=http://192.168.16.161/suthr/hrteacher/dictposition/all/list",
            "Snapshot=t5.inf",
            "Mode=HTML",
            LAST);
    lr_think_time(16);
    web_submit_data("save",
            "Action=http://192.168.16.161/suthr/hrteacher/dictposition/0/save",
            "Method=POST",
            "EncType=multipart/form-data",
            "TargetFrame=import_result_page",
            "RecContentType=text/html",
            "Referer=http://192.168.16.161/suthr/hrteacher/dictposition/all/list",
            "Snapshot=t6.inf",
            "Mode=HTML",
            ITEMDATA,
            "Name=title", "Value=name0001", ENDITEM,
            "Name=type", "Value=220", ENDITEM,
            "Name=wordFile", "Value=Word1.docx", "File=Yes", ENDITEM,
            LAST);
    lr_think_time(2);
    web_url("list",
            "URL=http://192.168.16.161/suthr/hrteacher/dictposition/all/list",
            "TargetFrame=",
            "Resource=0",
            "RecContentType=text/html",
            "Referer=http://192.168.16.161/suthr/home",
            "Snapshot=t7.inf",
            "Mode=HTML",
            EXTRARES,
            "Url=/suthr/resources/images/headportrait.jpg", ENDITEM,
            "Url=/suthr/resources/metronic/global/plugins/font-awesome/fonts/fontawesome-webfont.eot?", ENDITEM,
            "Url=/suthr/resources/metronic/admin/layout2/img/sidebar-toggler-inverse.png", ENDITEM,
            "Url=/suthr/resources/metronic/admin/layout2/img/sidebar-toggler.png", ENDITEM,
            "Url=/suthr/resources/metronic/global/plugins/simple-line-icons/fonts/Simple-Line-Icons.eot?", ENDITEM,
            LAST);
    return 0;
}
```

任务 2.4.4　脚本开发—参数化

任务介绍

性能测试工具通常会模拟多个用户对系统进行操作,有些系统允许多个完全相同的用户同时对完全相同的数据做完全相同的操作,有些则不允许。再如,邮箱一般允许同一个账号在多处登录,而QQ账号则不允许。再如,注册某个系统时,用户名是不能有重复,但密码却可以。所以,多种情况下都要用到参数化技巧。本任务针对脚本开发—参数化进行介绍。

视频
LoadRunner–
参数化

任务目标

掌握基于LoadRunner性能测试脚本开发—参数化。

知识储备

在测试工具中,每一个模拟用户都是一个线程,而在仿真模型里,每一个用户都应该是一个真实的业务实体,每个用户代表的业务含义、可以去处理的业务以及在处理业务的过程中可以操作的数据都应该是不同的,这样才可以更真实地表达现实世界中系统使用的负载模型。为达到这个目的,将测试工具的每一个线程和仿真模型中的每一个用户及操作对应起来,就需要使用到参数化的脚本处理。

比如,要测试用户注册的功能,注册的用户名是不允许重复的。LoadRunner录制完的脚本都是固定代码,如果直接进行并发测试,无疑所有模拟用户的线程在注册的时候输入的都是相同的用户名和密码,这样肯定是会有很多错误请求无法达到服务端,也就不能产生预期的负载压力。这时,针对用户名就需要使用参数化的技巧来实现,每个用户都使用不同的用户名来填写注册信息。

LoadRunner中参数化方法:

(1)选中需要参数化的字段的值,如图5-2-4-18所示。

(2)右击,选择Replace with Parameter→Create New Parameter命令,如图5-2-4-19所示。

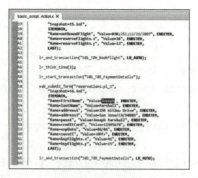

图　5-2-4-18

图　5-2-4-19

(3)弹出Select or Create Parameter对话框,输入参数名称,选择参数类型,如图5-2-4-20所示。

(4)单击Properties按钮,弹出Parameter Properties对话框,如图5-2-4-21所示。

(5)设置参数值、参数取值、更新方式,如图5-2-4-22所示。

图 5-2-4-20

图 5-2-4-21

Select next row（参数取值方式），如图5-2-4-23所示。

• Sequential：顺序取值，按照参数化的数据顺序，一行一行地读取。每一个虚拟用户都会按照相同的顺序读取。

• Random：随机取值，参数化中的数据，每次随机从中抽取数据。

• Unique：唯一取值，为每个虚拟用户分配一条唯一的数据。

• Same line as某个参数：当有多个参数时，下拉框里有该选项，如选择Same line as Name，表示参数取值和Name参数取同行的记录。

图 5-2-4-22

图 5-2-4-23

Update value on（参数更新方式），如图5-2-4-24所示。

• Each iteration：每次迭代时取新的值，如一个脚本调用两次该参数，那么每次迭代时这两次取值一样。

• Each occurrence：每次遇到参数时取新的值，这里强调前后两次取值不能相同，如一个脚本调用两次该参数，那么这两次参数取的值是不一样的。

● Once：该参数只取一次值，如第一次取值后，再次迭代或者再次遇到这个参数，都用第一次的取值，不会再重新取值。

When out of values（参数值不够取时解决方案，Select next row选择Unique时，才需考虑这个选项），如图5-2-4-25所示：

● Abort Vuser：放弃虚拟用户，不再取值。

● Continue in a cyclic manner：以循环的方式继续取值，当参数化文件中的值取完最后一个值后，又从参数化文件的第一行开始取值。

● Continue with last value：当参数化文件中的值取完后，持续一直取最后一个值。

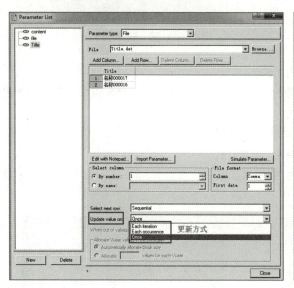

图 5-2-4-24

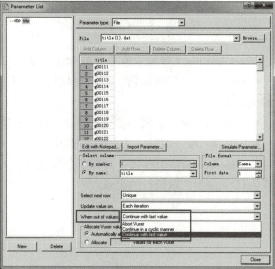

图 5-2-4-25

（6）运行时设置，在Log中选择Parameter substitution，如图5-2-4-26所示。

（7）回放脚本的日志中，可以查看参数的具体取值情况，如图5-2-4-27所示。

图 5-2-4-26

图 5-2-4-27

任务实施

实例:继续编辑上一节中的添加岗位脚本,将岗位名称参数化。

Action中脚本如下:

```
Action()
{
    web_url("logon",
        "URL=http://192.168.16.161/suthr/logon",
        "TargetFrame=",
        "Resource=0",
        "RecContentType=text/html",
        "Referer=",
        "Snapshot=t1.inf",
        "Mode=HTML",
        EXTRARES,
        "Url=resources/metronic/global/plugins/font-awesome/fonts/fontawesome-webfont.eot", ENDITEM,
        LAST);
    lr_think_time(6);
    web_submit_data("authenticate",
        "Action=http://192.168.16.161/suthr/authenticate",
        "Method=POST",
        "TargetFrame=",
        "RecContentType=text/html",
        "Referer=http://192.168.16.161/suthr/logon",
        "Snapshot=t2.inf",
        "Mode=HTML",
        ITEMDATA,
        "Name=username", "Value=hrteacher", ENDITEM,
        "Name=password", "Value=123456", ENDITEM,
        EXTRARES,
        "Url=resources/images/headportrait.jpg","Referer=http://192.168.16.161/suthr/mycenter?contextPath=%2Fsuthr", ENDITEM,
        "Url=resources/metronic/admin/layout2/img/sidebar-toggler.png","Referer=http://192.168.16.161/suthr/mycenter?contextPath=%2Fsuthr", ENDITEM,
        "Url=resources/metronic/admin/layout2/img/sidebar-toggler-inverse.png", "Referer=http://192.168.16.161/suthr/mycenter?contextPath=%2Fsuthr", ENDITEM,
        "Url=resources/metronic/global/plugins/simple-line-icons/fonts/Simple-Line-Icons.eot", "Referer=http://192.168.16.161/suthr/mycenter?contextPath=%2Fsuthr", ENDITEM,
        LAST);
    lr_think_time(3);
    web_url("人资工作台",
```

```
        "URL=http://192.168.16.161/suthr/home",
        "TargetFrame=_self",
        "Resource=0",
        "RecContentType=text/html",
        "Referer=http://192.168.16.161/suthr/mycenter?contextPath=%2Fsuthr",
        "Snapshot=t3.inf",
        "Mode=HTML",
        LAST);
    lr_think_time(3);
    web_url("岗位管理",
        "URL=http://192.168.16.161/suthr/hrteacher/dictposition/all/list",
        "TargetFrame=",
        "Resource=0",
        "RecContentType=text/html",
        "Referer=http://192.168.16.161/suthr/home",
        "Snapshot=t4.inf",
        "Mode=HTML",
        EXTRARES,
        "Url=/suthr/resources/metronic/global/img/remove-icon-small.png", ENDITEM,
        LAST);
    lr_think_time(4);
    web_url("add",
        "URL=http://192.168.16.161/suthr/hrteacher/dictposition/0/add?_=1614588401077",
        "TargetFrame=",
        "Resource=0",
        "RecContentType=text/html",
        "Referer=http://192.168.16.161/suthr/hrteacher/dictposition/all/list",
        "Snapshot=t5.inf",
        "Mode=HTML",
        LAST);
    lr_think_time(16);
    web_submit_data("save",
        "Action=http://192.168.16.161/suthr/hrteacher/dictposition/0/save",
        "Method=POST",
        "EncType=multipart/form-data",
        "TargetFrame=import_result_page",
        "RecContentType=text/html",
        "Referer=http://192.168.16.161/suthr/hrteacher/dictposition/all/list",
        "Snapshot=t6.inf",
        "Mode=HTML",
        ITEMDATA,
        "Name=title", "Value={title}", ENDITEM,
```

```
            "Name=type", "Value=220", ENDITEM,
            "Name=wordFile", "Value=Word1.docx", "File=Yes", ENDITEM,
            LAST);
    lr_think_time(2);
    web_url("list",
            "URL=http://192.168.16.161/suthr/hrteacher/dictposition/all/list",
            "TargetFrame=",
            "Resource=0",
            "RecContentType=text/html",
            "Referer=http://192.168.16.161/suthr/home",
            "Snapshot=t7.inf",
            "Mode=HTML",
            EXTRARES,
            "Url=/suthr/resources/images/headportrait.jpg", ENDITEM,
            "Url=/suthr/resources/metronic/global/plugins/font-awesome/fonts/fontawesome-webfont.eot?", ENDITEM,
            "Url=/suthr/resources/metronic/admin/layout2/img/sidebar-toggler-inverse.png", ENDITEM,
            "Url=/suthr/resources/metronic/admin/layout2/img/sidebar-toggler.png", ENDITEM,
            "Url=/suthr/resources/metronic/global/plugins/simple-line-icons/fonts/Simple-Line-Icons.eot?", ENDITEM,
            LAST);
    return 0;
}
```

Parameter List对话框如图5-2-4-28所示。

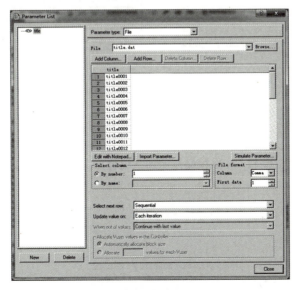

图 5-2-4-28

任务 2.4.5 脚本开发—集合点

任务介绍

集合点可以简单地理解为一种控制虚拟用户行为的机制，该机制可以达到在一定时间范围内将一定数量的虚拟用户阻挡在一个操作行为点前的位置进行互相等待，在条件（达到虚拟用户数量或超时）到达后唤醒全部等待中的虚拟用户，从而达到使得一定数量的虚拟用户可以同时进入下一个操作行为点的目的。本任务针对脚本开发—集合点进行介绍。

视频
LoadRunner–集合点

任务目标

掌握基于LoadRunner性能测试脚本开发—集合点。

知识储备

一般情况下使用不到集合点，不过，订票系统或者促销类需要用到。比如，某个促销品的促销时间为8:00—8:30，这种情况下就可能出现在8:00时很多人一起提交的场景。

集合点函数可以帮助生成有效可控的并发操作。虽然在Controller中多用户负载的Vuser是一起开始运行脚本的，但是由于计算机的串行处理机制，脚本的运行随着时间的推移，并不能完全达到同步。这个时候需要采用人工的方式让用户在同一时间点上进行操作来测试系统并发处理的能力，而集合点函数就能实现这个功能。

集合点只需要在脚本中加入lr_rendezvous( )函数即可，如图5-2-4-29和图5-2-4-30所示。

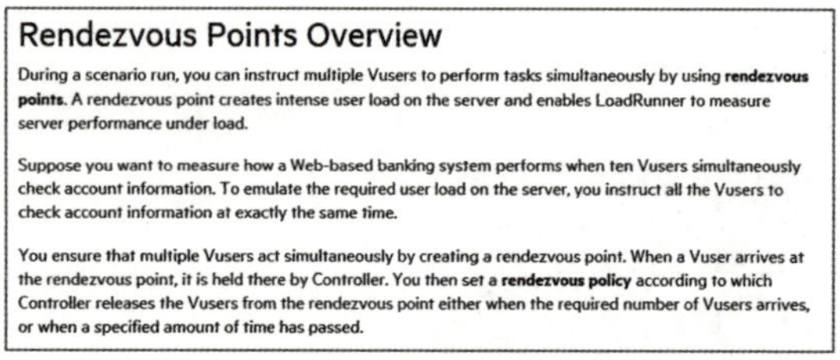

Rendezvous Points Overview

During a scenario run, you can instruct multiple Vusers to perform tasks simultaneously by using **rendezvous points**. A rendezvous point creates intense user load on the server and enables LoadRunner to measure server performance under load.

Suppose you want to measure how a Web-based banking system performs when ten Vusers simultaneously check account information. To emulate the required user load on the server, you instruct all the Vusers to check account information at exactly the same time.

You ensure that multiple Vusers act simultaneously by creating a rendezvous point. When a Vuser arrives at the rendezvous point, it is held there by Controller. You then set a **rendezvous policy** according to which Controller releases the Vusers from the rendezvous point either when the required number of Vusers arrives, or when a specified amount of time has passed.

图 5-2-4-29

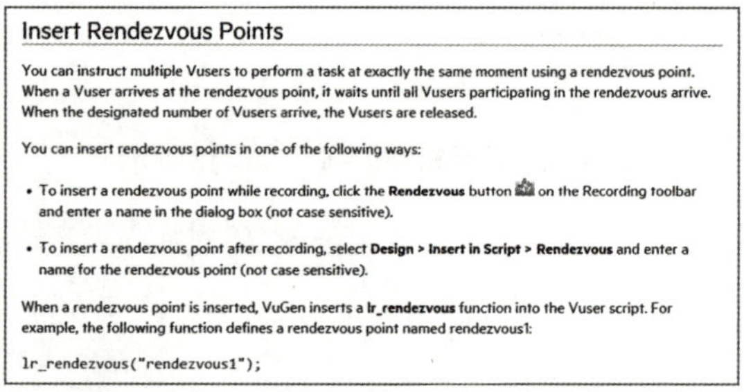

Insert Rendezvous Points

You can instruct multiple Vusers to perform a task at exactly the same moment using a rendezvous point. When a Vuser arrives at the rendezvous point, it waits until all Vusers participating in the rendezvous arrive. When the designated number of Vusers arrive, the Vusers are released.

You can insert rendezvous points in one of the following ways:

- To insert a rendezvous point while recording, click the **Rendezvous** button on the Recording toolbar and enter a name in the dialog box (not case sensitive).
- To insert a rendezvous point after recording, select **Design > Insert in Script > Rendezvous** and enter a name for the rendezvous point (not case sensitive).

When a rendezvous point is inserted, VuGen inserts a **lr_rendezvous** function into the Vuser script. For example, the following function defines a rendezvous point named rendezvous1:

```
lr_rendezvous("rendezvous1");
```

图 5-2-4-30

任务实施

实例： 继续编辑添加岗位脚本，在保存操作前加入集合点。

Action中脚本如下：

```
Action()
{
    web_url("logon",
        "URL=http://192.168.16.161/suthr/logon",
        "TargetFrame=",
        "Resource=0",
```

```
            "RecContentType=text/html",
            "Referer=",
            "Snapshot=t1.inf",
            "Mode=HTML",
            EXTRARES,
            "Url=resources/metronic/global/plugins/font-awesome/fonts/fontawesome-webfont.eot", ENDITEM,
            LAST);
        lr_think_time(6);
        web_submit_data("authenticate",
            "Action=http://192.168.16.161/suthr/authenticate",
            "Method=POST",
            "TargetFrame=",
            "RecContentType=text/html",
            "Referer=http://192.168.16.161/suthr/logon",
            "Snapshot=t2.inf",
            "Mode=HTML",
            ITEMDATA,
            "Name=username", "Value=hrteacher", ENDITEM,
            "Name=password", "Value=123456", ENDITEM,
            EXTRARES,
            "Url=resources/images/headportrait.jpg", "Referer=http://192.168.16.161/suthr/mycenter?contextPath=%2Fsuthr", ENDITEM,
            "Url=resources/metronic/admin/layout2/img/sidebar-toggler.png", "Referer=http://192.168.16.161/suthr/mycenter?contextPath=%2Fsuthr", ENDITEM,
            "Url=resources/metronic/admin/layout2/img/sidebar-toggler-inverse.png", "Referer=http://192.168.16.161/suthr/mycenter?contextPath=%2Fsuthr", ENDITEM,
            "Url=resources/metronic/global/plugins/simple-line-icons/fonts/Simple-Line-Icons.eot", "Referer=http://192.168.16.161/suthr/mycenter?contextPath=%2Fsuthr", ENDITEM,
            LAST);
        lr_think_time(3);
        web_url("人资工作台",
            "URL=http://192.168.16.161/suthr/home",
            "TargetFrame=_self",
            "Resource=0",
            "RecContentType=text/html",
            "Referer=http://192.168.16.161/suthr/mycenter?contextPath=%2Fsuthr",
            "Snapshot=t3.inf",
            "Mode=HTML",
            LAST);
        lr_think_time(3);
        web_url("岗位管理",
```

```
        "URL=http://192.168.16.161/suthr/hrteacher/dictposition/all/list",
        "TargetFrame=",
        "Resource=0",
        "RecContentType=text/html",
        "Referer=http://192.168.16.161/suthr/home",
        "Snapshot=t4.inf",
        "Mode=HTML",
        EXTRARES,
        "Url=/suthr/resources/metronic/global/img/remove-icon-small.png", ENDITEM,
        LAST);
    lr_think_time(4);
    web_url("add",
        "URL=http://192.168.16.161/suthr/hrteacher/dictposition/0/add?_=1614588401077",
        "TargetFrame=",
        "Resource=0",
        "RecContentType=text/html",
        "Referer=http://192.168.16.161/suthr/hrteacher/dictposition/all/list",
        "Snapshot=t5.inf",
        "Mode=HTML",
        LAST);
    lr_think_time(16);
    lr_rendezvous("save");
    web_submit_data("save",
        "Action=http://192.168.16.161/suthr/hrteacher/dictposition/0/save",
        "Method=POST",
        "EncType=multipart/form-data",
        "TargetFrame=import_result_page",
        "RecContentType=text/html",
        "Referer=http://192.168.16.161/suthr/hrteacher/dictposition/all/list",
        "Snapshot=t6.inf",
        "Mode=HTML",
        ITEMDATA,
        "Name=title", "Value={title}", ENDITEM,
        "Name=type", "Value=220", ENDITEM,
        "Name=wordFile", "Value=Word1.docx", "File=Yes", ENDITEM,
        LAST);
    lr_think_time(2);
    web_url("list",
        "URL=http://192.168.16.161/suthr/hrteacher/dictposition/all/list",
        "TargetFrame=",
        "Resource=0",
        "RecContentType=text/html",
        "Referer=http://192.168.16.161/suthr/home",
```

```
        "Snapshot=t7.inf",
        "Mode=HTML",
        EXTRARES,
        "Url=/suthr/resources/images/headportrait.jpg", ENDITEM,
        "Url=/suthr/resources/metronic/global/plugins/font-awesome/fonts/
fontawesome-webfont.eot?", ENDITEM,
        "Url=/suthr/resources/metronic/admin/layout2/img/sidebar-toggler-
inverse.png", ENDITEM,
        "Url=/suthr/resources/metronic/admin/layout2/img/sidebar-toggler.
png", ENDITEM,
        "Url=/suthr/resources/metronic/global/plugins/simple-line-icons/fonts/
Simple-Line-Icons.eot?", ENDITEM,
        LAST);
    return 0;
}
```

任务 2.4.6 脚本开发—事务

任务介绍

为衡量服务器的性能，需要定义事务。比如，在脚本中有一个数据查询操作，为衡量服务器执行查询操作的性能，把这个操作定义为一个事务，这样在运行测试脚本时，一旦LoadRunner运行到该事务的开始点，就会开始计时，直到运行到该事务的结束点，计时结束。这个事务的运行时间会在结果中显示。本任务针对脚本开发—事务进行介绍。

视频
LoadRunner–事务

任务目标

掌握基于LoadRunner性能测试脚本开发—事务。

知识储备

加入事务操作可以在录制过程中进行，也可以在录制结束后进行。LoadRunner允许在脚本中加入不限数量的事务，如图5–2–4–31～图5–2–4–35所示。

Transaction Overview

You define *transactions* to measure the performance of the server. Each transaction measures the time it takes for the server to respond to specified Vuser requests. These requests can be simple tasks such as waiting for a response for a single query, or complex tasks, such as submitting several queries and generating a report.

To measure a transaction, you insert Vuser functions to mark the beginning and the end of a task. Within a script, you can mark an unlimited number of transactions, each transaction with a different name.

For LoadRunner, the Controller measures the time that it takes to perform each transaction. After the test run, you analyze the server's performance per transaction using the Analysis' graphs and reports.

Before creating a script, you should determine which business processes you want to measure. You then mark each business process or sub-process as a transaction.

Avoid using a "," or "@" symbol in a transaction name. These characters may cause errors to occur when attempting to open the Analysis Cross Results graphs.

You can create transactions either during or after recording. For task details, see Insert Transactions.

图 5-2-4-31

Insert a transaction while recording

To	Do this
Mark the start of a transaction	On the Recording toolbar, click the **Start Transaction** button, enter a transaction name, and click **OK**. When the script is generated, VuGen inserts an **lr_start_transaction** statement into the Vuser script.
Mark the end of a transaction	On the Recording toolbar, click the **End Transaction** button and select the transaction to close. When the script is generated, VuGen inserts an **lr_end_transaction** statement into the Vuser script.

图 5-2-4-32

Insert a transaction after recording

You use VuGen's Editor to insert a transaction after recording a Vuser script.

To	Do this
Mark the start of a transaction	Locate the cursor in the script where you want to start the transaction and do one of the following: • Select **Design > Insert in Script > Start Transaction**. • Press **Ctrl+T**. • Right-click in the script where you want to start the transaction and select **Insert > Start Transaction**. VuGen inserts an **lr_start_transaction** statement into the Vuser script. Enter a transaction name into the new step.

图 5-2-4-33

Mark the end of a transaction	Locate the cursor in the script where you want to end the transaction and do one of the following: • Select **Design > Insert in Script > End Transaction**. • Press **Ctrl+Shift+T**. • Right-click in the script where you want to end the transaction and select **Insert > End Transaction**. VuGen inserts an **lr_end_transaction** statement into the Vuser script. Enter a transaction name into the new step.

图 5-2-4-34

Simultaneously mark the start and end of a transaction	1. Select the steps that you want to include in the transaction. 2. Do one of the following: • Select **Design > Insert in Script > Surround with Transaction**. • Press **Shift+Ctrl+I**. • Right-click inside the selection and select **Surround with Transaction**. The Surround with Transaction dialog box opens. 3. Enter a name for the transaction and click **OK**. VuGen inserts an **lr_start_transaction** statement before the first selected step, and an **lr_end_transaction** statement after the last selected step.

图 5-2-4-35

任务实施

实例：继续编辑添加岗位脚本，加入添加岗位事务。

Action中脚本如下：

```
Action()
{
    web_url("logon",
        "URL=http://192.168.16.161/suthr/logon",
        "TargetFrame=",
        "Resource=0",
        "RecContentType=text/html",
        "Referer=",
        "Snapshot=t1.inf",
        "Mode=HTML",
        EXTRARES,
        "Url=resources/metronic/global/plugins/font-awesome/fonts/fontawesome-
webfont.eot", ENDITEM, LAST);
    lr_think_time(6);
    web_submit_data("authenticate",
        "Action=http://192.168.16.161/suthr/authenticate",
        "Method=POST",
```

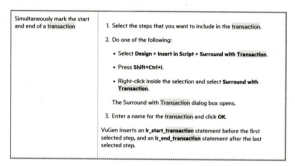

```
            "TargetFrame=",
            "RecContentType=text/html",
            "Referer=http://192.168.16.161/suthr/logon",
            "Snapshot=t2.inf",
            "Mode=HTML",
            ITEMDATA,
            "Name=username", "Value=hrteacher", ENDITEM,
            "Name=password", "Value=123456", ENDITEM,
            EXTRARES,
            "Url=resources/images/headportrait.jpg", "Referer=http://192.168.16.161/
suthr/mycenter?contextPath=%2Fsuthr", ENDITEM,
            "Url=resources/metronic/admin/layout2/img/sidebar-toggler.png", "Referer
=http://192.168.16.161/suthr/mycenter?contextPath=%2Fsuthr", ENDITEM,
            "Url=resources/metronic/admin/layout2/img/sidebar-toggler-inverse.png",
"Referer=http://192.168.16.161/suthr/mycenter?contextPath=%2Fsuthr", ENDITEM,
            "Url=resources/metronic/global/plugins/simple-line-icons/fonts/Simple-
Line-Icons.eot", "Referer=http://192.168.16.161/suthr/mycenter?contextPath=%2Fsuthr", ENDITEM,
            LAST);
    lr_think_time(3);
    web_url("人资工作台",
            "URL=http://192.168.16.161/suthr/home",
            "TargetFrame=_self",
            "Resource=0",
            "RecContentType=text/html",
            "Referer=http://192.168.16.161/suthr/mycenter?contextPath=%2Fsuthr",
            "Snapshot=t3.inf",
            "Mode=HTML",
            LAST);
    lr_think_time(3);
    web_url("岗位管理",
            "URL=http://192.168.16.161/suthr/hrteacher/dictposition/all/list",
            "TargetFrame=",
            "Resource=0",
            "RecContentType=text/html",
            "Referer=http://192.168.16.161/suthr/home",
            "Snapshot=t4.inf",
            "Mode=HTML",
            EXTRARES,
            "Url=/suthr/resources/metronic/global/img/remove-icon-small.png", ENDITEM,
            LAST);
    lr_think_time(4);
    web_url("add",
            "URL=http://192.168.16.161/suthr/hrteacher/dictposition/0/add?_=1614588401077",
```

```
            "TargetFrame=",
            "Resource=0",
            "RecContentType=text/html",
            "Referer=http://192.168.16.161/suthr/hrteacher/dictposition/all/list",
            "Snapshot=t5.inf",
            "Mode=HTML",
            LAST);
        lr_think_time(16);
        lr_rendezvous("save");
        lr_start_transaction("save");
        web_submit_data("save",
            "Action=http://192.168.16.161/suthr/hrteacher/dictposition/0/save",
            "Method=POST",
            "EncType=multipart/form-data",
            "TargetFrame=import_result_page",
            "RecContentType=text/html",
            "Referer=http://192.168.16.161/suthr/hrteacher/dictposition/all/list",
            "Snapshot=t6.inf",
            "Mode=HTML",
            ITEMDATA,
            "Name=title", "Value={title}", ENDITEM,
            "Name=type", "Value=220", ENDITEM,
            "Name=wordFile", "Value=Word1.docx", "File=Yes", ENDITEM,
            LAST);
        lr_think_time(2);
        web_url("list",
            "URL=http://192.168.16.161/suthr/hrteacher/dictposition/all/list",
            "TargetFrame=",
            "Resource=0",
            "RecContentType=text/html",
            "Referer=http://192.168.16.161/suthr/home",
            "Snapshot=t7.inf",
            "Mode=HTML",
            EXTRARES,
            "Url=/suthr/resources/images/headportrait.jpg", ENDITEM,
            "Url=/suthr/resources/metronic/global/plugins/font-awesome/fonts/fontawesome-webfont.eot?", ENDITEM,
            "Url=/suthr/resources/metronic/admin/layout2/img/sidebar-toggler-inverse.png", ENDITEM,
            "Url=/suthr/resources/metronic/admin/layout2/img/sidebar-toggler.png", ENDITEM,
            "Url=/suthr/resources/metronic/global/plugins/simple-line-icons/fonts/Simple-Line-Icons.eot?", ENDITEM,
```

```
        LAST);
    lr_end_transaction("save", LR_AUTO);
    return 0;
}
```

任务 2.4.7　场景设计

任务介绍

Controller控制器提供手动场景和面向目标场景两种测试场景。一般情况下使用手动场景设计方法，因为能够更灵活地按照需求设计场景模型，使场景能更好地接近用户的真实使用。本任务针对在正式场景设计前的LoadRunner工具相关菜单功能操作进行介绍。

任务目标

掌握LoadRunner工具场景设计菜单功能操作等。

视频
LoadRunner-
场景设计

知识储备

新建场景，选择手动场景设计模式，如图5-2-4-36所示。

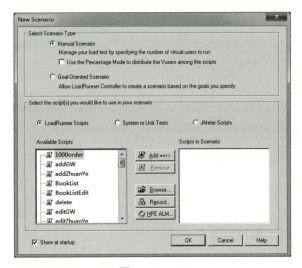

图　5-2-4-36

单击OK按钮，进入场景配置界面，如图5-2-4-37所示。

手动场景需自行设置虚拟用户的变化，通过设计用户的添加和减少过程，来模拟真实的用户请求模型，完成负载的生成。手动场景是"定量型"性能测试，掌握负载变化过程中系统各个组件的变化情况，定位性能瓶颈并了解系统的处理能力，一般在负载测试和压力测试中应用。手动场景的核心就是设置"用户负载方式"（就是可以自行设置虚拟用户数）。

Web 应用软件测试（中级）

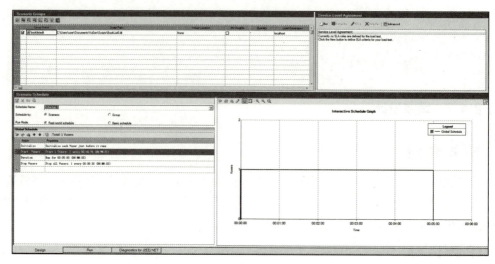

图 5-2-4-37

手动场景包含用户组模式与百分比模式，不同之处在于计算虚拟用户的方式不同。用户组模式和百分比模式可以相互切换：Scenario→Convert Scenario to the Percentage Mode/Convert Scenario to the Vuser Group Mode，如图5-2-4-38所示。

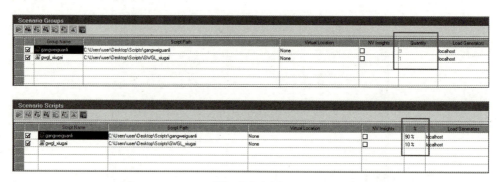

图 5-2-4-38

任务 2.4.8 场景设计—脚本配置

视频
LoadRunner–
场景设计–脚
本配置

任务介绍

通过Controller可以进行场景设计，配置脚本相关参数。本任务针对场景设计—脚本配置进行介绍。

任务目标

了解场景设计—脚本配置常见情况。

知识储备

Scenario Groups快捷键从左到右依次是Start Scenario（开始运行）、Virtual Vusers（虚拟用户）、Add

268

Group（添加脚本）、Remove Group（删除脚本）、Runtime Settings（脚本运行时设置）、Details（脚本详细信息）、View Script（查看脚本）、Service Virtualization（服务虚拟化），如图5-2-4-39所示。

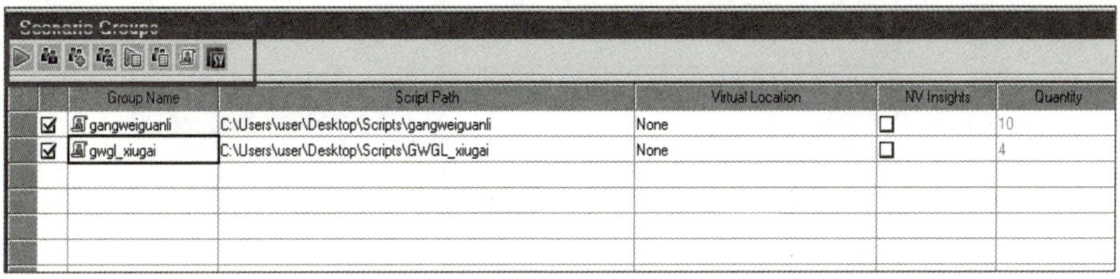

图　5-2-4-39

选择脚本，单击Virtual Vusers图标，弹出Vusers对话框，如图5-2-4-40所示。

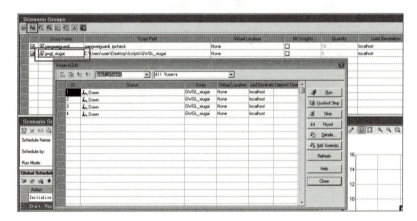

图　5-2-4-40

在Vusers对话框中，可进行查看Vuser状态、编辑Vuser运行脚本、编辑Vuser负载机、修改Vuser状态、查看Vuser详情、添加Vuser、刷新Vusers等操作，如图5-2-4-41所示。

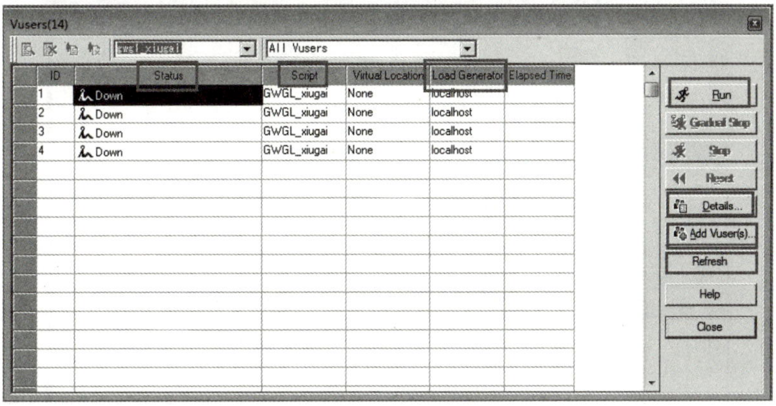

图　5-2-4-41

单击Add Group图标，弹出Add Group对话框，添加脚本，如图5-2-4-42所示。

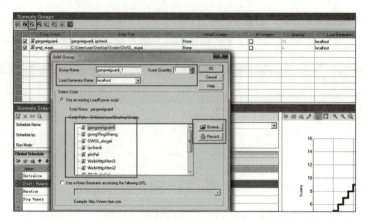

图 5-2-4-42

选择脚本,单击Remove Group图标,弹出确认删除脚本对话框,单击"是"按钮即可以删除选中的脚本,如图5-2-4-43所示。

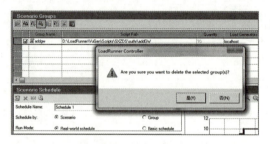

图 5-2-4-43

选择脚本,单击Runtime Settings图标,弹出Run-time Settings for script addGW对话框,可以配置选中脚本运行时的一些设置,如迭代次数、思考时间、日志、代理等,如图5-2-4-44所示。

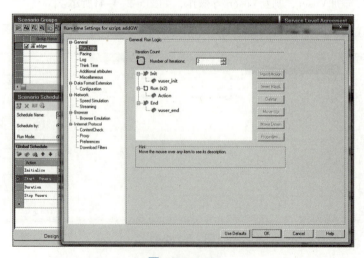

图 5-2-4-44

选择脚本,单击Details图标,弹出Group Information对话框,如图5-2-4-45所示。

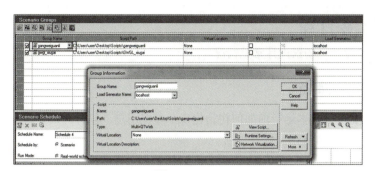

图 5-2-4-45

在Group Information对话框中,可进行编辑脚本名称、切换负载机、查看/编辑脚本、设置脚本运行时设置、更新脚本等操作,如图5-2-4-46所示。

图 5-2-4-46

选择脚本,单击View Script图标,可以调出VuGen,通过VuGen查看脚本信息,如图5-2-4-47所示。

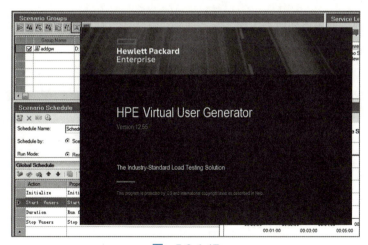

图 5-2-4-47

任务 2.4.9　场景设计—场景设计

可以通过Scenario Schedule区域中的Global Schedule模块设计场景。本任务针对场景设计—场景设计进行介绍。

视频
LoadRunner-
场景设计-场
景设计

任务目标
了解场景设计—场景设计常见情况。

知识储备

Initialize为设置脚本运行前如何初始化每个虚拟用户，包含三种方式（双击弹出Edit Action对话框），如图5-2-4-48所示。

• Initialize all Vusers simultaneously：同时初始化所有虚拟用户；
• Initialize *** Vusers every ***：每隔一段时间初始化一定数量的虚拟用户；
• Initialize each Vuser just before it runs：在脚本运行之前初始化每个虚拟用户（通常情况下选择该种方式）。

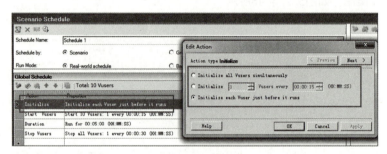

图 5-2-4-48

Start Vusers为设置虚拟用户的启动方式，包含两种启动方式，如图5-2-4-49所示。
• Simultaniously：同时启动所有虚拟用户；
• *** Vusers every ***：每隔一段时间启动一定数量的虚拟用户。

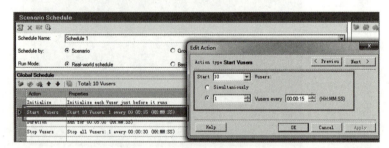

图 5-2-4-49

Duration为设置场景执行的时间，包含两种方式，如图5-2-4-50所示。
• Run until completion：一直运行，直到所有虚拟用户运行完成后，结束整个场景的运行；
• Run for *** days and ***：设置场景持续运行时间。

Stop Vusers为设置场景执行完成后虚拟用户如何停止（只有Duration设置为按指定时间运行时才需要设置该项），包含两种方式，如图5-2-4-51所示。
• Simultaniously：当场景运行结束后，同时停止所有的虚拟用户；
• *** Vusers every ***：每隔一段时间停止一定数量的虚拟用户。

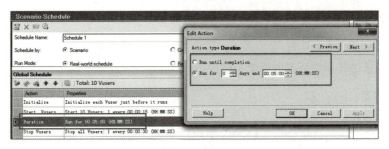

图 5-2-4-50

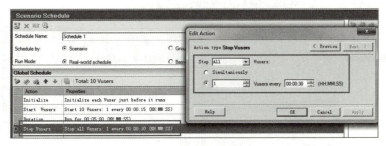

图 5-2-4-51

Interactive Schedule Graph可以通过编辑场景图的方式来设计场景,如图5-2-4-52所示。
- 单击Edit Mode图标,曲线图从非编辑状态切换到可编辑状态;
- 单击New Action图标,添加Action;
- 单击Split Action图标,切割Action;
- 单击Delete Action图标,删除Action;
- 编辑状态,单击View Mode图标,切换到非编辑状态。

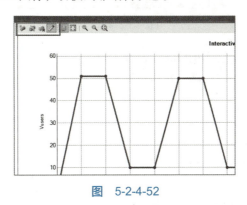

图 5-2-4-52

任务 2.4.10　场景设计—集合点策略

单击菜单Scenario→Rendezvous,打开Rendezvous Information对话框,可以对集合点进行设置,包括哪些虚拟用户使用该集合点、集合点是否有效等。如果脚本中没有集合点,那么场景中的

Scenario→Rendezvous菜单将会是置灰状态。本任务针对场景设计—集合点策略进行介绍。

视频
LoadRunner–
场景设计–集合点策略

任务目标

了解场景设计—集合点策略常见情况。

知识储备

Vusers显示执行该集合点策略的虚拟用户列表，选择某个Vuser，单击Disable VUser按钮，则禁止该虚拟用户执行该集合点策略，被禁止的用户置灰显示。选中被置灰的用户，Disable VUser按钮变为Enable VUser，单击可解除禁止，如图5-2-4-53所示。

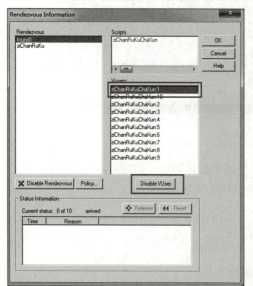
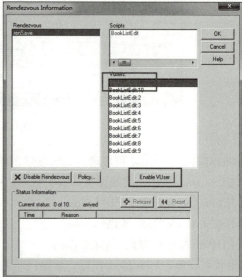

图 5-2-4-53

选择集合点，单击Policy按钮，弹出Policy对话框，设置所选集合点策略，一共三种策略，如图5-2-4-54所示。

• Release when ***% of all Vusers at the rendezvous：当百分之多少的用户到达集合点时脚本继续；

• Release when ***% of all running Vusers arrive at the rendezvous：当百分之多少的运行用户到达集合点时脚本继续；

• Release when *** Vusers arrive at the rendezvous：多少个用户到达集合点时脚本继续。

三种策略的区别在于，假设脚本由100个用户来运行，但100个用户并不是一开始就共同运行的。假设每隔1分钟添加10个用户，也就是说10分钟后系统才有100个在线用户。这里100个用户就是指系统访问的所有用户数（Vusers），而不同时间的在线用户数（running Vusers）是

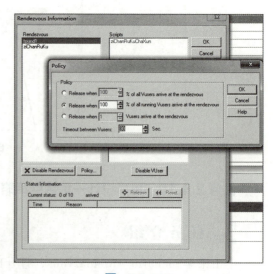

图 5-2-4-54

不同的。

例如，设置的集合点策略百分比均为100%。在场景运行时，当Vuser脚本运行到集合点函数时，该虚拟用户会进入集合点状态直到集合点策略满足后才释放。策略1是指当全部用户都运行到集合点函数才释放集合，让这100个用户并发运行后面的脚本。策略2是指当前时间如果只有10个用户在线，那么只需要这10个用户都运行到集合点函数就释放集合，让这10个用户并发运行后面的脚本。策略3是指当到达集合点的用户数达到自己设置的数量后就释放等待，并发运行后面的脚本。

在脚本运行时，每个Vuser到达集合点时都会去检查集合点的策略设置，如果不满足，那么就在集合状态等待，直到集合点策略满足后才运行下一步操作。但是，可能存在前一个Vuser和后一个Vuser达到集合点的时间间隔非常长的情况，所以需要指定一个超时时间，如果超过这个时间就不再等待迟到的Vuser。所有在集合点处于等待状态中的用户将全部释放。

选择集合点，单击Disable Rendezvous按钮，禁用该集合点，将其从场景中排除。Disable Rendezvous按钮变为Enable Rendezvous，单击可启用已禁用的集合点，如图5-2-4-55所示。

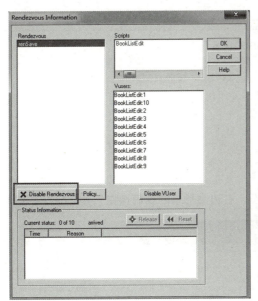 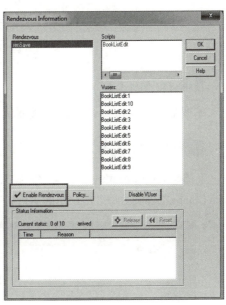

图 5-2-4-55

任务 2.4.11　场景运行

📌 任务介绍

场景设计界面，单击页面左下方的Run选项卡，进入场景运行界面。场景运行界面主要包括场景运行控制信息和数据图两部分，如图5-2-4-56所示。本任务针对场景运行进行介绍。

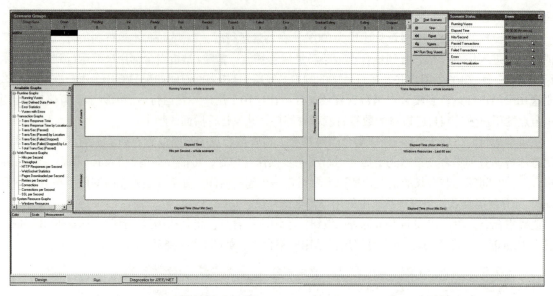

图 5-2-4-56

视频
LoadRunner–
场景运行

任务目标

掌握基于LoadRunner性能测试场景运行。

知识储备

1. Scenario Groups

Scenario Groups左边显示每个用户组的运行状态，右边为场景的控制操作，如图5-2-4-57所示。

图 5-2-4-57

场景控制操作：

• Start Scenario：开始场景，此时Controller开始初始化虚拟用户，并将这些虚拟用户服务分配到负载发生器，开始运行脚本；

• Stop：停止场景；

• Reset：将方案中所有的用户组重置为方案运行前的"关闭（Down）"状态，准备下一次场景的执行；

• Vusers：虚拟用户组，可以看到每个Vuser的详细状态（ID、运行状态、脚本、负载发生器和所用时间），在这里可以选择单个Vusers进行操作。

• Run/Stop Vusers：设置继续执行还是停止某个用户组，在运行期间可以在这里手动控制Vuser数量，如图5-2-4-58所示。

Vuser运行状态：
- Down：Vuser处于关闭状态；
- Pending：Vuser处于挂起状态；
- Init：Vuser正在进行初始化；
- Ready：Vuser已经执行初始化，可以开始运行；
- Run：Vuser正在运行；
- Rendez：Vuser已经到达集合点，正在等待释放；
- Passed：Vuser运行结束，脚本执行通过；
- Failed：Vuser运行结束，脚本执行失败；
- Error：Vuser发生错误；
- Gradual Exiting：Vuser正在逐步退出；
- Exiting：Vuser运行结束，正在退出；
- Stopped：Vuser停止。

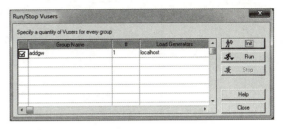

图 5-2-4-58

2. Scenario Status

Scenario Status如图5-2-4-59所示。
- Running Vusers：正在运行的Vusers数；
- Elapsed Time：场景开始运行到现在所用时间；
- Hits/Second：每秒点击次数（HTTP请求数）；
- Passed Transactions：场景运行到现在成功通过的事务数；
- Failed Transactions：场景运行到现在失败的事务数；
- Errors：场景运行到现在发生的错误数；
- Service Virtualization：虚拟服务状态。

单击"事物查看"图标，弹出Transactions对话框，可以看到事务的详细信息、TPS每秒的事务数，Passed/Failed/Stopped表示已通过/已失败/已停止的事务数，如图5-2-4-60所示。

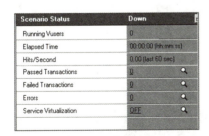

图 5-2-4-59

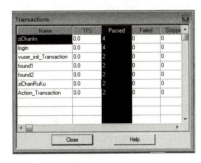

图 5-2-4-60

单击View→Show Output命令，可弹出Output对话框，Vuser和负载发生器会向Controller发送错误、通知、警告、调试和批处理消息，这些信息可以在Output对话框中查看到。单击Details按钮可查看详细消息文本，如果需要查看更加详细的信息，可以单击相应列的蓝色链接，如图5-2-4-61所示。

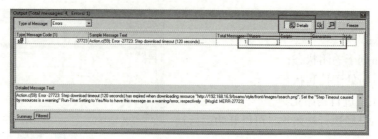

图 5-2-4-61

任务实施

实例：

（1）新建场景，添加编辑完成的添加岗位脚本。

（2）场景设计，设计表5-2-4-1中的场景并运行，如图5-2-4-62～图5-2-4-64所示。

表 5-2-4-1

Vusers	Rendezvous	Start Vusers	Duration	Stop Vusers
20	Release when 5 Vusers arrive at the rendezvous	每5 s开始5个用户	Run until completion	无

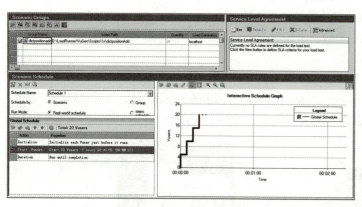

图 5-2-4-62

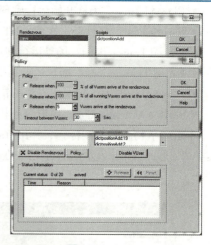

图 5-2-4-63

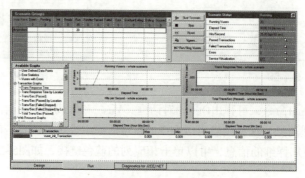

图 5-2-4-64

模块综合练习1 性能测试执行（基于 JMeter 实战）

打开人资系统登录页面，以人资管理员身份登录系统，单击"人资工作台"，单击"考核测评管理-考核表管理"菜单，单击"添加考核表按钮"，输入内容，保存，返回考核表管理列表。

文本
模块综合练习1
性能测试执行
（基于JMeter
实战）

1. 脚本要求

（1）加入思考时间：
① "登录"前加入思考时间7 s；
② 单击"考核测评管理-考核表管理"前加入思考时间3 s+1 s偏差；
③ 单击"添加考核表按钮"前加入思考时间5 s+2 s偏差；
④ "输入内容，保存"前加入思考时间16 s+5 s偏差。
（2）考核表编码、考核表名称，用"CSV数据文件设置"方式实现参数化。
（3）添加考核表保存，添加集合点（数量5，超时时间30 s）；
（4）添加考核表业务，添加事务。

2. 场景设计

- 取样器错误后要执行的操作：继续；
- 线程数：30；
- Ramp-Up Period（in seconds）：5；
- 循环次数：永远；
- Delay Thread creation until needed：不勾选；
- 调度器：勾选；
- 持续时间（秒）：300；
- 启动延迟（秒）：5；
- 集合点：数量10，超时时间50 s。

（1）按上面的要求添加脚本并编辑完成；
（2）将场景设计完成；
（3）将场景用非GUI模式运行完成。

模块综合练习2 性能测试执行（基于 LoadRunner 实战）

打开人资系统登录页面，以"人资管理员"身份登录系统，单击"人资工作台"，单击"考核测评管理-考核表管理"菜单，单击"添加考核表"按钮，输入内容，保存，返回考核表管理列表。

文本
模块综合练习2性能测试执行（基于LoadRunner实战）

1. 脚本要求

（1）所有脚本放入Action中。
（2）加入思考时间：
① "登录"前加入思考时间7 s；

② 单击"考核测评管理-考核表管理"前加入思考时间5 s；
③ 单击"添加考核表按钮"前加入思考时间3 s；
④ "输入内容，保存"前加入思考时间15 s。
（3）考核表编码、考核表名称，实现参数化。
（4）添加考核表保存，添加集合点。
（5）添加考核表业务，添加事务（包含保存和返回列表两个步骤）。

2. LoadRunner 场景设计

设计表5-2-6-1中的场景并运行

表 5-2-6-1

Vusers	Rendezvous	Start Vusers	Duration	Stop Vusers
20	Release when 80% of all running Vusers arrive at the rendezvous	每 10 s 开始 5 个用户	10 分钟	每 15 s 停止 5 个用户

（1）按上面的要求添加脚本并编辑完成；
（2）将场景设计完成；
（3）将场景运行完成。

模块 3 性能测试结果分析

性能测试执行完毕后，需根据执行结果进行分析并报告与总结，本模块针对基于JMeter结果分析、基于LoadRunner结果分析等方面进行介绍。

任务 3.1 基于 JMeter 结果分析

任务介绍

JMeter不同于LoadRunner可以使用Analysis查看图表结果从而进一步分析，而是使用监听器、Dashboard等功能进行结果分析。本任务针对基于JMeter结果分析进行介绍。

任务目标

掌握基于JMeter性能测试结果分析。

知识储备

1. 监听器

JMeter监听器中最常使用的有Summary Report、聚合报告。

1）Summary Report

Summary Report以表格的形式显示取样器结果，如果不同取样器（不同请求）拥有相同名字，那么在Summary Report中会统计到同一行，所以在给取样器取别名时最好不要取相同的名字。

添加Summary Report：右击测试计划/线程组，选择"添加"→"监听器"→Summary Report命令，在打开的窗口中进行设置，如图5-3-1-1和图5-3-1-2所示。

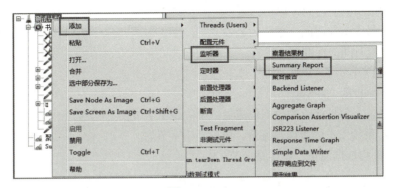

图　5-3-1-1

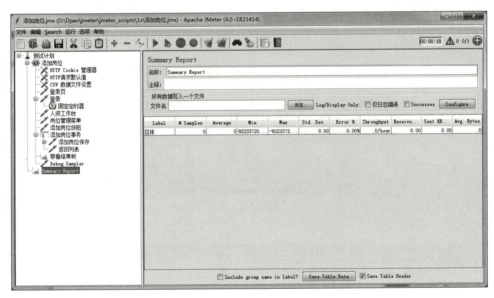

图　5-3-1-2

页面元素：
- 名称：可以随意设置，最好有业务意义。
- 注释：可以随意设置，可以为空。
- 文件名：可以通过浏览，选择一个文件，这样在执行的过程中，会将所有的信息输出到文件。
- Log/Display：配置输出到文件的内容。
  - Only:仅日志错误：表示只输出报错的日志信息；
  - Only:Successes：表示只输出正常响应的日志信息；两个都不勾选，表示输出所有的信息；
  - Configure：设置结果属性，即保存哪些结果字段到文件。一般保存必要的字段信息即可，保存的过多，对负载机的I/O会产生影响。

- Label：取样器别名（包括事务名）。
- #Samples：取样器运行次数。
- Average：请求（事务）的平均响应时间，单位为毫秒。
- Min：请求的最小响应时间，单位为毫秒。
- Max：请求的最大响应时间，单位为毫秒。
- Std. Dev.：响应时间的标准偏差。
- Error %：出错率。
- Throughput：吞吐量（TPS）。
- Received KB/sec：每秒接收的数据包流量，单位是千字节。
- Sent KB/sec：每秒发送的数据包流量，单位是千字节。
- Avg. Bytes：平均数据流量，单位是字节。

2）聚合报告

在JMeter做测试的过程中，使用最多的监听器就是聚合报告（Aggregate Report）。聚合报告也是以表格的形式显示取样器结果。

添加聚合报告：右击测试计划/线程组，选择"添加"→"监听器"→"聚合报告"命令，在打开的窗口中进行设置，如图5-3-1-3和图5-3-1-4所示。

图　5-3-1-3

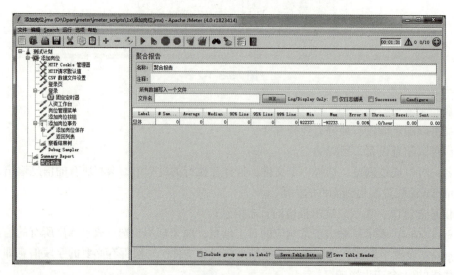

图　5-3-1-4

页面元素：
- 名称：可以随意设置，最好有业务意义。
- 注释：可以随意设置，可以为空。
- 文件名：可以通过浏览选择一个文件，这样在执行的过程中，会将所有的信息输出到文件。
- Log/Display：配置输出到文件的内容。
  - Only:仅日志错误：表示只输出报错的日志信息；
  - Only:Successes：表示只输出正常响应的日志信息；两个都不勾选，表示输出所有的信息；
  - Configure：设置结果属性，即保存哪些结果字段到文件。一般保存必要的字段信息即可，保存的过多，对负载机的I/O会产生影响。
- Label：取样器别名（包括事务名）。
- #Samples：测试的过程中一共发出多少个请求（如果模拟10个用户，每个用户迭代10次，这里就显示100）。
- Average：请求（事务）的平均响应时间，单位为毫秒。
- Median：中位数，中位数是一组结果中间的时间。50%的请求不超过这个时间；其余的至少花很长时间。
- 90% Line：90%的请求没有超过这个时间，剩余的请求至少花这么长时间。
- 95% Line：95%的请求没有超过这个时间，剩余的请求至少花这么长时间。
- 99% Line：99%的请求没有超过这个时间，剩余的请求至少花这么长时间。
- Min：请求的最小响应时间，单位为毫秒。
- Max：请求的最大响应时间，单位为毫秒。
- Error%：出错率=错误的请求的数量/请求总数。
- Throughput：吞吐量（TPS）。
- Received KB/sec：每秒接收的数据包流量，单位是千字节。
- Sent KB/sec：每秒发送的数据包流量，单位是千字节。

2. Dashboard

使用非GUI模式运行脚本时，会设置测试报告的生成地址，在设置的测试报告地址目录下，会看到content、index.html等文件，如图5-3-1-5所示。

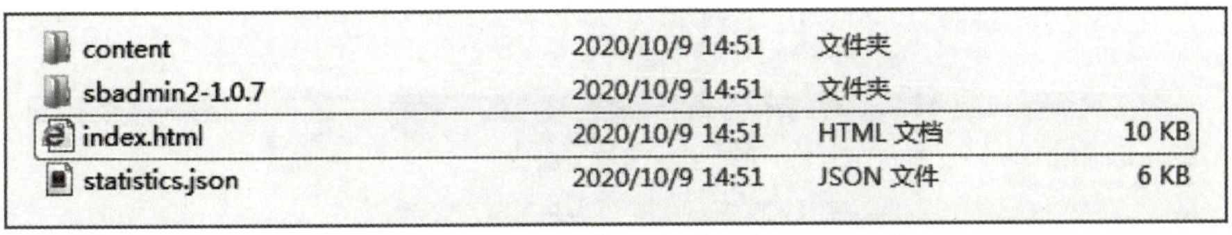

图 5-3-1-5

用浏览器打开index.html文件，即打开运行结果报告，如图5-3-1-6所示。

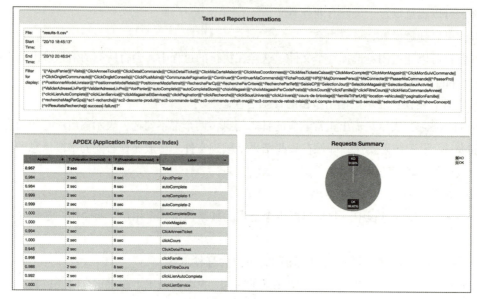

图 5-3-1-6

（1）Dashboard：
- APDEX：应用程序性能指数表，用于基于容忍和满足阈值的可配置值为每个事务计算APDEX；
- Requests Summary：请求摘要图，显示成功和失败请求（不考虑事务控制器样本结果）百分比；
- Statistics：提供每个事务的所有指标的摘要，包括三个可配置的百分位数，如图5-3-1-7所示。

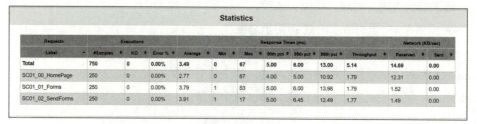

图 5-3-1-7

Errors：所有错误及其在总请求中所占比例的摘要，如图5-3-1-8所示。

Type of error	Number of errors	% in errors	% in all samples
409	191	34.35%	0.03%
Non HTTP response code: java.net.SocketTimeoutException	171	30.76%	0.02%
503	72	12.95%	0.01%
Test failed: text expected to contain /div class="prodDescr"/	54	9.71%	0.01%
Response was null	52	9.35%	0.01%
Non HTTP response code: org.apache.http.NoHttpResponseException	20	3.60%	0.00%
Test failed: text expected to contain /$("#shoppingCartDetailsForm").submit();/	3	0.54%	0.00%

图 5-3-1-8

Top 5 Errors sampler：每个采样器（默认情况下不包括事务控制器）提供前五个错误，如图5-3-1-9所示。

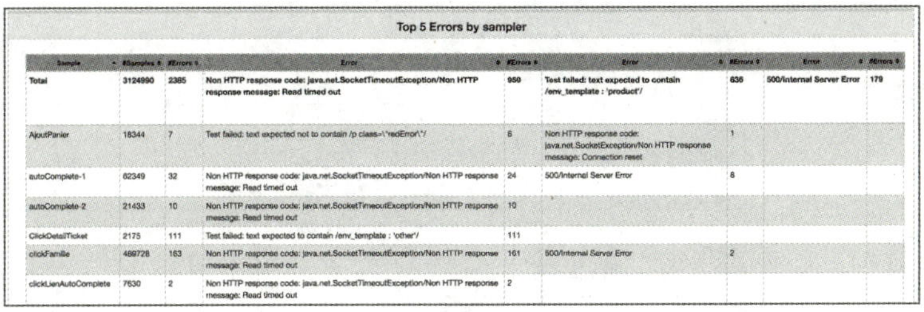

图 5-3-1-9

（2）Charts：Charts菜单下有三个子菜单，分别是Over Time、Throughput、Response Times。每个子菜单下有多个指标数据的图表，如图5-3-1-10所示。

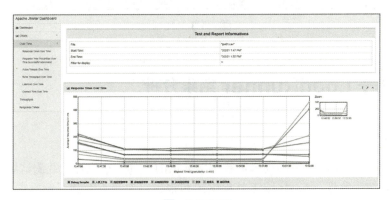

图 5-3-1-10

任务实施

实例1：运行添加岗位测试计划，添加Summary Report，查看运行结果，如图5-3-1-11所示。

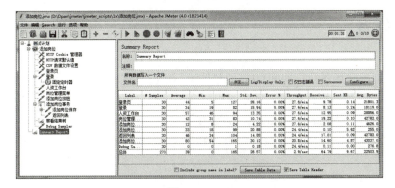

图 5-3-1-11

实例2：运行添加岗位测试计划，添加聚合报告，查看运行结果，如图5-3-1-12所示。

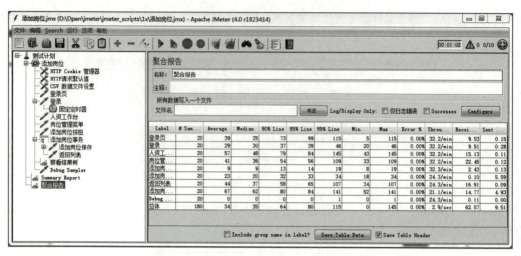

图 5-3-1-12

任务 3.2 基于 LoadRunner 结果分析

任务介绍

Analysis是HP提供的用于收集和提供负载测试数据的工具。在执行负载测试场景时，Vuser可以在执行事务时生成结果数据。Analysis工具提供图和报告以便于查看和了解数据。本任务针对基于LoadRunner结果分析进行介绍。

任务目标

了解基于LoadRunner结果分析常见情况。

知识储备

1. Vusers 图

通过Vuser图可以确定场景执行期间Vuser的整体运行情况。这些图会显示Vuser状态、已完成脚本的Vuser数以及集合统计信息。将这些图与事务图相结合可以确定Vuser数目对事务响应时间的影响。主要包括Running Vusers、Vuser Summary和Rendezvous。

Running Vusers：该图显示测试期间每秒内执行Vuser脚本的Vuser数及其状态，如图5-3-2-1所示。

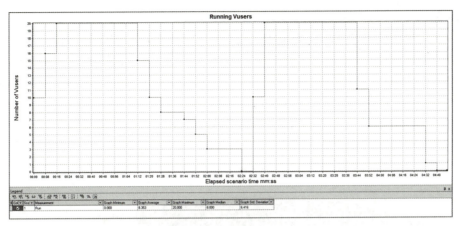

图 5-3-2-1

Vuser Summary：该图显示Vuser性能摘要信息，如图5-3-2-2所示。

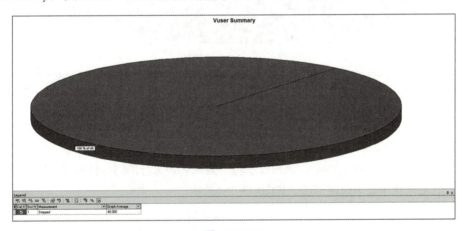

图 5-3-2-2

Rendezvous：该图显示在集合点处释放Vuser的时间以及每个点释放的Vuser数，如图5-3-2-3所示。

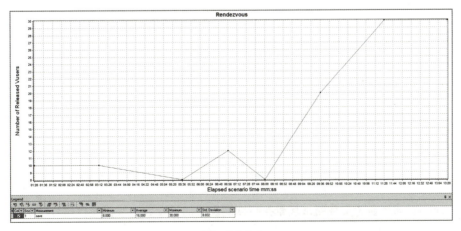

图 5-3-2-3

2. Errors 图

在负载测试场景执行期间，Vuser可能无法成功完成所有事务。可以通过错误图查看因错误而失败、停止或终止的事务的相关信息。使用错误图，可以查看场景执行期间所发生错误的摘要信息，以及每秒发生的平均错误数。主要包括Error Statistics（by Description）、Errors per Second（by Description）、Error Statistics、Errors per Second、Total Errors per Second。

Error Statistics（by Description）：该图显示负载测试场景执行期间发生的错误数（按错误描述分组），在图例中显示错误描述，如图5-3-2-4所示。

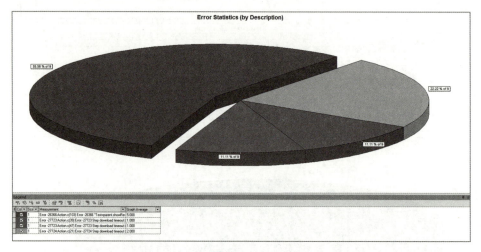

图 5-3-2-4

Errors per Second（by Description）：该图显示负载测试场景运行期间每秒所发生错误的平均数（按错误描述分组），在图例中显示错误描述，如图5-3-2-5所示。

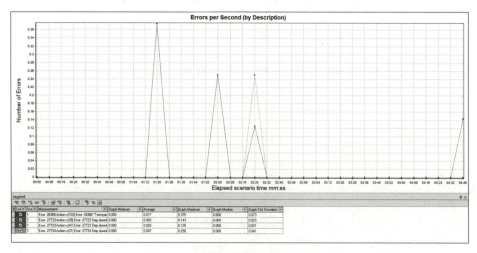

图 5-3-2-5

Error Statistics：该图显示负载测试场景执行期间发生的错误数（按错误代码分组），如图5-3-2-6所示。

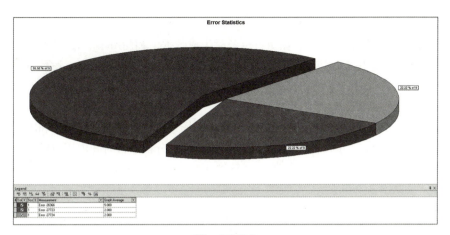

图 5-3-2-6

Errors per Second：该图显示负载测试场景运行期间每秒所发生错误的平均数（按错误代码分组），如图5-3-2-7所示。

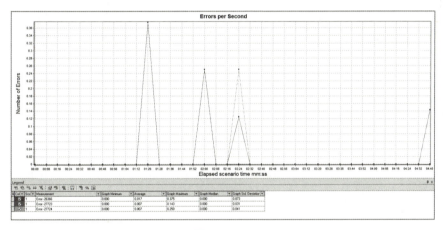

图 5-3-2-7

Total Errors per Second：该图显示负载测试场景运行期间每秒所发生错误的平均数，如图5-3-2-8所示。

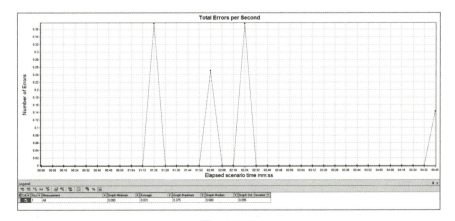

图 5-3-2-8

3. 事务图

在负载测试场景执行期间，Vuser会在执行事务时生成数据。利用Analysis，可以生成显示整个脚本执行期间事务性能和状态的图。主要包括平均事务响应时间图、每秒事务数图、每秒事务总数图、事务概要图、事务性能概要图、事务响应时间（负载下）图、事务响应时间（百分比）图和事务响应时间（分布）图。

Transaction Summary（事务概要）：该图显示负载测试场景中失败、通过、停止和因错误结束的事务数摘要信息。对事务进行综合分析是性能分析的第一步，通过分析运行时间内用户事务的成功与失败情况，可以直接判断出系统是否运行正常。通过事务数越多说明系统的处理能力越强，失败的事务越少，说明系统越可靠，如图5-3-2-9所示。

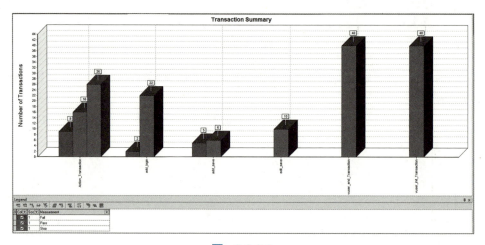

图 5-3-2-9

Average Transaction Response Time（事务平均响应时间）：该图显示在负载测试场景运行期间的每一秒内用于执行事务的平均时间。如果已定义可接受的最小和最大事务性能时间，可以使用此图确定服务器性能是否在可接受范围内，如图5-3-2-10所示。

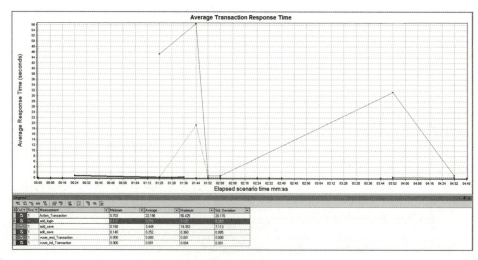

图 5-3-2-10

Transactions Per Second（每秒通过事务数/TPS）：该图显示负载测试运行期间的每秒内每个事务的通过、失败和停止次数，是考查系统性能的重要参数，有助于确定任意给定时刻系统上的实际事务负载。通过它可以确定系统在任何给定时刻的事务负载，这个数据越高，说明系统处理能力越强，但是这里的最高值并不一定代表系统的最大处理能力，TPS会受到负载的影响，也会随着负载的增加而逐渐增加，当系统进入繁忙期后，TPS会有所下降。

分析TPS主要是看曲线的性能走向。将它与平均事务响应时间进行对比，可以分析事务数目对执行时间的影响。例如，当压力加大时，点击率/TPS曲线如果变化缓慢或者有平坦的趋势，很有可能是服务器开始出现瓶颈，如图5-3-2-11所示。

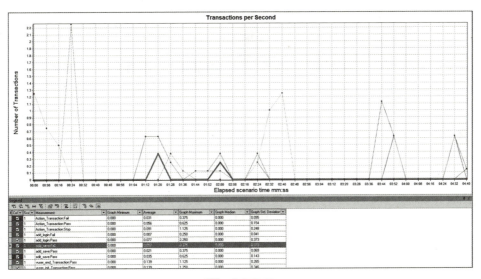

图 5-3-2-11

Total Transactions Per Second（每秒事务总数）：该图显示负载测试场景运行期间的每一秒内，通过的事务总数、失败的事务总数和停止的事务总数。有助于确定任意给定时刻系统上的实际事务负载，如图5-3-2-12所示。

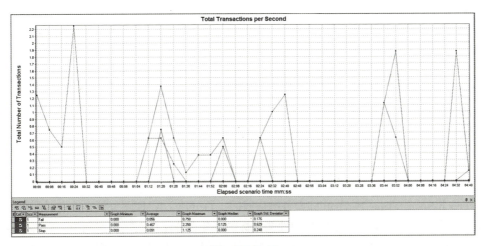

图 5-3-2-12

Transaction Performance Summary（事务性能概要）：该图显示负载测试场景中所有事务的最小、最大和平均性能时间，可以直接判断响应时间是否符合用户的要求。

重点关注事务的平均和最大执行时间，如果其范围不在用户可以接受的时间范围内，需要进行原因分析，如图5-3-2-13所示。

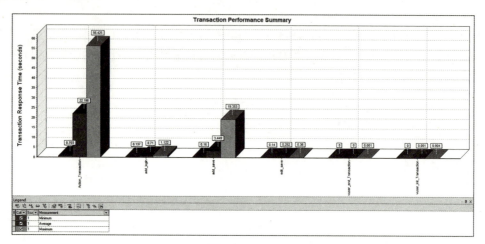

图 5-3-2-13

Transaction Response Time Under Load[事务响应时间（负载下）]：该图是"运行Vuser"图与"平均事务响应时间"图的组合，显示负载测试场景期间相对于任何给定时间点运行的Vuser数目的事务时间，有助于查看Vuser负载对性能时间的总体影响，在分析逐渐加压的场景时最有用。该图的线条越平稳，说明系统越稳定，如图5-3-2-14所示。

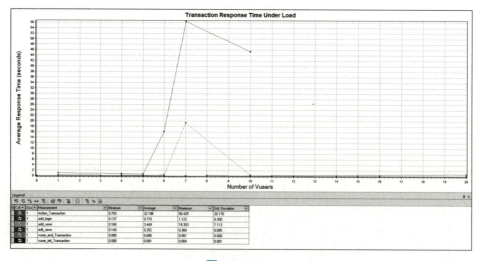

图 5-3-2-14

Transaction Response Time(Percentile)[事务响应时间（百分比）]：该图分析在给定时间范围内执行的事务百分比，有助于确定符合为系统定义的性能指标的事务百分比。在很多实例中，需要确定具有可接受响应时间的事务百分比。最大响应时间可能会特别长，但如果大多数事务都有可接受的响应时间，则整个系统符合需求，如图5-3-2-15所示。

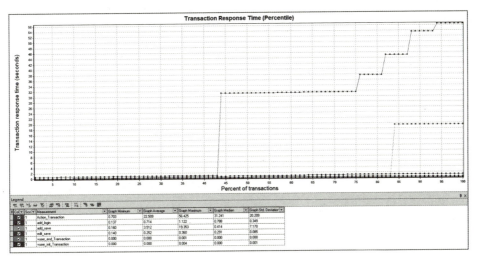

图 5-3-2-15

Transaction Response Time(Distribution)[事务响应时间（分布）]：该图显示负载测试场景中用于执行事务的时间分布。如果已定义可接受的最小和最大事务性能时间，可以使用此图确定服务器性能是否在可接受范围内，如图5-3-2-16所示。

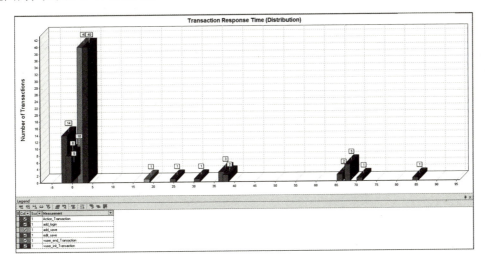

图 5-3-2-16

4．Web 资源图

Web资源图主要提供有关Web服务器性能的一些信息。使用Web资源图可以分析场景运行期间每秒点击次数、服务器的吞吐量、从服务器返回的HTTP状态代码、每秒HTTP响应数、每秒页面下载数、每秒服务器重试次数、服务器重试概要、连接数和每秒连接数。

Hits per Second（每秒点击次数）：该图显示负载测试场景运行期间的每秒内Vuser向Web服务器发出的HTTP请求数，可帮助用户根据点击次数对Vuser生成的负载量进行评估。

通过该图可以评估虚拟用户产生的负载量,如将其和"平均事务响应时间"图比较,可以查看点击次数对事务性能产生的影响。通过查看"每秒点击次数"可以判断系统是否稳定。系统点击率下降通常表明服务器的响应速度在变慢,需进一步分析,发现系统瓶颈所在,如图5-3-2-17所示。

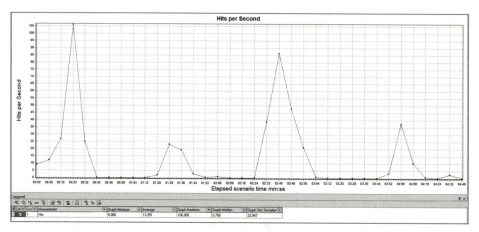

图 5-3-2-17

Throughput(吞吐量):该图显示在负载测试场景运行的每秒内服务器上的吞吐量,如图5-3-2-18所示。吞吐量以字节或兆字节为单位,表示Vuser在任意给定的一秒内从服务器接收的数据量。要以兆字节为单位查看吞吐量,请使用吞吐量图。吞吐量图可帮助用户根据服务器吞吐量对Vuser生成的负载量进行评估。

"吞吐量"图和"点击率"图的区别:"点击率"图是每秒服务器处理的HTTP申请。"吞吐量"图是客户端每秒从服务器获得的总数据量。

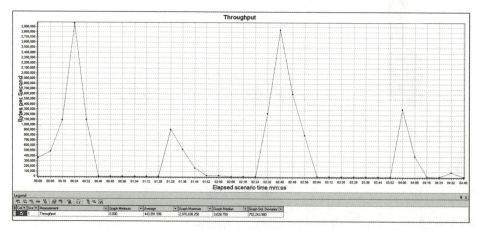

图 5-3-2-18

HTTPStatus Code Summary(HTTP状态代码概要):该图显示负载测试场景执行期间从Web服务器返回的HTTP状态代码数(按状态代码分组)。HTTP状态代码指示HTTP请求的状态。例如,"请求成功""页面未找到"。将此图与"每秒HTTP响应数"一起使用,可以查找生成错误代码的脚本,如图5-3-2-19所示。

HTTP Responses per Second(每秒HTTP响应数):该图显示负载测试场景运行期间每秒从Web服务

器返回的HTTP状态代码数（按状态代码分组）。HTTP状态代码指示HTTP请求的状态。例如，"请求成功""页面未找到"。可以（使用"分组方式"功能）按脚本对此图中显示的结果进行分组，找到生成错误代码的脚本，如图5-3-2-20所示。

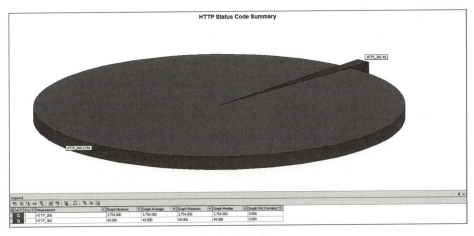

图 5-3-2-19

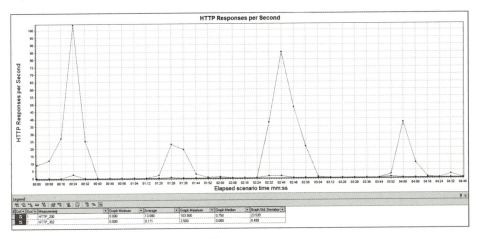

图 5-3-2-20

Pages Downloaded Per Second（每秒下载页数）：该图显示负载测试场景运行期间的每秒内从服务器下载的网页数。与"吞吐量"图相似，"每秒下载页数"图只是在任意给定的一秒内Vuser从服务器收到的数据量。但"吞吐量"图会将每个资源及其大小（例如，每个.gif文件的大小和每个网页的大小）考虑在内。"每秒下载页数"图仅考虑页数。可帮助用户根据下载的页数对Vuser生成的负载量进行评估，如图5-3-2-21所示。

注意：要查看每秒下载页数图，必须在Run-time Settings→Preferences里勾选Pages per second（HTML Mode only）。

Retries per Second（每秒重试次数）：显示场景或会话步骤运行的每秒内服务器尝试的连接次数，如图5-3-2-22所示。下列情况服务器将重试连接：

- 初始连接未经授权;
- 要求代理服务器身份验证;
- 服务器关闭初始连接;
- 初始连接无法连接到服务器;
- 服务器最初无法解析负载生成器的IP地址。

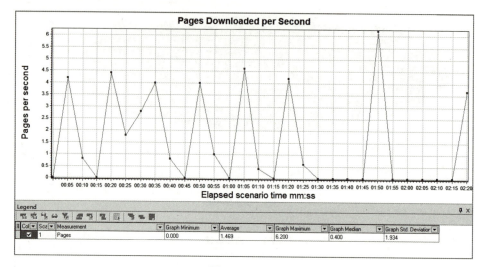

图 5-3-2-21

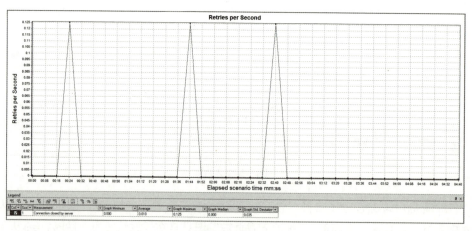

图 5-3-2-22

　　Retries Summary（重试次数概要）：该图显示负载测试场景运行期间尝试的服务器连接次数（按重试原因分组），如图5-3-2-23所示。将此图与"每秒重试次数"图一起使用，可以确定服务器每次重试时处于场景中的哪一点。

　　Connections（连接数）：该图显示在负载测试场景的每个时间点（x轴）上打开的TCP/IP连接数（y轴），如5-3-2-24所示。根据模拟的浏览器类型，每个Vuser能打开每个Web服务器中的多个并发连接。此图在指明何时需要更多连接时非常有用。例如，如果连接次数达到最大值，事务响应时间将急剧增加，添加连接可能会使性能得到明显改善（缩短事务响应时间）。

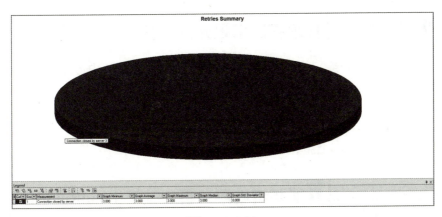

图 5-3-2-23

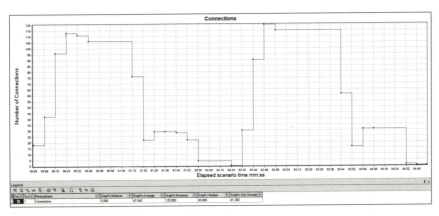

图 5-3-2-24

Connections Per Second（每秒连接数）：该图显示负载测试场景运行期间的每秒（x轴）打开的新TCP/IP连接数（y轴）以及关闭的连接数，如图5-3-2-25所示。新连接数应只占每秒点击次数的一小部分，因为就服务器、路由器和网络资源消耗而言，新TCP/IP的连接成本非常高。理想情况是许多HTTP请求应使用相同的连接，而不是为每个请求都打开新连接。

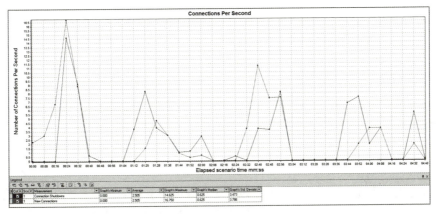

图 5-3-2-25

模块综合练习 1 性能测试结果分析（基于 JMeter 实战）

文本
模块综合练习1性能测试结果分析（基于JMeter实战）

分析"模块综合练习：性能测试执行（基于JMeter实战）"中运行完成的JMeter场景：
（1）分析Dashboard：Statistics；
（2）分析Over Time：Response Times Over Time；
（3）分析Throughput：Transactions Per Second；
（4）分析Response Times：Response Time Overview。

模块综合练习 2 性能测试结果分析（基于 LoadRunner 实战）

文本
模块综合练习2性能测试结果分析（基于LoadRunner实战）

分析"模块综合练习：性能测试执行（基于LoadRunner实战）"中运行完成的LoadRunner场景：
（1）分析概要图：Summary Report；
（2）分析Vusers图：Rendezvous；
（3）分析事务图：Transactions per Second；
（4）分析Web资源图：Hits per Second。

单元项目实战 1　基于 JMeter 的性能测试

文本
单元项目实战1基于JMeter的性能测试

项目介绍

在全球一体化浪潮和新技术革命的不断推动下，人力资源在人类社会经济生活中处于越来越核心的地位；未来的经济竞争，不再局限于物质资源和物质资本，人力资源成为最根本的竞争优势。如何围绕企业宗旨、针对各类人员特点及企业的管理现状，"设计出实用有效的人力资源管理系统，从而实现由人工管理向计算机管理的转型，使人力资源管理工作变得更为客观有效，优化配置、提高办学效益"，成为企业人力资源管理系统设计面临的首要问题。

某公司开展人力资源综合服务系统开发项目，目前已完成产品设计、系统开发，即将开展测试工作。

项目目标

针对人力资源综合服务系统>人资工作台>考核测评管理-部门班组管理>添加部门班组业务，基于JMeter进行性能测试。

项目步骤

人力资源综合服务系统：打开登录页面，以人资管理员身份登录，单击"人资工作台"，单击"考核测评管理-部门班组管理"，单击"添加部门班组按钮"，输入内容，保存，返回部门班组管理列表。

1. JMeter 脚本要求

（1）加入思考时间；

① "登录"前加入思考时间5 s；

② 单击"考核测评管理–部门班组管理"前加入思考时间4 s+1 s偏差；

③ 单击"添加部门班组按钮"前加入思考时间3 s+2 s偏差；

④ "输入内容，保存"前加入思考时间12 s+3 s偏差。

（2）部门班组名称、描述，实现参数化；

（3）登录操作，添加集合点（数量5，超时时间30 s）；

（4）添加部门班组保存，添加集合点（数量10，超时时间40 s）；

（5）登录业务，添加事务；

（6）添加部门班组业务，添加事务。

2. JMeter 场景设计

- 取样器错误后要执行的操作：继续；
- 线程数：40；
- Ramp-Up Period（in seconds）：10；
- 循环次数：永远；
- Delay Thread creation until needed：不勾选；
- 调度器：勾选；
- 持续时间（秒）：900；
- 启动延迟（秒）：10。

3. 运行场

将设计的场景运行完成。

4. 分析运行完成的 JMeter 场景

- 分析Dashboard：Statistics；
- 分析Over Time：Response Times Over Time；
- 分析Throughput：Hits Per Second；
- 分析Response Times：Response Time Percentiles。

单元项目实战 2　基于 LoadRunner 的性能测试

项目介绍

在全球一体化浪潮和新技术革命的不断推动下，人力资源在人类社会经济生活中处于越来越核心的地位；未来的经济竞争，不再局限于物质资源和物质资本，人力资源成为最根本的竞争优势。如何围绕企业宗旨、针对各类人员特点及企业的管理现状，"设计出实用有效的人力资源管理系统，从而实现由人工管理向计算机管理的转型，使人力资源管理工作变得更为客观有效，优化配置、提高办学效益"，成为企业人力资源管理系统设计面临的首要问题。

文本
单元项目实战2
基于LoadRunner
的性能测试

某公司开展人力资源综合服务系统开发项目，目前已完成产品设计、系统开发，即将开展测试工作。

项目目标

针对人力资源综合服务系统>人资工作台>考核测评管理-部门班组管理>添加部门班组业务，基于LoadRunner进行性能测试。

项目步骤

人力资源综合服务系统：打开登录页面，以人资管理员身份登录，单击"人资工作台"，单击"考核测评管理-部门班组管理"，单击"添加部门班组按钮"，输入内容，保存，返回部门班组管理列表。

1. LoadRunner 脚本要求

（1）"打开登录页面>人资管理员登录>单击人资工作台>单击考核测评管理-部门班组管理"操作的脚本放入init中，其他脚本放入Action中。

（2）加入思考时间：

① "登录"前加入思考时间5 s；

② 单击"考核测评管理-部门班组管理"前加入思考时间2 s；

③ 单击"添加部门班组按钮"前加入思考时间5 s；

④ "输入内容，保存"前加入思考时间15 s。

（3）部门班组名称、描述，实现参数化。

（4）添加部门班组保存，添加集合点。

（5）添加部门班组业务，添加事务。

2. LoadRunner 场景设计

依据表5-5-1-1完成LoadRunner场景设计。

表 5-5-1-1

Vusers	Rendezvous	Start Vusers	Duration	Stop Vusers
40	Release when 10 Vusers arrive at the rendezvous	每5秒开始2个用户	15分钟	每10秒停止3个用户

3. 运行场景

将设计的场景运行完成。

4. 分析运行完成的 LoadRunner 场景

（1）分析概要图：Summary Report；

（2）分析Vusers图：Vuser Summary；

（3）分析事务图：Average Transaction Response Time；

（4）分析Web资源图：Throughput。

单元项目实战 3　人力资源综合服务系统业务并发测试

文本
单元项目实战3 人力资源综合服务系统业务并发测试

项目介绍

在全球一体化浪潮和新技术革命的不断推动下，人力资源在人类社会经济生活中处于越来越核心的地位；未来的经济竞争，不再局限于物质资源和物质资本，人力资源成为最根本的竞争优势。如何围绕企业宗旨、针对各类人员特点及企业的管理现状，"设计出实用有效的人力资源管理系统，从而实现由人工管理向计算机管理的转型，使人力资源管理工作变得更为客观有效，优化配置、提高办学效益"，成为企业人力资源管理系统设计面临的首要问题。

某公司开展人力资源综合服务系统开发项目，目前已完成产品设计、系统开发，即将开展测试工作。

项目目标

验证人力资源系统>岗位管理模块>添加岗位保存操作，能否支持50个用户并发访问。相关测试思路如下：

1. 测试指标

根据测试目的分析：
- 需要监测添加岗位保存请求的失败率。
- 需要监测添加岗位保存请求的响应时间。

2. 测试场景

根据测试目的分析：
需要设计50个用户，同时发送添加岗位保存请求。分别并发一次、两次、三次。

3. 操作步骤

被测业务的操作步骤：
- 访问登录页面。
- 以人资管理员身份登录系统，账号密码：hrteacher/123456。
- 单击"人资工作台"。
- 单击"岗位管理"菜单。
- 单击"添加岗位"按钮。
- 输入岗位内容：
  - 岗位名称：手动输入，必填项。
  - 岗位类别：下拉列表，必填项。
  - 岗位说明书：附件，Word或PDF格式，非必填。
- 单击"保存"按钮。
- 保存成功，返回岗位管理列表。

4. 测试数据

- 登录账号：不参数化。

- 岗位名称：需要参数化。需求：长度2~40字符。可以使用性能测试工具自带功能实现参数化。
- 岗位类别：需要参数化。下拉列表的数据，需要提前准备，计划准备100条。考虑通过关联实现参数化。
- 岗位说明书：不上传文件，不参数化。

5. 测试工具

- 被测业务使用的是HTTP协议。
- 需要监测的指标是请求成功/失败率。
- 测试场景需要50个虚拟用户，最多循环3次。
- 测试脚本会用到检查点、参数化、关联等。

通过以上几点，结合现有的人力、成本、工具等诸多因素考虑，选择LoadRunner进行此次性能测试。

项目步骤

- 步骤1：脚本实现；
- 步骤2：场景设计；
- 步骤3：场景运行；
- 步骤4：结果分析。

单元项目实战 4 人力资源综合服务系统响应时间测试

文本
单元项目实战4人力资源综合服务系统响应时间测试

项目介绍

在全球一体化浪潮和新技术革命的不断推动下，人力资源在人类社会经济生活中处于越来越核心的地位；未来的经济竞争，不再局限于物质资源和物质资本，人力资源成为最根本的竞争优势。如何围绕企业宗旨、针对各类人员特点及企业的管理现状，"设计出实用有效的人力资源管理系统，从而实现由人工管理向计算机管理的转型，使人力资源管理工作变得更为客观有效、优化配置、提高办学效益"，成为企业人力资源管理系统设计面临的首要问题。

某公司开展人力资源综合服务系统开发项目，目前已完成产品设计、系统开发，即将开展测试工作。

项目目标

验证人力资源系统>岗位管理模块>添加岗位业务，50个用户同时访问该业务，性能如何。相关测试思路如下：

1. 测试指标

根据测试目的分析：

将添加岗位业务设置为事务，通过性能测试即可得出该业务响应时间（事务响应时间即业务响应时间），通过响应时间即可反映其性能。

2. 测试场景

根据测试目的分析：

设计50个用户，执行多种场景（一个峰值、多个峰值、渐增等），每个场景执行30分钟。

3. 操作步骤

被测业务的操作步骤：

- 访问登录页面。
- 以人资管理员身份登录系统，账号密码：hrteacher/123456。
- 单击"人资工作台"。
- 单击"岗位管理"菜单。
- 单击"添加岗位"按钮。
- 输入岗位内容：
  - 岗位名称：手动输入，必填项。
  - 岗位类别：下拉列表，必填项。
  - 岗位说明书：附件，Word或PDF格式，非必填。
- 单击保存按钮。
- 保存成功，返回岗位管理列表。

4. 测试数据

- 登录账号：不参数化。
- 岗位名称：需要参数化。需求：长度2~40字符。可以使用性能测试工具自带功能实现参数化。
- 岗位类别：需要参数化。下拉列表的数据，需要提前准备，计划准备100条。考虑通过关联实现参数化。
- 岗位说明书：不上传附件，不参数化。

5. 测试工具

- 被测业务使用的是HTTP协议。
- 需要监测的指标是事务响应时间。
- 测试场景需要50个虚拟用户，执行一个峰值、多个峰值、渐增等场景。
- 测试脚本会用到事务、参数化、关联等。

通过以上几点，结合现有的人力、成本、工具等诸多因素考虑，选择LoadRunner进行此次性能测试。

项目步骤

- 步骤1：脚本实现；
- 步骤2：场景设计；
- 步骤3：场景运行；
- 步骤4：结果分析。